多主体协同治理促进农户绿色生产的机理、效应及路径研究

—— 基于福建省872户茶农调查数据的实证

纪金雄 ◎ 著

中国农业出版社
北　京

图书在版编目（CIP）数据

多主体协同治理促进农户绿色生产的机理、效应及路径研究 : 基于福建省 872 户茶农调查数据的实证 / 纪金雄著. -- 北京 : 中国农业出版社，2025. 1. -- ISBN 978-7-109-32784-9

Ⅰ. S571.1

中国国家版本馆 CIP 数据核字第 20242YD859 号

中国农业出版社出版

地址：北京市朝阳区麦子店街 18 号楼

邮编：100125

责任编辑：潘洪洋　　文字编辑：蔡雪青

版式设计：杨　婧　　责任校对：张雯婷

印刷：北京中兴印刷有限公司

版次：2025 年 1 月第 1 版

印次：2025 年 1 月北京第 1 次印刷

发行：新华书店北京发行所

开本：700mm×1000mm　1/16

印张：12.75

字数：245 千字

定价：98.00 元

本书出版得到以下项目和机构资助：

1. 教育部人文社会科学研究青年基金项目：多主体协同治理促进农户绿色生产的机理、效应及路径研究（批准号：23YJC630063）

2. 福建省社会科学研究基地生态文明研究中心

3. 福建省高校特色新型智库生态文明研究中心

Foreword
前言

农业是我国国民经济发展的基础性和关键性产业。农业绿色发展是经济可持续发展的重要前提，是生态文明建设的重要举措，也是绿色发展理念的重要体现。如今，农业绿色发展已成为社会关注的热点问题。党的十八大、十九大、二十大报告和连续多年的中央1号文件持续聚焦农业绿色发展，推动农业绿色转型发展、深入推进农业供给侧结构性改革、提高农业绿色可持续发展水平已成为我国乡村振兴战略实施的重要举措。然而，当前我国农业发展呈现出农产品质量安全问题与环境污染问题并存的“双重负外部性”特征，这两个问题的共同焦点与交集是农业发展方式问题，其核心则是如何推动农户实现农业绿色生产。可见，引导和规范农户绿色生产行为已成为推动农业绿色转型发展的重要行动手段。

同时，在乡村振兴战略实施与农产品质量安全监管体系建设的大背景下，人们日益增长的农产品质量安全需求与监管治理不平衡不充分之间的矛盾，不断推动农产品质量安全监管机制的变革。当前，农户在追求农业生产效益过程中的化肥、农药施用不恰当、不规范行为依然存在，导致农业生产中化肥、农药的施用量超过经济学意义上的最优施用量，这将对我国农业绿色可持续发展带来严重阻碍。面对日益复杂的农产品质量安全问题和农业环境污染问题，传统单一的政府规制模式、市场模式、产业组织模式抑或社区自治模式存在调控失灵，表明仅凭政府部门、市场组织、产业组织、社区组织等单一的力量和资源难以达到治理的最优效果。因此，如何聚合和增强各利益主体协同参与农户绿色生产行为治理的动力，如何有效发挥各治理主体在农户绿色生产行为治理中的协同效应，如何运用协同治理的工具和方法构建一个更加高效并符合农业绿色高质量发展需要的农户绿色生产行为多主体协同治理模式，成为当前需要解决的现实问题。基于上述分析，本研究以农户绿色生产行为作为研究对象，从多主体协同治理视角出发，深入剖析农户绿色生产行为的形成机理及其影响效应，探索有效激励和约束农户绿色生产行为的多主体协同治理实现路径，以期为解决农产品质量安全问题、实现农业绿色可持续发展提出有针对性的政策建议。

本书是教育部人文社会科学研究青年基金项目“多主体协同治理促进农户绿色生产的机理、效应及路径研究”（批准号：23YJC630063）的研究成果。全书共分为8章。第1章详细阐述了本研究的背景、目的及意义，梳理了国内外研究现状，并介绍了研究内容、方法及技术路线；第2章梳理和阐述了相关理论基础，阐释了多主体协同治理下茶农绿色生产行为选择及其效应的理论逻辑；第3章从多维度、多层面统计分析了研究区域样本茶农的绿色生产认知、意愿及行为现状，并从施肥和施药两个环节测度了样本茶农的绿色生产行为采纳程度；第4章构建了茶农绿色生产行为多主体协同治理协同度测度指标体系，评估了茶农绿色生产行为多主体协同治理效应并实证分析了其影响因素；第5章构建了“外部环境—心理认知—行为意愿—行为选择”的茶农绿色生产行为决策理论分析框架，实证分析了多主体治理、茶农心理认知对茶农绿色生产行为的影响路径和内在影响机理；第6章从实证角度估计了多主体协同治理下茶农绿色生产行为对经济收入和生态环境的影响效应，并深入分析了不同绿色生产技术和不同资源禀赋条件下茶农采纳绿色生产行为对其经济效应和生态效应影响的差异；第7章引入多主体协同治理理论和SFIC模型，从治理主体、治理结构和治理机制三个维度构建了茶农绿色生产行为多主体协同治理模式，并提出了多主体协同治理茶农绿色生产行为的实现路径；第8章总结了本研究的主要结论，指出了本研究存在的不足以及今后的研究展望。

本书的学术价值体现在以下三个方面：

（1）理论价值

①将多主体协同治理理论引入农户绿色生产行为规范和治理的研究中，剖析了多主体协同治理对农户绿色生产行为及其效应的影响机理，进一步充实了多主体协同治理问题相关理论研究，同时也为实现多主体协同参与农户绿色生产行为治理提供思考路径和理论依据。

②基于“多主体协同治理—绿色认知—行为意愿—行为选择—行为效应—路径优化”的行为逻辑构建农户绿色生产行为选择及其效应的理论研究框架，揭示多主体协同治理对农户绿色生产行为影响的背后动因及其对经济效应和生态效应的作用程度，丰富和拓展农户绿色生产行为相关研究，同时也为推广农业绿色生产技术、促进农业生产提质增效和改善农业生态环境提供理论支撑。

（2）实际应用价值

①通过实证分析农户绿色生产行为决策的关键影响因素，更精准地把握农户绿色生产行为的制约因素和激励因素，有利于不同治理主体从根本上引导和规范农户的绿色生产行为。

②通过实证检验农户绿色生产行为对其经济收入与生态环境的影响效应，可以更好地理解不同治理主体如何协同治理促进农户绿色生产进而提高其福利水平，对于实现农产品优质优价以促进农户增收具有重要的现实意义。

③通过对多主体协同参与农户绿色生产行为治理路径的研究，探讨如何在引导和规范农户绿色生产行为的过程中有效发挥多主体协同治理的作用，这不仅符合新时代乡村振兴、生态文明建设等国家发展战略的需要，而且为解决农业环境污染、农产品质量安全等现实问题提供了新思路和新办法。

（3）本研究的创新点

①将政府规制、市场机制、产业组织驱动、社区治理等外部环

境因素纳入同一研究框架，较为系统、全面地剖析了多主体协同治理对茶农绿色生产行为的影响路径和演变规律，为研究如何促进农户进行绿色生产提供了新视角和新思路。

②建立了茶农绿色生产行为多主体协同治理协同度测度模型及相应指标体系，并测度和评估了福建省茶农绿色生产行为多主体协同治理效应，不仅有利于丰富和拓展多主体协同治理理论，同时也为提升茶农绿色生产行为多主体协同治理能力和水平提供了新的方向。

③构建了以政府部门为主导、多元主体参与的新的茶农绿色生产行为多主体协同治理模式，将政府部门、市场组织、产业组织以及社区组织等多元主体引入茶农绿色生产行为治理过程中，这对我国茶叶产区茶农绿色生产行为治理由“单向一维治理”模式向“多维协同治理”模式转变具有现实的参考借鉴价值。

本书在撰写过程中参考和借鉴了国内外众多专家学者的相关研究成果，本书的出版还得到了北京林业大学经济管理学院博士生导师谢屹教授的亲自指导，以及福建省社会科学研究基地生态文明研究中心、福建省高校特色新型智库生态文明研究中心的大力支持，在此一并表示衷心感谢。由于作者知识水平有限，书中难免存在许多不当之处，衷心希望读者对本书提出批评、进行指正。

纪金雄

2024年3月

于福建农林大学茶苑

Contents
目录

前言

1 绪论 …… 1
1.1 研究背景与问题的提出 …… 1
1.2 研究目的和意义 …… 3
1.3 国内外研究现状及述评 …… 5
1.4 研究内容、研究方法与技术路线 …… 16
1.5 研究的创新之处 …… 19

2 概念界定、理论基础与理论分析框架 …… 21
2.1 概念界定 …… 21
2.2 理论基础 …… 25
2.3 多主体协同治理下茶农绿色生产行为的选择机理 …… 32
2.4 本章小结 …… 36

3 福建省茶农绿色生产行为现状分析 …… 37
3.1 福建省茶产业发展概况 …… 37
3.2 数据来源与样本描述 …… 41
3.3 样本茶农绿色生产现状 …… 51
3.4 样本茶农绿色生产行为测度 …… 65
3.5 本章小结 …… 66

4 茶农绿色生产行为多主体协同治理协同度测度及影响因素分析 …… 67
4.1 茶农绿色生产行为多主体协同治理系统分析 …… 67
4.2 茶农绿色生产行为多主体协同治理协同度测度模型构建 …… 70
4.3 茶农绿色生产行为多主体协同治理协同度测度指标体系构建 …… 73
4.4 茶农绿色生产行为多主体协同治理协同度测度及分析 …… 79
4.5 茶农绿色生产行为多主体协同治理效应影响因素分析 …… 83
4.6 本章小结 …… 88
5 多主体协同治理对茶农绿色生产行为选择影响的实证分析 …… 90
5.1 理论分析与研究假设 …… 90
5.2 变量选取及描述性统计 …… 96
5.3 模型建立 …… 100
5.4 实证分析 …… 101
5.5 本章小结 …… 113
6 多主体协同治理对茶农绿色生产行为效应影响的实证分析 …… 115
6.1 文献综述 …… 115
6.2 理论分析与研究假设 …… 117
6.3 模型构建 …… 120
6.4 变量选取及描述性统计 …… 122
6.5 结果与分析 …… 126
6.6 本章小结 …… 136
7 茶农绿色生产行为多主体协同治理模式构建与实现路径 …… 138
7.1 协同治理的一个理论框架：SFIC 模型 …… 138

7.2　茶农绿色生产行为多主体协同治理模式构建 …………………… 141
7.3　多主体协同治理下茶农绿色生产行为实现路径 ………………… 153
7.4　本章小结 ……………………………………………………………… 157

8　研究结论、不足与展望 ……………………………………………… 158

8.1　研究结论 ……………………………………………………………… 158
8.2　研究不足与展望 ……………………………………………………… 161

附录　茶农绿色生产行为调查问卷 ………………………………………… 163
参考文献 ………………………………………………………………………… 172

1 绪 论

1.1 研究背景与问题的提出

1.1.1 研究背景

(1) 发展绿色农业是我国农业供给侧结构性改革的重要内容

农业是我国国民经济发展的基础性和关键性产业。农业绿色发展是经济可持续发展的重要前提，也是实现农业现代化的重要途径，是生态文明建设的重要举措，也是绿色发展理念的重要体现（陈吉平，2020）。如今，农业绿色发展已成为社会关注的热点问题。党的十八大、十九大、二十大报告和连续多年的中央1号文件持续聚焦农业绿色发展，推动农业绿色转型发展、深入推进农业供给侧结构性改革、提高农业绿色可持续发展水平已成为我国乡村振兴战略实施的重要举措（何悦，2019）。然而，当前我国农业发展呈现出农产品质量安全问题与环境污染问题并存的“双重负外部性”特征，这两个问题的共同焦点与交集是农业发展方式问题，其核心则是如何推动农户实现农业绿色发展（潘世磊等，2018），可见，引导和规范农户绿色生产已成为推动农业绿色转型发展的重要行动手段。

(2) 茶产业绿色发展是实现我国农业绿色转型发展的重要组成部分

近年来，我国茶产业发展迅速，茶园种植面积、茶叶产量、茶叶全产业链产值等指标均呈现良好发展趋势，茶产业已成为巩固脱贫攻坚成果和推动乡村振兴的支柱产业。但农户施用化肥、农药不规范，茶叶产品认证体系不健全，导致了农药残留超标等质量安全问题，不仅会影响消费者身心健康，也会给茶叶产区的生态环境带来威胁。当前，茶叶种植过程中化肥、农药的施用量超过经济学意义上的最优施用量的问题比较严重，这将对我国茶产业绿色可持续发展造成严重阻碍（赵晓颖等，2020b）。我国是全球重要的茶叶生产和消费大国，茶产业在我国农业生产体系中占据重要地位，促进茶产业绿色发展是实现我国农业绿色转型发展的一个重要环节。2021年3月22日，习近平总书记在福建考察时强调茶产业要坚持绿色发展方向。茶产业绿色发展是践行

“两山”理念的重要实例之一，而茶农的绿色生产行为是实现茶区“绿水青山就是金山银山”目标的关键。推行茶叶绿色生产方式，引导和规范茶农绿色生产行为，既能以优质茶叶获取良好的经济效应，又能实现保护茶区生态环境的生态效应。

（3）茶农对绿色生产行为的采纳是推动茶产业绿色发展的关键

当前，我国农户生产经营的主要模式依然是小规模分散、兼业化经营（孙小燕等，2019），农户作为我国从事茶叶种植的基本单位，存在小规模、低效率的生产经营特点（赵晓颖等，2020b），在追求茶叶生产效益过程中的化肥和农药施用不恰当、不规范行为依然普遍存在（仇焕广等，2014），这些行为造成的茶园土壤板结酸化、土壤重金属残留超标、生物多样性下降等问题不仅会严重影响茶树生长环境和茶叶品质，也会破坏茶叶产区生态系统的平衡。在资源环境约束不断加大的背景下，部分茶农在茶叶种植过程中仍然缺乏采纳绿色生产行为的积极性，这限制了绿色农业技术的大面积推广。直接参与茶叶种植的茶农生产行为的绿色化程度，与茶产业绿色可持续发展密切相关。因此，如何科学、合理地引导和规范茶农绿色生产行为，成为推动茶产业绿色发展的关键。

（4）多主体协同治理模式的构建对规范农户绿色生产行为具有重要作用

我国先后颁布了一系列法律法规和标准规范来约束农户生产行为，但由于我国农业生产具有小规模、兼业化、分散化等基本特点，从田间到餐桌的监管路线长、监管难度大，不环保、不合理的农业生产行为仍然较为普遍，政府的相关政策实施效果并不理想（黄祖辉等，2016）。这暴露出了当前仅依靠单一的政府监管模式难以实现农业绿色发展水平的有效提升（于艳丽和李桦，2021）。在提倡乡村自治的乡村振兴战略实施背景下，增强市场组织、产业组织和社区组织等社会主体的监管力量已成为规范和约束农户绿色生产行为的重要手段（王建华等，2018）。在现代农产品质量安全监管体制下，多主体协同治理模式的施行有助于提高政府部门监管农产品安全生产的有效性（刘承毅和王建明，2014），使农户等农业生产经营主体更加恪守安全生产行为。因此，有效应对农产品质量安全问题，需要引入社会力量，发挥市场组织、产业组织及社区组织的约束监督作用，引导全社会参与协同治理（Mutshewa，2010）。同样，在茶农绿色生产行为治理上，引入市场组织、产业组织和社区组织等多元主体实现协同治理，有助于提高政府规制的效率（于艳丽等，2019a）。

1.1.2 问题的提出

在乡村振兴战略实施与农产品质量安全监管体系建设的大背景下，人们日益增长的农产品质量安全需求与监管治理不平衡不充分之间的矛盾，不断推动着农产品质量安全监管机制变革。面对日益复杂的茶叶质量安全问题，传统的单一政府规制模式、市场模式、产业组织模式抑或社区自治模式已难以发挥其功能和作用，并暴露了一定的局限性，仅凭政府部门、市场组织、产业组织、社区组织等单一的治理力量难以达到治理的最优效果。这表明我国茶叶产区传统的治理模式单一、治理机制不完善的茶农绿色生产行为治理体系已经不能适应当前茶产业高质量发展的需要，仍然缺乏完善的多主体协同治理模式来支持和引导茶产业绿色发展。

针对上述现实背景，如何借助政府部门、市场组织、产业组织、社区组织等力量构建多主体协同治理模式，进而引导和规范茶农绿色生产行为成为亟待解决的科学问题。具体问题包括：当前茶农绿色生产行为多主体协同治理处于何等水平，影响因素有哪些？多主体协同治理下茶农绿色生产行为的选择机理及内在逻辑是什么？多主体协同治理下茶农进行绿色生产能否显著提高经济收入和改善生态环境？如何构建一个有效的多主体协同治理模式来促使绿色生产成为茶农的自觉行为？回答这一系列问题需要科学、规范的论证和系统、深入的阐释。因此，本研究以福建省茶农绿色生产行为作为研究对象，从多主体协同治理视角，深入剖析茶农绿色生产行为选择及其效应的影响机理，探索有效激励和约束茶农绿色生产行为的多主体协同治理模式及其实现路径，以期为改善茶园生态环境、提高茶叶质量安全水平以及促进茶产业绿色可持续发展提出有针对性的政策建议。

1.2 研究目的和意义

1.2.1 研究目的

本研究的核心目的是将多主体协同治理理论引入茶农绿色生产行为治理的研究中，剖析多主体协同治理对茶农绿色生产行为选择及其效应的影响机理，进而为多主体协同治理有效引导和规范茶农绿色生产行为提供理论和实证依据。具体来说，本研究预计实现以下四个目的：

①构建一套茶农绿色生产行为多主体协同治理协同度测度指标体系，以考察当前茶农绿色生产行为多主体协同治理状况。

②揭示多主体协同治理对茶农绿色生产行为选择的影响机理和作用路径。

③验证多主体协同治理对茶农绿色生产行为效应的作用程度及其异质性。

④构建茶农绿色生产行为多主体协同治理模式并优化其实现路径，为政府部门进一步引导和规范茶农绿色生产行为提供有益的思路和政策建议。

1.2.2 研究意义

（1）理论意义

①丰富多主体协同治理理论。本研究将多主体协同治理理论引入农户绿色生产行为规范和治理的研究中，剖析多主体协同治理对茶农绿色生产行为选择及其效应的影响机理，进一步充实多主体协同治理问题相关理论研究，同时也为实现多主体协同参与农户绿色生产行为治理提供思考路径和理论依据。

②丰富农业绿色发展和农户绿色生产行为相关研究。本研究基于“多主体协同治理—绿色认知—行为意愿—行为选择—行为效应—路径优化”的行为逻辑构建茶农绿色生产行为选择及其效应的理论研究框架，揭示多主体协同治理对茶农绿色生产行为影响的背后动因及其对经济效应和生态效应的作用程度，丰富和拓展农户绿色生产行为与多主体协同治理相关研究，同时也为推广农业绿色生产技术、促进农业生产提质增效和改善农业生态环境提供理论支撑。

（2）现实意义

①茶农绿色生产行为选择受到多重因素的影响，并且茶农生产行为的绿色化程度直接或间接影响茶园的生态环境以及茶产业绿色发展方向。因此，本研究通过实证分析茶农绿色生产行为采纳决策的关键影响因素，更精准把握茶农绿色生产行为的制约因素和激励因素，有利于不同治理主体从根本上引导和规范茶农的绿色生产行为。

②茶产业已成为实现乡村振兴的支柱产业。茶农在采纳绿色生产技术后是否实现了经济收入增长的目标？是否有效减少了农药和化肥使用量以及改善了茶园生态环境？对上述问题的回答不仅关系到茶农是否会持续采纳绿色生产技术，而且决定着绿色农业技术应用推广的可持续性。本研究实证检验了绿色生产行为的采纳对茶农经济收入和生态环境的影响效应，有助于更好地理解不同治理主体如何协同治理从而引导和规范茶农绿色生产行为，进而增加茶农的经济收入和改善茶园的生态环境，对于实现茶叶产区生态产品价值、通过茶叶优质优价促进茶农增收具有重要的现实意义。

③面对日益复杂的农业生产环境问题，传统的政府单一主体治理模式已经不能满足环境治理的现实需要，亟待构建一个更加高效并符合时代发展需要的治理模式。本书通过对多主体协同参与茶农绿色生产行为治理模式的研究，探讨如何在引导和规范茶农绿色生产行为中使多主体协同治理的作用得到有效发挥，不仅符合新时代乡村振兴、生态文明建设等国家发展战略需要，而且为解决茶园生态环境问题、茶叶质量安全问题等提供了新思路和新办法。

1.3 国内外研究现状及述评

1.3.1 关于农户绿色生产行为的相关研究

(1) 农户绿色生产行为的影响因素

农户是农业生产经营的主体，其绿色生产行为会受到来自内部、外部多种因素的影响，包括农户的个人特征（Jallow et al.，2017；李芬妮等，2019a）、家庭特征（曲朦，2020）、生产特征（Denkyirah et al.，2016；孔凡斌，2019）、信息特征（Liu et al.，2013；郭悦楠，2018）和认知特征（Lithourgidis et al.，2016；郭清卉，2020）。同时，作为市场参与者，农户绿色生产行为还受到社区治理（Bailey et al.，2014；蒋琳莉等，2021）、产业组织驱动（苏昕等，2018；龚继红等，2019）、市场环境（Schipmann et al.，2011；罗小锋，2020；林黎等，2021）、政府服务（Leprevost et al.，2014；何丽娟等，2019）和政府规制（Maryam，2018；黄祖辉，2016；余威震，2020）等影响。以下主要梳理政府规制、市场机制、产业组织驱动和社区治理对农户绿色生产行为影响的相关研究。

①政府规制。当前我国农产品质量标准化体系和农产品市场价值体系仍不完善，绿色农产品供求信息不对称，容易引发“柠檬市场”效应（刘迪等，2019），需要政府出台一系列规制政策来保障农产品质量安全，具体包括引导规制、激励规制和约束规制。

A. 引导规制。农户采纳绿色生产行为需要付出额外的交易成本，借助技术培训等引导规制，能加速绿色生产技术信息的扩散，降低技术采纳的交易成本（Conley and Udry，2010），同时，也可以提高农户对绿色生产技术的认知，进而提高其采纳绿色生产技术的可能性（罗岚等，2021）。李芬妮（2019a）、张红丽等（2021）的研究均表明，引导规制对农户绿色生产行为具有积极作用。政府组织培训会不同程度地降低农户化肥、农药的施用量（华春林等，2013；Leprevost et al.，2014；Khan et al.，2015），技术培训正向刺激农户施用生物农药（沈昱，2020）。雷家乐等（2021）的研究表明，示范性规范对农户在产中采取措施防治病虫害具有正向影响，而对农户在产前和产后绿色生产行为则具有负向影响。但是，黄祖辉等（2016）认为，宣传培训等对农户过量使用农药的影响不大；秦诗乐和吕新业（2020）认为，安全用药培训虽然并不显著影响农户绿色生产行为决策，但会显著增加采纳程度。

B. 激励规制。虽然政府通过宣传推广和教育培训等相关手段积极引导农户采纳绿色生产行为，但是仅靠引导规制政策对农户采纳绿色生产行为的影响是有限的。由于绿色农产品市场存在正外部性，政府要制定激励政策来引导和规范农户的绿色生产行为（刘迪等，2019）。通过对开展农业绿色生产的农户提供物质补贴或经济奖励（Jacquet et al.，2011），可以直接降低农户使用绿色生产技术的边际成本，从而提升农户采纳绿色生产行为的主动性（罗岚等，2021），因为政府补贴可增强农户绿色生产行为的社会效应，将外部信息内部化（Chatzimichasel et al.，2014）。李芬妮等（2019a）、张红丽等（2021）的研究均表明，激励规制对农户绿色生产行为具有积极促进作用；黄祖辉等（2016）的实证研究结果显示，激励政策对农户遵守间隔期、阅读标签说明以及施用农药均有显著的规范效果；价格激励、政策补贴正向刺激农户施用生物农药（沈昱雯，2020）；余威震等（2020）的研究发现，农户有机肥施用行为会受到政策激励的显著影响，其中政府补贴政策会增强环境危机意识与农户有机肥施用行为之间的正向关系；许佳彬等（2021）指出，激励性环境规制对农户的“绿色生产认知—绿色生产意愿—绿色生产行为”决策具有显著的正向调节效应；雷家乐等（2021）的实证研究表明，政策激励对农户产前建立田间技术管理档案具有正向影响。另外，不同政策对不同类型农户绿色生产行为的影响存在异质性。杨福霞和郑欣（2021）认为，现金补偿和技术补偿均显著正向影响农户绿色生产行为，且存在着互补效应，其中现金补偿对年轻组农户的激励作用更明显，而技术补偿对老龄组农户的影响则更为突出；杨钰蓉等（2021）认为，绿色技术培训和绿色生产补贴均会显著正向促进农户采纳绿色生产行为，但对不同经营规模农户的影响存在差异，经营规模较小的农户较易受补贴的影响，经营规模较大的农户则受培训的影响更为明显。但也有学者认为税收优惠和绿色补贴政策并不能有效促进农户提高生物农药和低毒农药的施用量（Skevas et al.，2012）。

C. 约束规制。作为有限理性的经济人，农户的生产决策目标可能与社会目标背道而驰（罗岚，2021），这时政府需要通过制定相关政策约束农户的生产行为，经济理性和损失厌恶会促使农户采纳绿色生产行为（程杰贤和郑少锋，2018）。现有文献主要集中于研究政府规制对农户生产行为的约束路径（Lei et al.，2015；Maryam and Hossein，2018），不同学者对农户绿色生产行为约束规制的实证结果不一致。黄祖辉等（2016）的实证分析结果表明，命令控制政策对农户农药施用行为具有较强的规范效应；沈昱雯等（2020）的研究发现，生产监管、处罚的力度均能显著正向影响农户施用生物农药行为，并且这些约束措施可以调节激励措施对农户施用生物农药行为的影响；代云云和徐翔（2012）的研究指出，政府加大农产品销售前检测的力度会直接影响农户的施肥、施药行为；雷家乐等（2021）的研究表明，政府规制对农户在产前、产中和产后各环节绿色生产行为的影响不同，指令性规范对农户在产前建立田间技术档案管理具有正向促进作用，而对农户在产中采取措施防治病虫害则具有负向抑制作用。政策约束会对农户绿色生产行为采纳意愿产生显著影响（林黎，2021）。许佳彬等（2021）指出，约束性环境规制对农户的“绿色生产认知—绿色生产意愿—绿色生产行为”决策会产生积极的正向调节效应。但罗岚等（2021）的研究结果显示，约束规制对果农采纳绿色生产技术影响不明显；李芬妮等（2019a）、张红丽等（2021）也证实了约束规制对农户绿色生产行为的影响不显著，表明当前政府约束规制存在“相对性制度失灵”现象。

政府规制是影响农户绿色生产行为的直接方式，但由于我国农户具有小规模分散经营的特征，政府规制成本较高（Miewald et al.，2013）。王建华等（2018）认为，政府在农产品质量安全治理中的职能定位不清是农产品出现质量安全问题的主要原因，当前实行的农产品质量安全分段式监管体制容易出现政府职能错位和缺位问题（赵学刚，2009）。为应对政府在农产品质量安全治理中规制成本较高和监管资源紧缺的问题，有必要建立一个由政府部门主导，市场组织、产业组织和社区组织等社会力量共同参与的协同治理体系，这也是促进农产品质量安全监管的有效路径（Martinez et al.，2013），在一定程度上能够防止农户出现机会主义行为（李静等，2013）。

②市场机制。市场机制作为外部环境中必不可少的因素，是市场破解农产品信息不对称的主要手段，同时也会影响农户资源配置效率，从而对农户绿色生产行为决策产生作用。目前利用市场机制对农户绿色生产行为进行干预和规范的关键路径有以下两条：

A. 优质优价。以优质优价为代表的市场激励机制能满足农户的市场收益预期（罗小锋等，2020），在农产品质量安全治理方面发挥了重要的保障作用（方伟等，2013），成为农户采纳绿色生产行为的主要驱动力（黄炎忠等，2018）。王常伟和顾海英（2013）指出，以价格机制为主的市场激励机制通过提高绿色农产品销售价格来保障农户获取较高的收益，从而影响农户采纳绿色生产行为；Montalvo（2008）的研究也发现，农产品市场价格会显著影响农户采纳绿色生产行为；耿宇宁等（2017）的研究认为，经济激励通过价格机制和补贴机制对农户采纳绿色防控技术产生显著的促进作用；罗小锋等（2020）的研究发现，激励性市场规制能够显著促进农户的生物农药施用行为，特别是对规模户的作用更加明显。此外，还有文献研究表明，农产品价格会直接影响农户选择和施用化肥、农药的行为（郑龙章等，2009），收入预期是促使农户从事生态循环农业的最重要因素（黄炜虹等，2017），市场对农药残留超标农产品的价格约束对农户采纳绿色防控技术的行为决策具有显著影响（秦诗乐，2020），以市场为基础的激励政策对农户阅读农药标签说明、遵守农药安全间隔期以及使用农药等行为均有显著的规范效果（黄祖辉等，2016）。

B. 质量检测。以质量检测为代表的市场约束机制能对农户绿色生产提出质量要求（代云云等，2012；黄炎忠等，2018），通过质量检测将农业生产过程和产品质量等有关信息外化，可以抑制农户不安全生产的机会主义行为（North，1994），增加农户的风险成本（乔慧等，2017），从而提高农户采纳绿色生产行为的可能性。质量检测作为一种监管农产品质量安全的手段，对农户非绿色生产行为起到一定约束和限制作用（余威震，2019），加大农产品质量检测力度可以提高农户安全生产行为采纳度（代云云，2013），特别是在农产品进入市场之前，进行质量安全检测和品质分级可以有效倒逼农户采纳绿色生产行为（张复宏等，2013）。罗小锋等（2020）的研究发现，约束性市场规制对小农户的生物农药施用行为有显著促进作用。

在农户的绿色生产行为采纳过程中存在农产品市场信息不对称和正外部性问题，但正外部性会导致市场资源配置低效，仅依靠市场机制不足以激励农户采纳绿色生产行为，必须借助政府规制对市场机制进行补充（黄炜虹等，2017）。刘迪等（2019）的研究表明，农户采纳绿色防控技术的行为决策受市场激励与政府规制双重影响，并且政府规制能弥补市场激励的不足；罗岚等（2021）也证实了市场收益激励与政府规制具有互补作用，并且市场收益激励通过调节政府规制与农户绿色生产行为采纳程度的关系对农户绿色生产技术采纳程度产生影响。耿宇宁等（2017）的研究发现，市场激励机制对农户绿色防控技术采纳的促进作用明显大于政府激励机制；Zhao 等（2017）的研究也证实了市场激励对农户生产行为的影响要显著优于政府规制。在政府规制主导的背景下，应发挥市场机制作用，促进政府规制和市场机制在农户绿色生产行为治理过程中的协调配合，构建完善的协同治理体系（罗岚等，2021）。

③产业组织驱动。农户加入产业组织是产业组织嵌入政府、市场、农户之间的根本途径，产业组织成为农户与政府、市场之间的信息沟通桥梁（李成龙和周宏，2021），产业组织具有横向合作、纵向协作以及横纵联合等多种模式（钟真和孔祥智，2012），可以为农户提供技术、信息、资金、社会网络等方面的服务和支持，克服农户小规模分散经营的短板（张康洁，2021），在推动农业绿色发展方面发挥重要作用。产业组织能够通过提供技术培训指导、农资购买等相关服务或进行农产品质量监督促使农户进行绿色生产（袁雪霈等，2019）。

合作社与其成员之间的合作契约关系对农户生产行为具有约束监督作用（赵佩佩等，2021），而且合作社成员之间具有示范效应，合作组织嵌入不仅显著提升了社员绿色生产认知水平（冯燕和吴金芳，2018），而且降低了社员采纳绿色生产行为的学习成本和技术交易成本（张康洁，2021），从而提高了农户采纳绿色生产行为的可能性。蔡荣等（2019）的研究发现，加入合作社能够显著促进家庭农场选择环境友好型生产方式，并利用内生转换 Probit 模型估计得出加入合作社能够使家庭农场的化肥和农药施用减量的概率分别提高

43.3%和43.7%的结论。刘帅等（2020）认为，为了使农户做出与产业组织目标相一致的行为选择，应实施前端控制、过程控制和结果控制等一系列的制度安排，以约束农户的生产行为。秦诗乐和吕新业（2020）指出，合作社通过农产品质量检测、质量分级和溢价收购等社内管理显著促进农户采纳绿色防控技术。祝国平等（2022）的研究表明，产业链参与可以直接促进农户采纳绿色生产行为，而且具有边际递增效应。张康洁等（2021）认为，相比传统市场交易模式，产业组织模式能够显著正向影响农户绿色生产行为采纳程度，其中横向合作模式的影响更加明显，而且可以通过绿色认知的传导来实现。汪烨等（2022）的实证研究结果表明，合作组织嵌入不仅能够显著促进农户的有机肥施用行为，而且能够显著缓解农业劳动力老龄化的约束效应。耿飙等（2018）的研究发现，提高农户有机肥施用意愿的有效途径是引导农户参加农业社会化服务组织和强化合作组织培训。罗磊等（2022）的实证分析结果表明，合作社每增加1次培训，社员进行绿色生产的概率就会提升3.6%，可见合作社培训能够显著提升社员绿色生产认知水平，从而增强其绿色生产意愿。陈欢等（2018）认为，社会化组织可以为农户提供科学、合理的施肥、施药服务，从而保障农产品质量安全和保护农业生态环境，但对不同经营规模农户的影响具有异质性（应瑞瑶和徐斌，2017）。刘杰等（2022）的实证结果表明，农户组织化显著促进了农户绿色技术采纳程度，其中紧密型合作组织的促进作用更大，并且对小规模、兼业化等类型农户的带动效应更加明显。陈梅英等（2020）的研究发现，合作组织治理除了能够直接正向影响农户有机肥施用行为，还能够与政府规制互补或替代其发挥作用，而且可以有效降低政府规制成本，大大提高规范农户生产行为的效率。代云云和徐翔（2012）认为，组织对农户质量安全控制行为的规范作用相较市场更强，而且农产品检测在组织监管措施中对农户的生产行为影响较大。

④社区治理。社区组织通过村委会制定治理准则并自上而下监督、社区内部农户之间相互监督等方式直接约束农户绿色生产行为，或者通过邻里示范引导农户进行绿色生产。已有研究表明，社区治理对农户绿色生产行为具有显著促进作用（李芬妮等，2019a），在农村食品安全风险治理中，发挥社区对生产者行为的监督作用具有重要意义（Bailey and Garforth，2014）。郭利京等（2020）认为，村规民约通过内化模式和强制模式两条路径对农户亲环境行为产生影响，村规民约具体通过价值引导、传递内化、惩戒监督等机制规范和引导农户的行为（周家明和刘祖云，2014）。徐志刚等（2016）验证了农户之间的监督会有效影响农户的声誉诉求，进而对其亲环境行为选择产生显著促进作用，邻近农户之间互相监督的社区治理形式对农户行为有显著影响（唐林等，2019）。李芬妮等（2019b）验证了村内非正式制度会显著影响农户对绿色生

产行为的采纳，社区向农户提供生产性服务能够提高农业绿色生产率（李翠霞等，2021），而且社区提供绿色生产服务比实施严格的监管措施更能促进农户绿色生产持续水平的提升（徐蕾和李桦，2022）。谈存峰等（2017）的研究发现，邻里和亲朋的绿色生产技术采纳行为也会影响农户的绿色生产技术采纳行为；王学婷等（2018）也证实了乡邻技术采纳的示范效应会正向影响农户绿色生产行为采纳；李子琳等（2019）的实证结果表明，种植能手与村干部的行为会引发农户的从众心理，他们对新技术的使用会对农户生产行为产生示范效应；李明月等（2020）指出，代际效应与邻里效应均会显著影响农户的绿色生产技术采纳行为，其中邻里效应具有正向影响，而代际效应则相反。农户绿色生产行为采纳会受到村里熟人和社会上其他人的影响，社会规范对农户绿色生产行为的锁定效应会抑制农户的绿色认知对其绿色生产行为采纳的影响（李昊等，2022）。此外，相关文献研究结果显示，政府部门与社区组织协同治理更易实现社区资源的优化配置（刘波等，2019），社区治理在一定程度上能弥补政府部门对农户绿色生产行为治理的不足，减轻政府规制压力以及转移政府规制成本，同时社区治理内生潜力的发挥也需要政府的引导和激励，两者在约束农户生产行为时起到互补调节作用（于艳丽等，2019a）。

（2）农户绿色生产行为产生的效应

学者们对农户绿色生产行为产生效应的研究主要关注经济效应和环境效应。学者们一致认为农户采纳绿色生产行为能够产生正面的环境效应，但是关于经济效应的研究仍存在分歧。

①农户绿色生产行为产生的经济效应。经济效应是农户采纳绿色生产行为及提高绿色生产行为采纳程度的根本驱动力（陈雪婷等，2020），多数学者认为农户采纳绿色生产行为能够促进其经济效益提升（Saiful and Benoy，2015；黄腾等，2018；刘畅等，2021）。张成玉和肖海峰（2009）通过建立粮食作物单产函数测算出测土配方施肥技术的采用对水稻和小麦的增产效果明显，这两种粮食作物每亩[①]产量分别增加 32.35 千克和 36.07 千克，农民每亩净收益分别增加 35.44 元和 30.25 元。罗小娟等（2013）通过构建投入需求和产出供给方程估计了农户采纳测土配方施肥技术产生的经济效应，结果表明测土配方施肥技术确实能够起到提高水稻产量的作用，测土配方施肥技术采用率每增加 1%，水稻单产提高 0.04%（2.91 千克/公顷）。赵连阁和蔡书凯（2013）的研究指出，采用化学、生物的病虫害防治技术可以实现农户水稻显著增产，而采用化学、物理的病虫害防治技术可以实现农药使用成本显著降低。刘芬等（2016）的实证分析表明，农户采纳测土配方施肥技术可以使水稻产量平均增

① 亩为非法定计量单位，1 亩≈666.67 米^2。

加 703 千克/公顷，增产率达到 8.7%，直接实现节本增收 757 元/公顷。侯晓康等（2019）运用内生转换回归（ESR）模型进行实证检验，表明农户采纳测土配方技术能够使收入得到显著提升，农民采纳该技术可使农业收入平均每年提高 8%。王若男等（2021）从质量经济学视角分析了农户采纳绿色生产行为的增收效应，研究指出绿色生产行为采纳可以使农户家庭总收入和纯收入分别提高 18.37%和 27.93%，并且采纳不同类型绿色生产技术的增收效应存在差别。张康洁等（2021）采用 PSM 法研究了不同产业组织模式下稻农的收入效应，结果表明稻农选择纵向产业组织协作模式和横向产业组织合作模式比传统市场交易模式分别提高 15.9%和 5.3%的水稻收入。李秋生等（2022）也采用该方法分析了化肥减量替代政策的收入效应，结果表明政策激励对化肥减量增效发挥促进作用，农户柑橘净收入增加约 1.43 万元/公顷，组织约束有助于增强化肥减量替代政策对农户收入效应的促进作用。Biru 等（2020）认为，农业绿色生产技术的使用可以有效减少农户贫困的发生以及改善其消费水平。杨程方等的（2020）研究指出，农户对绿色防控技术的采纳程度越高，增收效应越明显。但是也有研究认为，农户采纳绿色生产行为不一定带来正向的经济效应，主要是因为绿色生产技术的使用具有成本高、风险高、见效慢等特点（徐志刚等，2018），难以显著提高农业收入，甚至会导致农业收入下降（Zheng et al.，2014；Martey et al.，2020）。王秀丽和王士海（2018）的研究表明，马铃薯种植户采纳测土配方施肥具有显著的经济效应，使用高效低毒农药能够明显提高马铃薯的质量，但由于此类农药成本较高且绿色农产品的销售价格与普通农产品差异不大，反而造成农户收入下降。吴雪莲（2016）的研究结果显示，水稻种植户采纳病虫害综合防治技术和测土配方施肥技术均不能显著增加生产绩效。

②农户绿色生产行为产生的环境效应。胡浩和杨泳冰（2015）认为，农户采纳绿色生产行为可以减少化肥施用量，从源头上有效控制农业面源污染。Lal（2004）的研究发现，农户采纳绿色生产行为还可以有效抑制农业生产活动中的温室气体排放。陈舜等（2016）认为，农户少量施用高效、低毒的新型农药能够显著抑制农业碳排放。梁流涛等（2016）认为，农户生产行为会通过改变或影响生态环境直接因子对农业环境的变化产生影响。罗小娟等（2013）的研究结果表明，农户采纳测土配方施肥技术具有积极的生态效应，即农户的测土配方施肥技术采纳率每增加 1%，就可以使化肥施用量降低 0.09%。张灿强等（2016）的研究结果表明，在我国三大粮食作物主产区推广使用测土配方施肥技术可以有效减少化学肥料投入和农业碳排放，分别减少 814.1 万吨/年和1 045.9万吨/年。耿宇宁等（2018）通过建立联立方程式模型，证实了农户采纳绿色防控技术具有显著的环境效应，不同绿色防控技术所能实现的环境效

应存在明显差异。宋浩楠等（2023）采用ESR模型构建反事实分析框架，估计结果表明规模农户的化肥使用效率指数提高了0.041，提高幅度为13.95%。

1.3.2 关于茶农绿色生产行为的相关研究

茶叶作为我国一种重要经济作物，在促进山区乡村振兴、助推农村社会经济发展方面具有积极的作用。茶农是我国从事茶叶种植的基本单位，存在小规模、分散化、兼业化的生产经营特点，在追求茶叶生产效益过程中，化肥和农药施用不当、不规范的现象依然普遍存在，导致茶叶种植过程中化肥和农药的施用量超过经济学意义上的最优施用量，这将对我国茶产业绿色可持续发展造成严重阻碍（赵晓颖等，2020b）。直接参与茶叶种植的茶农生产行为的绿色化程度与茶产业绿色可持续发展密切相关，因此，如何科学、合理地引导和规范茶农的绿色生产行为成为学者们研究的热点问题。

（1）茶农绿色生产行为影响因素研究

胡林英等（2017）认为，茶农采用绿色防控技术受自身特征、家庭资源禀赋、茶园生产特征、组织与技术服务等多种因素影响，其中组织与技术服务特征对茶农采用绿色防控技术的影响最大。郑蓉蓉等（2020）基于Logistic－ISM模型研究了茶农采纳病虫生态调控技术的影响因素，结果表明茶叶年收益、销售模式、培训次数、往年病虫情况、政府抽检频率、茶园面积、是否合作社成员、新技术成本、对收益变化的认知、年龄和受教育程度显著影响茶农采纳生态调控技术。赵晓颖等（2020b）认为，合作社的绿色生产激励、合作社的监督、优质优价的市场机制、绿色生产成本及败德行为收益是影响茶农采纳绿色生产行为的关键因素，受教育程度高、种植规模小、化学农药危害认知程度高的茶农更倾向于选择生物农药（赵晓颖等，2020a）。郭灿等（2020）的研究认为，茶农使用农药的行为主要受经验、农药价格、培训认知等方面的影响。于艳丽等（2019b）的研究认为，政府部门组织的绿色防控技术培训及颁布的相关规制政策能够有效提升茶农的绿色生产知识素养，进而规制茶农的过量施药行为；在茶农绿色生产行为约束上，社区治理对茶农减量施药行为有显著促进作用，政府规制与社区治理在规制茶农减量施药行为中起到互补作用（于艳丽等，2019a）；茶农风险认知对其绿色生产行为也有显著影响，安全风险认知在社区监督对农户按照说明书施药和安全间隔期内采摘茶叶等绿色生产行为的影响中具有显著的中介效应（于艳丽和李桦，2020）。陈梅英等（2020）的研究显示，无合作组织治理时，政府规制正向影响茶农有机肥施用行为；有合作组织治理时，政府规制对茶农有机肥施用行为的促进作用不明显，合作组织监督在政府规制对茶农有机肥施用行为的影响中起到对政府规制的互补作用，合作组织培训在政府规制对茶农有机肥施用行为的影响中起到对政府规制的替代作用。王雨濛等（2020）实证分析结果表明，不同产业链组织模式对茶农农药使用行为的影响存在差异。徐蕾和李桦（2022）的实证研究结果显示，政府补贴、社区服务及收购商监督对茶农绿色生产持续水平提升具有促进作用，而且村民委员会（以下简称村委会）和社区收购商监督能够显著调节政府惩罚对茶农绿色生产持续水平的影响，即政府监管在村委会和社区收购商的配合下对茶农绿色生产持续水平的提升作用更加明显。

（2）茶农绿色生产行为效应研究

国内外文献关于茶农绿色生产行为效应的研究主要聚焦于收入效应，而对生态效应的研究较为缺乏。吕美晔和王凯（2004）的研究认为，市场上绿色食品茶叶与普通茶叶预期收益之比越高，茶农采纳绿色生产行为的意愿也就越强。胡海和庄天慧（2020）采用内生转换回归（ESR）模型估计了茶农采纳绿色防控技术对其经济条件的平均处理效应，结果显示茶农采纳绿色防控技术具有显著的福利效应，每亩茶叶利润显著提高 8.733%、家庭可支配收入显著提高 4.426%、生活消费支出显著提高 2.872%。陈梅英等（2021）也采用该方法证实了茶农采纳绿色生产行为具有显著的收入效应，家庭年收入可增加 32.60%，而且同时采纳多种绿色生产技术的茶农，其家庭收入的提高幅度更加明显。彭斯和陈玉萍（2022）的研究认为，技术采用行为对农户茶叶收入的提升具有显著促进作用，其影响效应因农户茶叶收入水平的不同而表现出一定的差异性。综上可知，茶农采纳绿色生产行为能够显著改善收入水平。

1.3.3 关于多主体协同治理的相关研究

国内外学者关于多主体协同治理的研究成果较为丰富，主要围绕食品质量安全治理和生态环境治理等公共问题的多主体协同治理展开研究。

针对食品质量安全治理中政府和市场“双重失灵”的现象，Starbird（2000）提出要将社会第三方组织纳入食品质量安全治理体系，使其与政府部门和市场组织等治理主体建立良性互动关系，起到纠正政府和市场“双重失灵”的作用。杨庆懿和杨柳（2018）的研究认为，必须改变过去食品质量安全治理中过度依靠政府的监管方式，引入协同治理机制，构建以政府部门为主导、多主体协同治理的模式，才能使食品质量安全治理更加高效。周开国等（2016）提出，建立媒体、资本市场与政府协同治理的长效机制是食品质量安全治理的有效模式。陈彦丽和曲振涛（2014）指出，多元主体协同参与治理是打破现有食品质量安全监管困境的重要路径。在农村食品安全风险治理中，发挥社区对生产者行为的监督作用具有重要意义（Bailey and Garforth，2014），特别是村委会在农村食品安全风险治理方面具有巨大潜力（吴林海等，2016）。谭雅蓉等（2020）的仿真实验结果表明，批发商、监管机构和农户等市场主体之间形成的契约关系可以引导农户的安全生产行为，有效减少监管成本。

对于环境治理，国内外众多学者普遍认为应以多主体协同治理模式取代传统的政府单一治理模式。Gunningham（2009）认为，多元主体协同参与环境治理模式的治理效果优于单一主体的环境治理模式，可以使参与主体更容易认可和接受所实施的环境治理政策（Forsyth，2006），提升政策的执行力度和有效推行的可能性（Newig and Fritsch，2009）。涂晓芳和黄莉培（2011）提出，多主体协同治理可以作为我国环境治理的新路径，单纯依靠政府规制或者市场机制难以实现环境的有效治理，需要借助社会其他多元主体的力量（朱锡平，2002）。李明洪（2014）指出，在环境治理中通过构建多主体协同治理模式来增强多元主体彼此间的对话协商和联合协作，可以减少主体间的利益矛盾。徐乐等（2023）的研究发现，政府环境监管与公众环境诉求这两个因素的环境协同治理效应尚未显现，并且在多主体层面和多区域层面均呈现非对称效应。叶大凤和马云丽（2018）针对传统的政府管控型农村环境污染治理模式所表现出的局限性，提出地方政府应健全多元主体协同治理机制，提升农村环境污染协同治理水平。兰婷（2019）针对我国突出的农村面源污染问题，提出应引入市场约束机制和社会监督机制，发挥政府、农业中间组织、农资经销商和农户等治理主体的作用。

近年来，我国已基本建立了农产品质量安全监管体系，治理能力逐步提升，重大农产品质量安全风险得到有效控制。然而，随着农业产业化迅猛发展，农业投入品过量使用等非绿色农业生产行为依然存在，我国在农业发展过程中仍然面临生态环境恶化和农产品质量安全风险（刘迪等，2019），这反映出政府有关部门出台的治理政策和监管措施执行未达到预期效果（黄祖辉等，2016），仅凭政府单一监管的模式难以有效提升农业绿色发展水平（于艳丽和李桦，2021）。随着市场经济的发展，市场组织、产业组织及社区组织等各类社会组织逐渐成为治理体系的组成部分（范逢春和李晓梅，2014）。多主体协同治理的社会共治模式有利于提高政府监管效率（刘承毅和王建明，2014），打破了政府单一主体的治理格局，在明确政府治理主导地位的基础上，引入市场组织、产业组织及社区组织等社会主体，强调多元主体之间的协同共治，发挥非政府组织的监督作用，以弥补政府单一监管在资源上的不足、提升治理绩效。在倡导基层社会多元共治新格局的乡村振兴治理体系背景下，增强市场组织、产业组织和社区组织等社会主体的监管力量已成为规范和约束农户绿色生产行为的重要手段（王建华等，2018）。有关文献研究显示，收购商对农产品进行质量检测能显著促进农户实施绿色生产行为（何悦和漆雁斌，2021），产业链组织参与监督对农户绿色生产行为具有直接的促进作用（祝国平等，2022；刘杰等，2022），农户声誉诉求、邻里效应对农户绿色生产行为采纳均具有显著正向影响（徐志刚等，2016；唐林等，2019；张丰翼等，2022），村级组织对农户非绿色生产行为的惩戒监督可以显著推动其采纳绿色生产技术（李芬妮等，2019a），可见第三方社会监管力量在农户绿色生产行为治理中具有重要优势（Bailey and Garforth，2014）。

1.3.4 研究述评

近年来关于农户绿色生产行为的研究受到国内外学者的高度关注，研究成果颇为丰富，各领域的学者从不同的研究视角、基于不同的理论基础对农户绿色生产行为及其影响效应展开了大量的研究，为本研究提供了有益的参考和借鉴。

国内外现有文献主要聚焦于农户绿色生产行为的影响因素，这些研究主要基于客观层面和主观层面。在客观层面，研究者指出农户是农业生产经营的基本单位，其绿色生产行为不仅会受到农户个体特征、家庭特征、生产经营特征和绿色认知特征等内部因素的影响，还受到政府部门、市场组织、产业组织、社区组织等外部环境力量的影响；在主观层面，现有文献将价值-信念-规范（VBN）理论、规范激活模型（NAM）与计划行为理论（TPB）进行结合和扩展，实证研究了农户认知、情感、心理等主观因素对其绿色生产行为的影响。同时，研究者也对农户采纳绿色生产行为所产生的效应进行了大量的实证研究，结果均表明农户采纳绿色生产行为能够显著改善农业生态环境，但对其产生的经济效应仍存在争议。

通过梳理文献可知，当前国内外学者们侧重于对农户绿色生产行为的影响因素及其效应进行实证分析，取得了丰硕的研究成果，为本研究提供了许多有益的借鉴，但是现有研究仍存在以下不足：

①已有文献更多是针对某一种或者两种外部力量分析其对农户绿色生产行为的影响，但农户作为市场参与者，其绿色生产行为会同时受到政府部门、市场组织、产业组织、社区组织等外部因素的影响，不同因素之间也存在相关关系。然而，现有研究中关于多主体协同治理对农户绿色生产行为影响的研究较少，没有厘清政府部门、市场组织、产业组织、社区组织等外部力量对农户绿色生产行为的影响路径和内在影响机理。

②对与农户绿色生产行为相关的单个或者两个行为主体进行研究的文献较多，而将政府部门、市场组织、产业组织、社区组织等多个主体放在一个框架内统一分析的研究并不多见。近年来，虽然有学者意识到农户绿色生产行为多主体协同共治的重要性，但理论与现实结合的研究成果仍然较为欠缺，将多主体协同治理理论运用于茶农绿色生产行为治理的研究更为匮乏。由此可以看出，在农户绿色生产行为及其治理领域还有很大的研究空间，从多主体协同治

理的角度来研究茶农绿色生产行为不失为一个重要的研究契机和突破点。

③已有关于农户绿色生产行为的研究大多重点考量农户对单项技术或者某一类型绿色生产技术的采纳行为及其采纳效应，从各个种植环节对农户绿色生产行为采纳决策及其影响效应进行综合考量的实证研究不多，而对单项绿色生产技术影响因素的研究难以为其他绿色生产技术的采纳决策提供参考，并且某项绿色生产技术的农业绿色化生产作用也较为单一。在农业生产经营过程中，农户可能同时使用多种绿色生产技术，并且这些绿色生产技术之间存在一定的联系，这时农户受到的影响是多种绿色生产技术共同作用的结果。本研究拟从茶农绿色施肥行为和绿色施药行为两个方面选取生物农药、病虫害绿色防控、有机肥、绿肥间作等茶叶绿色生产技术，将其纳入本书茶农绿色生产行为的研究范畴。

④已有文献关于农户绿色生产行为效应的研究不够全面，多侧重于对农户绿色生产行为产生的经济效应的研究。促进农户进行绿色生产具有多重目标，除了增加农户经济收入，还有改善农业生态环境，因此，本研究拟从经济效应和生态效应两个视角考察多主体协同治理下茶农绿色生产行为对其经济收入和生态环境的影响效应。此外，不同绿色生产技术和不同茶农的资源禀赋存在差异，需进一步探究不同绿色生产技术和不同资源禀赋条件下茶农采纳绿色生产行为效应的异质性，如此才能为引导和规范茶农绿色生产行为提出有针对性的政策建议。

综上，在借鉴前人研究成果的基础上，本研究基于多主体协同治理理论、农户行为理论、外部性理论和计划行为理论，围绕“多主体协同治理如何有效促进茶农进行绿色生产进而提高其福利水平（包括增加经济收入和改善生态环境）”这一关键问题，以茶农绿色生产行为作为研究对象，在分析茶农绿色生产行为现状及其多主体协同治理水平的基础上，从理论分析与实证检验两方面研究多主体协同治理对茶农绿色生产行为选择及其效应的影响路径，为农业绿色生产技术在更大范围内持续推广应用提供有益思路和政策建议。

1.4 研究内容、研究方法与技术路线

1.4.1 研究内容

本研究以多主体协同治理作为主要研究视角，在借鉴国内外有关多主体协同治理研究成果的基础上，从茶农绿色生产实际出发，对多主体协同治理下茶农绿色生产行为及效应的影响机理进行理论研究和实证分析，主要研究内容如下：

①对多主体协同治理下茶农绿色生产行为选择机理的理论分析。该部分内

容在农户行为理论、计划行为理论、外部性理论和多主体协同治理理论等的指导下，基于“多主体协同治理—绿色认知—行为意愿—行为选择—行为效应—路径优化”的行为逻辑构建多主体协同治理对茶农绿色生产行为选择及其效应影响的理论研究框架。从直接影响茶农绿色生产行为的治理主体（政府部门、市场组织、产业组织和社区组织）的视角出发，剖析不同治理主体在行为情境中对茶农绿色生产行为及其效应的影响机理，深层次揭示多主体协同治理下茶农绿色生产行为的选择机理与内在逻辑，并为后续研究奠定研究框架和理论基础。

②茶农绿色生产行为现状及多主体协同治理水平分析。该部分选取福建省茶叶主产区作为调查研究区域，对样本茶农进行入户调查，获取茶农微观数据，描述分析样本茶农绿色生产现状，包括绿色生产认知、意愿和行为特征，以及不同地区样本茶农绿色生产行为的空间差异。从茶农绿色施肥行为和绿色施药行为两个方面测度样本茶农的绿色生产水平。另外，构建茶农绿色生产行为多主体协同治理协同度测度模型及协同度评价指标体系，以评估多主体协同治理水平。

③多主体协同治理对茶农绿色生产行为选择影响的实证分析。该部分从多主体协同治理和茶农心理认知视角出发，采用结构方程模型实证分析多主体协同治理对茶农绿色生产认知、意愿及行为的影响路径，揭示多主体协同治理对茶农绿色生产行为选择的影响机理。另外，引入多主体协同治理协同度作为调节变量，运用调节效应模型验证其是否在茶农绿色生产意愿向行为转化的过程中产生调节效应。

④多主体协同治理对茶农绿色生产行为效应影响的实证分析。该部分从经济效应和生态效应两个视角考察多主体协同治理下茶农绿色生产行为对其经济收入和生态环境的影响效应。基于反事实假设，采用内生转换回归（ESR）模型检验相较于未进行绿色生产的茶农，进行绿色生产的茶农在经济效应和生态效应方面的变化，考察茶农进行绿色生产能否显著增加茶农的经济收入和改善茶园的生态环境，并深入分析不同绿色生产技术和不同资源禀赋条件下茶农采纳绿色生产行为的效应是否存在异质性。

⑤多主体协同治理下茶农绿色生产行为实现路径优化。该部分在梳理现有茶叶绿色生产相关主体协同治理现状及存在的现实问题的基础上，基于SFIC模型构建茶农绿色生产行为多主体协同治理模式，包括治理主体、治理结构和治理机制设计，并进一步优化多主体协同治理茶农绿色生产行为实现路径，实现茶农福利水平的持续有效改善，促进茶产业绿色可持续发展。

1.4.2 研究方法

①文献分析法。通过查阅文献，梳理和归纳总结国内外有关多主体协同治

理、农户绿色生产行为及效应、茶产业绿色生产的相关理论与研究进展，提炼出学者们的研究热点以及研究中存在的不足，进而提出本研究的主要研究问题，明确研究的总体思路，为后续研究奠定理论基础。

②实地调查法。运用社会调查的研究方法设计问卷，选取安溪县、武夷山市、福鼎市等福建省茶叶主产区作为调研区域，采用入户访谈和问卷调查相结合的方法进行实地调查，取得茶农的个体特征、家庭禀赋、茶叶生产经营特征，以及茶农的绿色生产认知、意愿及行为现状等方面的基础数据资料。另外，基于茶农视角，调查政府部门、市场组织、产业组织、社区组织等主体对茶农绿色生产行为治理的现实情况。

③统计分析法。首先，对样本茶农采纳绿色生产技术的情况进行描述性统计分析，掌握茶农采纳绿色生产行为的现状；其次，采用熵值法计算出茶农绿色生产行为多主体协同治理协同度测度指标体系中各项指标的权重；最后，引入复合系统协同度模型，测度和评价茶农绿色生产行为多主体协同治理水平。

④比较分析法。比较分析福建省不同地区茶农的绿色生产认知、意愿、行为及采纳程度差异，同时比较分析不同绿色生产技术和不同资源禀赋条件下茶农采纳绿色生产行为效应的异质性。

⑤计量分析法。首先，采用 Tobit 回归模型，实证分析茶农绿色生产行为多主体协同治理协同度测度指标体系五个维度的解释变量对其协同治理效应的影响程度，识别茶农绿色生产行为多主体协同治理效应的关键影响因素。其次，选用结构方程模型，实证分析多主体协同治理对茶农的绿色生产认知、意愿及行为的影响路径和内在影响机理。再次，运用调节效应模型，探究多主体协同治理在茶农绿色生产意愿对其行为的影响机理中的调节效应。最后，采用内生转换回归（ESR）模型分析多主体协同治理下茶农绿色生产行为对其经济效应和生态效应的影响；运用反事实分析框架，将真实情景与反事实假设情景下采纳绿色生产行为的茶农（处理组）和未采纳绿色生产行为的茶农（控制组）的效应水平期望值进行比较，评估多主体协同治理下茶农绿色生产行为对其经济效应和生态效应的总体影响。

1.4.3 技术路线

本研究基于多主体协同治理理论、农户行为理论、外部性理论和计划行为理论，遵循“问题提出—理论与现实基础—机理解析—实证分析—实现路径”的逻辑，围绕“多主体协同治理如何有效促进茶农进行绿色生产进而提高其福利水平（包括增加经济收入和改善生态环境）”这一关键问题，以茶农绿色生产行为作为研究对象，以福建省茶叶主产区的茶农调研资料为数据支撑，在分析不同治理主体对茶农绿色生产行为的影响的基础上，构建“多主体协同治理—绿色认知—行为意愿—行为选择—行为效应—路径优化”的研究分析框架，逐步展开多主体协同治理下茶农绿色生产行为选择及其效应的影响机理研究。具体技术路线如图 1.1 所示。

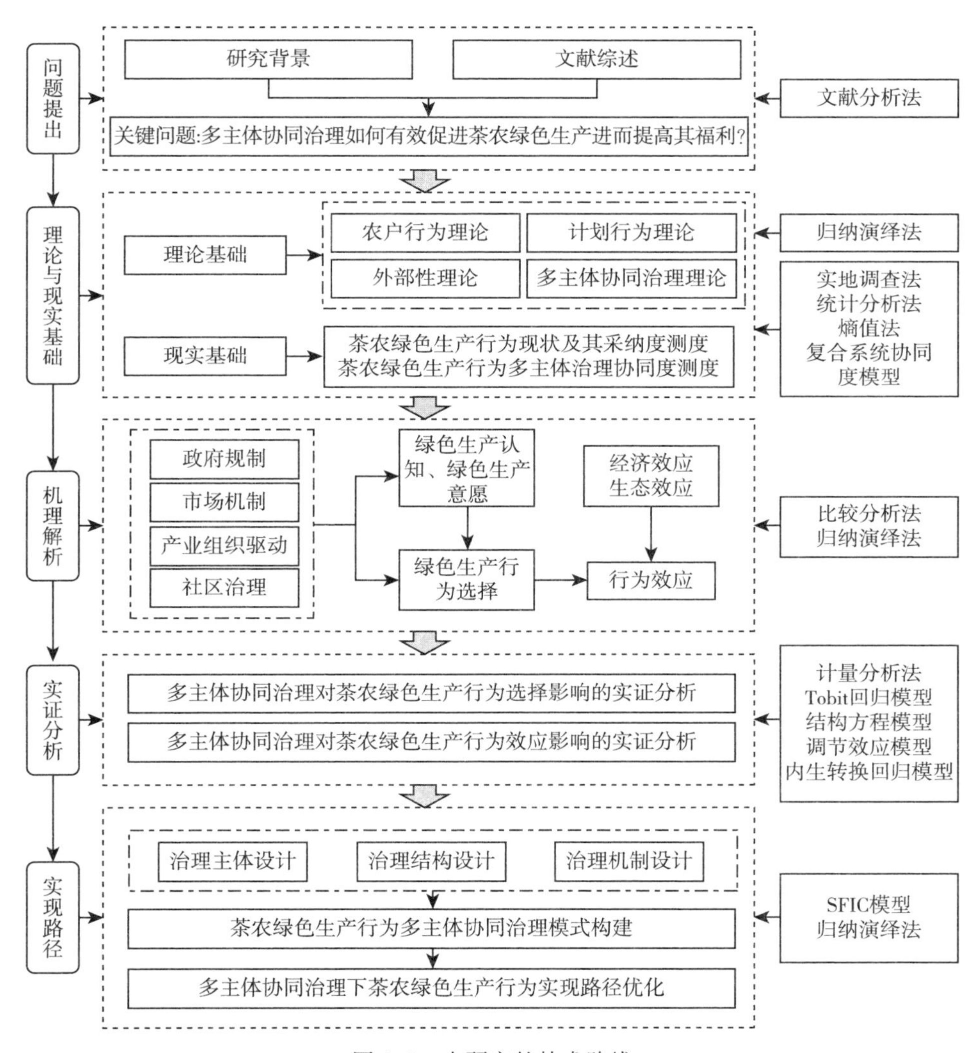

图 1.1 本研究的技术路线

1.5 研究的创新之处

①协同治理是当前学术界探究社会力量参与公共事务治理的重要视角，本研究从多主体协同治理视角研究茶农绿色生产行为及效应的影响机理，具有一

定的创新性。茶叶绿色生产看似是茶农的个体行为，但农户采纳这一行为却经历了一个复杂的过程，需要政府部门、市场组织、产业组织、社区组织共同参与协作，综合多方面考量，协力推进茶农实施绿色生产行为。本研究基于多主体协同治理视角，从政府部门、市场组织、产业组织和社区组织等多方面综合分析多主体协同治理对茶农绿色生产行为影响的路径和演变规律，弥补现有研究主要从各种单一视角分析茶农绿色生产行为的不足，为研究如何促进茶农进行绿色生产提供新视角和新思路。

②构建了茶农绿色生产行为多主体协同治理协同度测度模型及相应指标体系。当前尚未有关于茶农绿色生产行为多主体协同治理协同度测度的研究，本研究建立了茶农绿色生产行为多主体协同治理协同度测度模型，从治理主体参与度、治理客体发展度、治理机制保障度、治理目标导向度、治理环境促进度五个维度构建了测度指标体系，并测度和评估了当前福建省茶农绿色生产行为多主体协同治理效应。这些研究不仅有利于丰富和拓展多主体协同治理理论，还可深化学术界对茶农绿色生产行为多主体协同治理协同程度的认识，为提升茶农绿色生产行为多主体协同治理能力和水平提供了新的方向。

③本研究构建了一种新的茶农绿色生产行为治理模式。传统单一的政府规制模式、市场模式、产业组织模式抑或社区自治模式存在调控失灵，仅依靠各主体自身的力量和资源难以达到治理的最优效果。因此，本研究尝试将多主体协同治理理论和 SFIC 模型引入茶农绿色生产行为治理领域，通过治理主体设计、治理结构设计和治理机制设计来构建新的以政府部门为主导、多元主体参与的茶农绿色生产行为多主体协同治理模式，将政府部门、市场组织、产业组织以及社区组织等多元主体引入茶农绿色生产行为治理过程中，各治理主体之间平等协商、功能联动、优势互补、制度相互约束，形成多主体协同共治格局，这为我国茶叶产区开展茶农绿色生产行为治理由“单向一维治理”模式向“多维协同治理”模式转变提供了参考借鉴价值。

2 概念界定、理论基础与理论分析框架

2.1 概念界定

2.1.1 茶农绿色生产行为

目前国内外学者对农户绿色生产行为的定义尚未达成共识，学者们使用不同的概念来阐释农户的绿色生产行为，主要有以下四种：

(1) 农户环境友好型生产行为

农户环境友好型生产行为是指农户在农业生产要素投入、农业生产方式选择、农产品生产及价值实现整个农业生产过程中所采取的以实现经济、社会和环境协调发展为目的的可持续农业生产经营行为（张利国，2011），具体包括生物防控技术、生物能源技术、有机肥料技术、平衡施肥技术、农产品安全生产技术、污染治理技术等（邓正华，2013）。周琼等（2017）认为环境友好型生产行为主要体现在农业投入要素和农业生产方式上，具体包括采用病虫害统防统治、生物农药、化肥替代品、测土配方施肥技术等。曲朦和赵凯（2020）以化肥、农药减量化使用表征农户环境友好型生产行为，实证分析了农户的社会经济地位对其化肥、农药减量化使用行为的影响。

(2) 农户亲环境行为

农户亲环境行为是指农户在农业生产经营中所采取的减量化、再利用、低污染的农业生产经营行为（Cheng and Monroe，2012；梁流涛等，2013；郭利京和赵瑾，2014），是一种有利于节约资源、保护地力、减少农业环境污染的生产要素投入行为（曹慧，2019）。其中包括综合采用保护性耕作技术、化肥与农药合理施用技术等（郭悦楠等，2018）。郭清卉（2020）采用有机肥施用行为、绿色农药施用行为以及秸秆还田行为来表征农户亲环境行为；徐志刚等（2016）以家禽养殖户污染物处理行为为例，实证分析社会环境约束下农户亲环境行为决策的理性动机。

(3) 农户低碳生产行为

农户低碳生产行为是指农户在农业生产经营中采用低碳生产技术及管理措

施直接或间接减少碳排放，在农资购置、种植管理以及废弃物处置等方面实现低能耗、低污染、低排放的农业生产行为（蒋琳莉等，2018）。实现该行为的具体途径包括改变土地利用方式、改变传统的精耕细作方式和应用低碳农业新技术（侯博和应瑞瑶，2015）。王珊珊和张广胜（2016）提出，农户低碳生产行为评价指标应该反映能源资源低消耗、温室气体低排放、生态环境友好化、经济效益高值化等内容；沈雪等（2018）选取配方肥施用、间歇性灌溉、秸秆还田以及其他减排措施对农户的低碳生产行为进行度量；樊翔等（2017）则从正确使用农药、正确施用化肥、正确灌溉、合理处理农膜、有效处理秸秆五个方面表征农户的低碳生产行为。

（4）农户绿色生产技术采纳行为

农户绿色生产技术采纳行为是指农户在农业生产经营中采纳与资源环境承载力相匹配、与生态生活相协调的绿色生产技术进行农业生产的行为（杨志海，2018）。联合国环境规划署（2011）认为，绿色生产技术具体包括通过施用有机肥料、优化种植结构、实行畜牧—种植一体化等提高土壤肥力的技术，通过自然方法减少土壤侵蚀和进行病虫害防治的技术，通过加强对农产品的收储、销售管理减少农产品变质的技术。吴雪莲等（2017）从数量和质量两方面考察农户对绿色农业技术的认知，研究涉及新品种选育技术、测土配方施肥技术、保护性耕作技术、病虫害生物防控技术、病虫害物理防控技术、节水灌溉技术、高效农药喷雾技术、秸秆还田技术等一系列绿色农业技术。侯晓康（2019）和周力等（2020）均将测土配方施肥技术作为一种典型的绿色农业生产技术来研究农户的绿色农业技术采纳行为。佘威震（2020）和张红丽等（2020）则选取有机肥技术作为绿色农业生产技术研究的研究对象。

以上概念表述存在交叉，尽管侧重点有所不同，但本质却是一致的，都强调通过对投入品、废弃物的管理和绿色生产技术的使用，在农业生产经营过程中达成资源节约、循环利用以及环境与生态保护目标，以最大限度地减少不合理的农业生产方式对农业生态环境造成的危害和对农产品质量安全造成的威胁。因此，农户绿色生产行为就是指农户在农业生产经营过程中采用的能够实现节约资源、保护生态环境、保障农产品质量安全等目的的综合性生态化行为，涉及农业绿色投资行为、肥料绿色施用行为、农药绿色使用行为、土壤绿色改良行为、农膜绿色使用行为、农业污染物处理行为、绿色生产技术使用行为、绿色经营管理行为和绿色包装运输行为等（陈吉平，2020）。农户绿色生产行为是一种能够使农业生产力具有可持续性并得到提高的行为（杨福霞和郑欣，2021），不仅有利于实现化肥、农药减量化，保护农业生态环境（张康洁等，2021），还能保障农产品质量安全、增加农户福利（胡海和庄天慧，2020）。

茶农绿色生产行为是指茶农在茶叶生产种植过程的产前、产中和产后各环节使用一系列绿色农业生产技术的行为。由于茶叶生产各环节采纳绿色生产技术的特点不同，茶农采纳各类绿色生产行为的决策过程及行为效应可能存在一定的差异。因此，本书对茶农绿色生产行为研究的重点聚焦于茶叶种植过程中影响茶叶质量安全和产地生态环境最关键的两类行为：绿色施药行为和绿色施肥行为。茶农绿色施药行为是指茶农在茶叶种植过程中采纳减量、科学和规范的施药方式，以最大限度地减少农药对茶叶质量安全的威胁和对产地生态环境的危害，具体包括使用生物农药替代高毒农药、生态调控技术、生物防治技术、理化诱控技术和科学用药技术。茶农绿色施肥行为是指茶农在茶叶种植过程中采纳减量、科学和规范的施肥方式，以最大限度地减少化肥对茶叶质量安全的威胁和对产地生态环境的危害，具体包括使用有机肥替代化肥技术、测土配方施肥技术、绿肥间作技术等。

2.1.2 多主体协同治理

为了应对公共问题日益复杂带来的挑战，政府、企业、非营利性社会组织以及公众之间的跨部门协作在不同领域越来越常见。西方学术界对其开展了大量研究，大多数学者采用“协同治理”（collaborative governance）这一概念来反映这种跨部门协作的现象（田培杰，2014），但是不同学者对“协同治理”的界定有所差别。1992年，28位国际知名人士发起成立了全球治理委员会。1995年，全球治理委员会提出了“协同治理”的概念，即：协同治理是个人、公共机构及私人机构管理他们共同事务的各种行动的总和，在化解不同利益主体矛盾冲突并形成合作的持续过程中，既包含具有法律约束力的正式制度和规则，也包含各种促成协商与和解的非正式制度安排（刘伟忠，2012）。Donahue（2004）将协同治理定义为政府、有关行政机构以及利益主体共同努力，将自由裁量权共享化，以追求官方选定的公共目标的过程，其中每个参与主体都享有一定程度的自主权。Zadek（2006）认为，协同治理是指来自公共机构及私人机构的各种行为参与者共同制定、执行和管理规则，为应对挑战提供长期解决方案的过程。Ansell和Gash（2007）提出，协同治理是指政府和非政府行动人在集体决策过程中直接对话，以期制定或执行公共政策。总而言之，西方学者对协同治理的界定存在两点共识：一方面，强调让除政府以外的其他多元主体也参与到治理中来；另一方面，强调在治理的过程中，各参与方以平等伙伴的身份协同合作，具有平等参与研究和讨论以形成具体方案的权利（田培杰，2013）。

为了实现公共物品和公共服务供给的均等化和有效性，我国学者借鉴西方学者提出的“协同治理”这一新的理论工具，引入相关利益主体参与到公共事务治理中，与政府形成平等、合作的关系，各主体通过对话协商共同治理社会公共事务。李辉和任晓春（2010）认为，协同治理是多个主体协同合作治理，治理主体之间的相互合作具有匹配性、有序性、一致性、有效性和动态性五个特征，协同治理是实现从治理到善治的有效途径。孙萍和闫亭豫（2013）认为，协同治理概念的核心要素包括治理主体的多元性、治理过程的协同性以及治理结果的超越性，强调多元主体在治理中的协同合作。张仲涛和周蓉（2016）的研究认为，主体多元化是协同治理的基本特征，同一治理系统中的多元主体通过协同合作，形成相互依存、共同行动、共担风险的有序治理结构，最大限度实现公共利益。田培杰（2014）将协同治理定义为政府与企业、社会组织、公民等利益主体为解决共同的社会问题，以比较正式的制度、规则或非正式的约定进行互动和集体决策，并对治理结果承担相应责任的治理方式，具有公共性、多元性、互动性、正式性、政府主导性以及动态性六个特征。黄静和张雪（2014）认为，协同治理是指在处理社会公共事务的过程中，政府、企业、非营利性社会组织、公众等利益相关主体在彼此信任的基础上按照恰当的方式沟通协商、协同合作、达成共识，从而实现治理绩效最优化和公共利益最大化的集体行动。孙大鹏（2022）认为，协同治理是一种公共机构与私人机构等利益主体共同参与社会治理的制度安排。

综上所述，多主体协同治理是指在治理主体多元化的基础上，政府与企业、社区、社会组织、公众等利益主体形成良性互动与合作关系，通过正式的制度和规则以及非正式的协商和对话，以协同合作的方式共同参与社会公共事务治理，寻求社会公共事务治理“整体大于部分之和”的功效（何水，2008）。随着社会大众对茶叶质量安全和茶园生态环境的关注度越来越高，市场组织、产业组织、社区组织等治理主体参与茶农绿色生产行为治理的意愿也在逐渐提高。因此，在明晰政府部门治理职能的基础上，应发挥市场组织、产业组织、社区组织等多元主体各自的治理优势，加强协同合作，以应对茶产业绿色发展过程中茶农非绿色生产的问题。因此，本研究将茶农绿色生产行为多主体协同治理界定为：政府部门与市场组织、产业组织、社区组织等治理主体在治理过程中发挥各自优势，共同参与制定茶农绿色生产行为治理规则与策略，通过平等协商和协同合作的方式共同参与茶农绿色生产行为治理，寻求治理效能最大化的一种治理模式。

2.1.3 绿色生产行为效应

行为效应是指某一个体所实施的行为对其达成目标所产生的影响，该影响可能是正向的，也可能是负向的。关于行为效应的测度，首先要明确测度的方法，然后分别测度和对比行为发生前后个体目标的状况，以确定行为效应的大小和方向。由于茶农绿色生产行为治理的根本出发点是改善茶农福利水平，因此，将多主体协同治理下茶农绿色生产行为效应界定为多主体协同治理下茶农实施绿色生产行为对茶农福利水平产生的正向效应或负向效应。根据Sen的可行能力理论，评价行为效应不能仅仅局限于经济效应，还应该考虑非经济效应。因此，农户行为效应是对农户家庭经济状况、居住条件、生活环境和主观感受等方面进行综合评价后得出的，具体涉及经济效应、社会效应和生态效应（欧胜彬，2018）。经济效应是指农户拥有的可以通过货币来衡量的那部分资本禀赋，如农户的家庭收入等；社会效应则泛指解决农户相关福利问题的各种社会方法和政策给农户带来的影响，例如促进农户的就业、医疗等保障以及满足个人的利益和情感等方面的需求；生态效应则是指农户从农业生态系统中获得的良好生态环境效益，如农业生产环境的改善等。多主体协同治理下，茶农能够通过采取化肥和农药减量化施用等绿色生产行为，在保障茶叶质量安全的同时提高茶叶品质（陈梅英等，2021），这不仅可以使茶农通过出售优质茶叶获得更高的收入，还使采纳绿色生产行为的茶农有机会获得一定的政策补贴，进而影响茶农的经济收入和资源禀赋等，提升了茶农采纳绿色生产行为的经济效应；同时也有利于对茶园生态资源进行合理利用、改善茶园生态环境、提升茶园生态系统的整体功能，进而帮助茶农从茶园生态系统中获取更多的使用价值，提升了茶农采纳绿色生产行为的生态效应。因此，本研究主要从经济效应和生态效应两方面来考察多主体协同治理下茶农绿色生产行为实施对其效应的影响。其中，茶农绿色生产行为的经济效应表征指标主要包括茶叶产量、茶叶生产成本、茶叶收入等，茶农绿色生产行为的生态效应表征指标主要包括茶园化肥和农药施用量、茶叶品质、生物多样性等。

2.2 理论基础

2.2.1 多主体协同治理理论

（1）多中心治理理论

多中心治理理论起源于埃莉诺·奥斯特罗姆（Elinor Ostrom）和文森特·奥斯特罗姆（Vincent A. Ostrom）夫妇对公共经济资源治理问题的研究，随后被广泛运用到公共事务治理与社会服务供给等研究领域（叶飞，2018）。该理论认为公共事务治理不应该只交由政府进行单中心治理，提倡建立由政府部门、企业组织、社会团体、社区、公民等多元主体共同参与治理的多中心治理模式，改变以往政府单中心治理模式的效率低下状态，有效减少单中心治理模式下“搭便车”和寻租行为的发生，从而促进公共问题治理效率的提高。多中心治理与传统政府单中心治理相比具有以下特征：

①治理主体的多元化。多中心治理强调治理主体的多元化，要求政府部门、企业组织、社会团体、社区、公民等多元主体共同参与公共事务治理，建

立多中心治理模式，反对传统单一主体治理模式。

②治理主体的平等性。多中心治理强调多元主体的平等治理地位，突出“平等参与”与“责任共担”，通过有效的平等协商机制，整合并增进各治理主体的资源优势，促进公共利益实现最大化（李静，2016）。

③治理主体的协作性。多中心治理以多元主体自治为基础，通过合理的协调机制促使各治理主体在竞争中寻求合作，共同参与公共事务治理，在追求个人利益最大化的同时实现共同利益（张涛等，2012）。

④治理结构的网络化。多中心治理下各治理主体之间形成一种自组织网状结构，各治理主体共同分担或分享治理职能，通过网络的构建与伙伴关系的维持来共同解决问题。值得注意的是，多中心治理并非要完全否定政府的作用，政府在多中心治理模式中的主导地位仍然无法被替代。在多中心治理模式中，需要政府通过规制实现社会再分配，通过政策建构与福利供给充分发挥其聚集功能，这些职能都是其他治理主体难以承担的。

（2）协同治理理论

协同治理理论最早产生于公共管理领域，以协同学和治理理论作为理论基础（杨志军，2010）。该理论主张，在公共事务治理过程中，政府部门、企业组织、社会团体、社区、公民等利益主体为了共同解决某一公共问题，通过协商互动和集体决策，对最终的决策结果和各自行为承担相应责任（田培杰，2014）。该理论不断整合并延伸多中心治理理论，突破传统政府单中心治理理论的约束，创新发展了多主体协同治理的新兴治理模式，主张政府部门、企业组织、社会团体、社区、公民等利益主体都可以介入公共事务治理，发挥各自优势，通过建立正式的跨组织、跨领域的协同合作关系，实现对复杂公共问题的共同治理（周定财，2021）。由此可见，协同治理并不是要进一步强化公共事务治理领域的行政依赖，而是强调多元治理主体之间在平等基础上沟通协商与合作共治，把有效的治理模式和治理机制运用于公共问题的治理中，从而形成主体多元、权责明确、行动协调、利益一致的协同共治状态（陆世宏，2006），不断提升公共事务协同治理能力与治理水平，从而实现治理绩效最优化和公共利益最大化（何水，2008）。在解决复杂公共问题上，协同治理理论具有独特的制度优势，主要表现在以下几个方面：

①将相关利益主体纳入同一协同治理系统，形成一种富有成效的治理网络。协同治理既能克服传统政府单中心治理模式的困局，又能弥补市场机制的缺陷，充分发挥“1+1>2”的治理效果，实现协同增效。

②有利于政策执行的有效性。每个利益主体在公共问题治理中都拥有平等的机会参与集体决策，可以增进政策的可接受程度和政策执行的效率（周定财，2021）。

协同治理为解决诸多的公共问题给予了重要的理论支撑，成为我国治理变革的一种最优选择（杨清华，2011）。

通过对多中心治理理论和协同治理理论的阐述，可以发现上述两种理论在解决公共事务治理问题方面具有共同之处：两者都反对传统政府的单中心治理模式，倡导治理主体多元化，发挥多元主体治理优势，推进优势互补、平等协作，实现多元共治。但两者的侧重点有所不同：多中心治理理论侧重公共问题治理主体的多元化，注重多元主体自主自治的实现；而协同治理理论则更多强调多元主体治理的协作性和治理方式的协同化，治理主体之间通过协商合作提高公共问题治理的整体效能，使得治理效果能大于单个主体之和，实现最佳的协同治理效应。

因此，本研究将以多中心治理理论和协同治理理论作为茶农绿色生产行为治理研究的理论基础，融合两者的理论核心，以协同治理手段来消除多中心治理过分注重治理主体自主性的弊端，形成多主体协同治理。政府部门、市场组织、社区组织、产业组织在茶农绿色生产行为治理中达成合作，形成多主体协同治理，对于提高茶叶质量安全和茶园生态环境治理成效具有重要意义。多主体协同治理运用于茶农绿色生产行为治理，就是要将政府部门、市场组织、社区组织、产业组织和茶农纳入同一协同治理系统，建立以政府部门为主导、多元主体参与的茶农绿色生产行为多主体协同治理体系，在治理过程中借助各治理主体的优势资源，各治理主体共同参与制定茶农绿色生产行为治理规则与策略，通过协商合作共同解决茶农绿色生产行为治理问题。多主体协同治理不仅仅是对传统茶农绿色生产行为治理机制和运行模式进行优化的根本路径，同时也是实现茶农绿色生产行为“善治”的最佳选择。通过多主体协同治理，可以实现茶农绿色生产行为从单一的政府规制模式、市场模式、产业组织模式抑或社区自治模式向多元主体协同治理模式的转变，形成多元治理主体功能联动、优势互补、制度约束、协作竞争的治理结构，保障和实现茶农绿色生产行为治理效能最大化，从而促进茶产业绿色可持续发展。

2.2.2 农户行为理论

到目前为止，国内外关于农户行为理论的研究形成三个主要学派，分别是以苏联农业经济学家恰亚诺夫（Chayanov）为代表的“非理性”观点学派、以美国经济学家舒尔茨（T. W. Sehultz）为代表的“理性小农”观点学派和以美籍华裔学者黄宗智为代表的“折中”观点学派。

(1)“非理性”观点学派

以 20 世纪 20 年代苏联农业经济学家恰亚诺夫为代表的“非理性”观点学派认为，农户的生产经营活动是非理性的、低效率的，农户生产的主要目的是满足农户自身的家庭消费，因此农户寻求生产风险最小化而非经济利益最大化。农户是根据自身的劳动辛苦程度及家庭消费的满足程度来决定是否继续进行农业生产，而不是基于成本与收益之间的比较来做出其最优化选择。当农户家庭消费需求得到一定程度的满足时，为规避风险，会停止继续从事农业生产经营活动。由此可见，“非理性”观点学派是基于劳动消费均衡理论，认为农户是以“生产劳动与家庭消费之间的均衡”而非“经济利益最大化”为其农业生产经营活动的最终目标。

（2）“理性小农”观点学派

以20世纪60年代美国经济学家舒尔茨为代表的“理性小农”观点学派认为，农户是市场经济中的理性经济人，农户从事农业生产是以寻求经济利益最大化为行为准则，即农户在农业生产决策过程中有足够的理性合理使用和有效配置其现有的生产要素，通过对不同投入产出下的成本收益进行理性对比分析，选择能够实现其利益最大化的最优方案。而后，波普金（S. Popkin）等学者在舒尔茨观点的基础上进行深入研究，认为理性的农户会在权衡长期利益和风险因素之后以利益最大化为准则做出合理的农业生产决策，若生产成本低于其收入，会继续投入到农业生产活动中。由此可见，“理性小农”观点学派认为农户的生产决策是依据帕累托最优进行生产要素的分配，通过合理的生产抉择追求经济利益最大化。

（3）“折中”观点学派

以20世纪80年代美籍华裔学者黄宗智为代表的“折中”观点学派认为，农户是“有限理性”的，是理性和非理性行为的综合体（刘志娟，2018）。黄宗智对1949年以前的中国农户经济行为进行研究后认为，中国农户具有特殊性，其生产行为不能单纯用劳动消费均衡理论或利益最大化理论来阐释，在人口与土地的双重压力下，农户生产行为不遵循利益最大化的经济理性原则，为了维持家庭生存，即便边际投入下的收益递减，农户仍会继续投入劳动力。目前，由于家庭劳动结构的限制和市场经济的冲击，农户的农业生产经营目标介于家庭效用最大化和利益最大化之间。只有当农户自身需求及家庭消费得到满足时，才会表现出理性行为，否则为非理性行为。由此可见，“折中”观点学派认为农户行为是“有限理性”的。

本书认为农户是理性经济人，其生产决策既受到各种微观因素和宏观因素的影响，又取决于其农业生产经营目标。也就是说，农户的生产决策是在成本和风险等多种约束条件的共同作用下做出的，农户在保证生活自给的基础上不断修正其农业生产经营目标，调整各种生产要素及其配置，以追求自身利益最大化（罗小娟，2013）。因此，农户在进行农业绿色生产决策时会衡量采纳农业绿色生产技术可能带来的技术风险及其预期净收益。当绿色生产技术的预期净收益大于传统生产技术的净收益时，农户通常会采纳该绿色生产技术；反之，则会拒绝采纳该项技术（侯晓康，2019）。由此可见，农户的农业绿色生产决策行为是以经济利益最大化为主要生产经营目标，并受到多种因素的综合影响（许佳彬等，2021）。

2.2.3 外部性理论

英国经济学家马歇尔（A. Warshall）于1890年提出了“外部经济”，之后庇古（A. C. Pigou）在《福利经济学》中提出了“外部不经济”，进一步发展了外部性理论。直到20世纪70年代，外部性理论才逐步成熟。外部性是指一个经济行为主体的行动对其他行为主体造成正面或负面的影响，却未能获取相应的收益或没有付出相应成本的现象。如果经济活动中的收益或成本无法利用市场价格来衡量时，将导致社会收益与个人收益、社会成本与个人成本不一致，就会造成外部性的产生（梁流涛，2018）。当某个行为主体的行动对其他主体的福利造成正面的影响，就称为正外部性；当某个行为主体的行动对其他主体的福利造成负面的影响，则称为负外部性。若经济行为主体仅考虑个人利益而忽视外部性对其他经济主体产生的正面或负面影响时，就会出现市场失灵，导致社会资源配置无法实现帕累托最优（Pindyck and Rubinfeld，2006），造成资源被大量浪费和生态环境被破坏。

（1）农业生产中的正外部性

农业生产中的正外部性主要表现为农户采用农业绿色生产技术生产绿色食品或有机农产品，给整个社会带来良好的农业生产环境和绿色农产品，若未能从中获得相应的补偿，可能会导致个人收益小于所带来的社会收益，使得私人的最优经济活动偏离了社会的最优状态，结果造成绿色农产品供给不足，不利于激励农户采纳绿色生产行为。图2.1描述了正外部性导致农户绿色生产行为采纳不足。

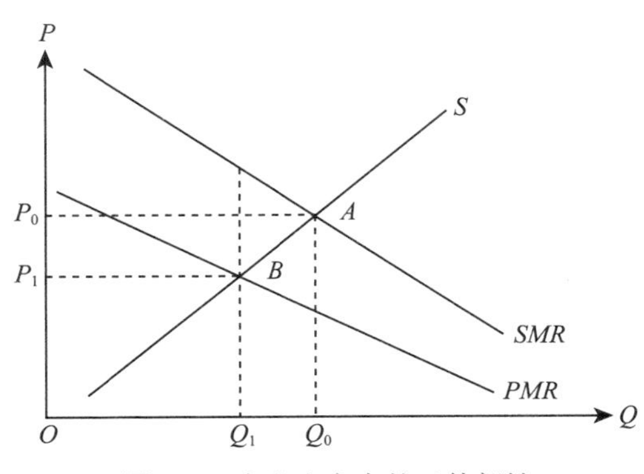

图2.1 农业生产中的正外部性

图 2.1 中，PMR 为农户的私人边际收益，SMR 为社会边际收益，S 为社会供给曲线。当农户采用绿色农业生产方式时，由于正外部性存在，私人边际收益 PMR 小于社会边际收益 SMR，农户根据利益最大化原则（$MC=PMR$）进行生产决策，在点 B 处达到均衡，对应的产出水平为 Q_1，假设此时减少的农业生态环境损害为 E_1。理论上，有效资源配置在点 A 处对应的产出水平 Q_0 为绿色农产品的有效产出量，假设此时减少的农业生产环境损害为 E_0，并且 $E_0>E_1$。在农业绿色生产的正外部性作用下，农户的绿色生产行为得不到激励，导致农户绿色生产行为采纳不足，进而造成绿色农产品供应不足。与社会最优状态相比，增加的农业生产环境损害为 E_0-E_1。由此可见，正外部性导致市场失灵，不利于农业生产环境的保护。

(2) 农业生产中的负外部性

随着化肥和农药被广泛应用于农业，农户农业生产的负外部性也越来越明显，例如，化肥、农药施用过量或不合理，造成农产品农药残留超标、土壤板结酸化、农业面源污染、生态破坏等问题。当农户选择非绿色农业生产经营活动时，由于农业生态环境具有公共物品的特性，其损害成本由全社会共同承担，而农户对此并不需要承担任何责任，致使私人成本偏离了社会成本，结果造成有污染的低质量的农产品过度生产，导致农业生产环境破坏。图 2.2 描述了负外部性导致农业生态环境问题。

图 2.2 中，PMC 为农户的私人边际成本，SMC 为社会边际成本，D 为社会需求曲线。若农户采用非绿色生产行为时，由于负外部性存在，私人边际成本 PMC 小于社会边际成本 SMC，农户根据利益最大化原则（$PMC=MR$）进行生产决策，不考虑外部成本，在点 B 处达到均衡，对应的产出水平为 Q_1，假设此时减少的农业生态环境损害为 E_1。社会最优产出水平为 Q_0，假设此时减少的农业生态环境损害为 E_0。从图 2.2 中可以看出，Q_1 超过了 Q_0。此时 $E_0<E_1$。均衡的社会总成本为 P_0Q_0，但私人成本仅为 P_1Q_1。负外部性的存在造成由社会或其他农户负担的成本为 $P_0Q_0-P_1Q_1$，增加的农业生产环境损害为 E_1-E_0。由此可知，负外部性同样会造成市场失灵，致使劣质农产品生产过量，导致了农业生态环境资源过度消耗，对农业生态环境产生负面影响。

根据外部性理论可知，农户行为导致的环境问题可以通过外部性内部化得到解决，主要的手段包括庇古主张的政府规制和科斯（R. H. Coase）主张的市场机制。根据庇古的主张，应实施政府干预，通过补贴、税收等政策措施推动农户实施绿色生产行为，促使农户的个人边际收益（或成本）与社会边际收益（或成本）相一致。而科斯主张通过界定产权解决环境污染的负外部性问题，但农业生态环境是一种公共物品，对其产权的界定存在很大困难，因而市

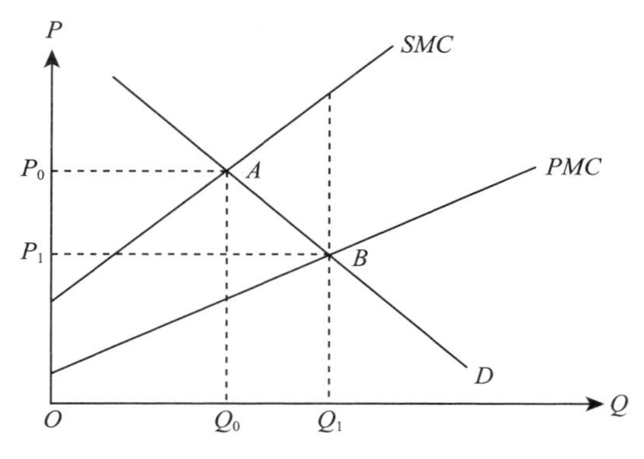

图 2.2 农业生产中的负外部性

场机制在解决农业环境污染问题上存在局限性。因此，政府介入农业生产经营，规范农户绿色生产行为，是解决农业生产外部性问题的主要方式。

2.2.4 计划行为理论

计划行为理论（TPB）来源于 Fishbein 和 Ajzen（1975）提出的理性行为理论，他们认为人是有理性的行为个体，其实际行为受行为意愿的影响，而行为意愿则受个体的行为态度和主观规范的影响。然而，Sheppard 等（1988）指出个体的行为不仅受个人主观意愿的控制，同时也受外部环境因素的影响。Ajzen（1991）对理性行为理论进行完善，在该理论的基础上增加了知觉行为控制变量，由此形成 TPB 理论。Armitage 和 Conner（2001）证实了加入知觉行为控制变量后，TPB 理论对个体行为的预测更为精准有效。

TPB 理论包括行为态度、主观规范、知觉行为控制、行为意愿和实际行为五个要素，它们之间的相互关系为解释不同类型的行为提供了一个有效的分析框架。行为态度是指行为个体对执行某种行为的认知与评价，被认为是个体行为意愿最有力的影响变量（Lim and Dubinsky，2010）。主观规范是指行为个体在进行某种行为决策时所感受到来自外界压力，主要表现在对个体有重要影响的人、组织或制度等外部环境因素（新明，2012），具有积极主观规范的个体通常也具有积极的行为意愿（Taylor and Todd，1995）。知觉行为控制是指行为个体在执行某种行为时感受到的控制能力和难易程度，一般而言，知觉行为控制能力越强，行为意愿越强烈，行为实施的概率也越高（段文婷和江光荣，2008）。行为意愿作为影响实际行为的直接因素，反映了行为个体执行某种行为的倾向程度或可能性。TPB 理论认为，实际行为的产生直接取决于个体执行某种特定行为的意愿，个体的行为意愿越强烈，实施实际行为的概率也越高。行为意愿又受个体的主观规范、行为态度和知觉行为控制的影响。另外，个体的实际行为还受到知觉行为控制的直接影响，行为个体感知到自身所拥有的资源（时间、金钱、能力和人脉等）和机遇越多，则对未来预期的阻碍越小，表示对行为的控制能力也越强，则更有可能实施实际行为。由此可知，知觉行为控制对个体实际行为的影响路径有两条：一条是通过行为意愿的中介影响实际行为；另一条是直接影响实际行为（梁流涛，2018）。

此外，学者们还针对具体的研究问题，对 TPB 理论进行了扩展，例如，加入个体禀赋因素（Plight et al.，1995）或外部环境因素（Willock et al.，1999）等扩展变量。这些扩展主要是在对行为过程认识加深的基础上，不断加入新的变量，使 TPB 理论更符合行为个体的决策过程，能更完整地描述、解释并预测个体的各种有计划的行为，增加对未来行为预测的准确性。TPB 理论为揭示茶农绿色生产行为的采纳意愿与行为选择的影响机理提供了清晰的理论分析框架，有助于解释茶农绿色生产行为采纳的多阶段行为过程，这一行为过程包括绿色生产行为认知、绿色生产行为采纳意愿、绿色生产行为选择实施等。同时，TPB 理论为研究多主体协同治理对茶农绿色生产行为的作用机制提供了研究思路。

2.3 多主体协同治理下茶农绿色生产行为的选择机理

2.3.1 基于博弈模型的茶农绿色生产行为选择机理分析

关于委托-代理问题的研究主要是探讨在利益矛盾和非对称信息条件下，委托人如何通过最优契约的设计激励代理人为委托人的利益服务而非追求自身利益。在委托-代理关系中，代理人在交易中有相对信息优势，而委托人处于相对信息劣势。委托人和代理人都是为了实现自身效用最大化的理性经济人，委托人的效用大小取决于代理人的努力程度，但是委托人只能通过有限的信息来推测代理人的努力程度，无法掌握代理人实施的具体行为。当委托人与代理人之间的利益不一致甚至相冲突时，代理人可能会为了获取更多的自身利益而采取一些具有道德风险的行为。

茶农绿色生产是一种典型的委托-代理关系，不仅存在信息不对称，也存在激励问题。在茶农绿色生产过程中，消费者和政府部门、市场组织、产业组织和社区组织等治理主体处于信息劣势，均可以看成是委托人；茶农是代理人，市场消费者和治理主体委托茶农生产符合有关质量安全标准的茶叶。由于消费者和治理主体难以全面掌握茶农的生产行为，产生了非对称信息，茶农可能发生过量施用化肥、农药等非绿色生产行为以获取更多的收益，从而导致茶叶质量安全问题和茶园生态环境问题，这不仅侵害了消费者的权益，而且给治理主体带来更高的治理成本。茶农绿色生产行为治理的目标就是茶农在治理主体的监管下进行绿色生产，但是治理主体与茶农之间存在信息不对称，治理主体难以监测茶农在茶叶生产过程中为绿色生产所做的努力投入情况。因此，治理主体一方面要通过设计约束机制来防止茶农由于信息不对称而采取具有道德风险的行为，同时另一方面要通过设计激励机制来鼓励茶农选择绿色生产行为。

茶农在茶叶生产过程中主要有两种行为选择，即选择绿色生产和选择非绿色生产；治理主体在茶农绿色生产行为治理中的行为也有两种形式，即治理和不治理。治理主体在与茶农进行博弈时，若治理主体选择治理的概率为 p，则其选择不治理的概率为 $1-p$；若茶农选择绿色生产的概率为 q，则其选择非绿色生产的概率为 $1-q$。假设茶农选择实施绿色生产行为时，可获得的收益为 R_1，所付出的成本为 C_1，茶农选择实施绿色生产行为时产生的机会成本为 T_1，主要是进行绿色生产所放弃的高产量收益等；假设茶农选择实施非绿色生产行为被治理主体发现时，获得的收益为 $R_2(R_2<R_1)$，所付出的成本为 C_2 $(C_2<C_1)$，产生的损失为 T_2，主要是由于茶叶滞销和价格降低等带来的损失。治理主体在实施茶农绿色生产行为治理时所需付出的成本为 G_1。当治理主体发现茶农选择实施绿色生产行为时，则会给予茶农相应的政策激励 E，包括来自政府部门、市场组织、产业组织和社区组织的奖励；当治理主体发现茶农选择实施非绿色生产行为时，则会给予茶农相应的处罚 F。当治理主体不对茶农的生产行为进行治理或者茶农选择实施非绿色生产行为时，则对于其所引发的后续茶叶质量安全问题，治理主体需要额外付出的解决成本为 G_2。

基于上述假设条件，治理主体与茶农在茶叶绿色生产过程中为实现自身效益而不断展开动态博弈，本研究采用纳什均衡的方法对治理主体与茶农的博弈行为进行动态博弈演绎。治理主体与茶农的博弈收益矩阵如表 2.1 所示。

表 2.1 治理主体与茶农的博弈收益矩阵

治理主体	茶农	
	绿色生产（q）	非绿色生产（$1-q$）
治理（p）	$-G_1-E$，$R_1-C_1-T_1+E$	$-G_1-G_2+F$，$R_2-C_2+T_1-T_2-F$
不治理（$1-p$）	0，$R_1-C_1-T_1$	$-G_2$，$R_2-C_2+T_1-T_2$

注：逗号前的变量为治理主体的收益，逗号后的变量为茶农的收益。

治理主体选择治理与不治理的期望收益以及平均期望收益分别为U_{g_1}、U_{g_2}、$\overline{U}_g$，其计算公式分别为

$$U_{g_1}=q(-G_1-E)+(1-q)(-G_1-G_2+F) \tag{2.1}$$

$$U_{g_2}=-(1-q)G_2 \tag{2.2}$$

$$\overline{U}_g = pU_{g_1} + (1-p)U_{g_2} \tag{2.3}$$

在时点 t 对 p 求导，构建治理主体选择治理策略的复制动态方程式：

$$G(p) = \frac{\mathrm{d}p}{\mathrm{d}t} = p(U_{g_1} - \overline{U}_g) = p(1-p)[F - G_1 - q(E+F)] \tag{2.4}$$

当 $q=(F-G_1)/(E+F)$ 时，$G(p)=0$，此时治理主体无论提高还是降低治理的概率，其期望收益不变，可以采取任何策略。

当 $q \neq (F-G_1)/(E+F)$ 时，若 $G(p)=0$，则 $p=0$ 或 $p=1$。$p=1$ 是治理主体在与茶农博弈过程中追求的目标结果。当 $q>(F-G_1)/(E+F)$ 时，此时治理主体的最优反应是提高治理的概率。当 $p=1$ 时，治理主体的期望收益最大。

茶农选择绿色生产与非绿色生产的期望收益以及平均期望收益分别为 U_{f_1}、U_{f_2}、$\overline{U}_f$，其数学表达式分别为

$$\begin{aligned} U_{f_1} &= p(R_1 - C_1 - T_1 + E) + (1-p)(R_1 - C_1 - T_1) \\ &= R_1 - C_1 - T_1 + pE \end{aligned} \tag{2.5}$$

$$\begin{aligned} U_{f_2} &= p(R_2 - C_2 + T_1 - T_2 - F) + (1-p)(R_2 - C_2 + T_1 - T_2) \\ &= R_2 - C_2 + T_1 - T_2 - pF \end{aligned} \tag{2.6}$$

$$\overline{U}_f = qU_{f_1} + (1-q)U_{f_2} \tag{2.7}$$

茶农选择绿色生产策略的复制动态方程式为

$$\begin{aligned} F(q) &= \frac{\mathrm{d}q}{\mathrm{d}t} = q(U_{f_1} - \overline{U}_f) \\ &= q(1-q)[p(E+F) + (R_1 - C_1) - (R_2 - C_2) - 2T_1 + T_2] \end{aligned} \tag{2.8}$$

当 $p=[2T_1-(R_1-C_1)+(R_2-C_2)-T_2]/(E+F)$ 时，$F(q)=0$，此时茶农无论采取绿色生产行为还是不采取绿色生产行为，其期望收益均处于稳定状态。

当 $p \neq [2T_1-(R_1-C_1)+(R_2-C_2)-T_2]/(E+F)$ 时，若 $F(q)=0$，则 $q=0$ 或 $q=1$。$q=1$ 是茶农在与治理主体博弈过程中追求的目标结果。只有当 $p>[2T_1-(R_1-C_1)+(R_2-C_2)-T_2]/(E+F)$ 时，茶农选择实施绿色生产行为是最优策略，其期望收益最大，这也是治理主体与茶农合作博弈追求的最终目标。

当治理主体不采取治理（即 $p=0$）时，茶农选择实施绿色生产行为的期望收益$U_{f_1}=R_1-C_1-T_1$，茶农选择实施非绿色生产行为的期望收益$U_{f_2}=R_2-C_2+T_1-T_2$，可能出现$U_{f_2} \geqslant U_{f_1}$ 的现象，此时若茶农选择实施非绿色生产行为所造成的茶叶滞销和价格降低等带来的损失T_2远小于其进行绿色生产所放弃的高产量收益T_1，茶农作为理性经济人，会选择非绿色生产以获取效益最大化，这会损害选择绿色生产茶农的利益，打击其选择绿色生产的积极性。因此，降低茶农选择实施绿色生产行为的机会成本或者增加茶农选择实施非绿色

生产行为的损失成本是促使其选择实施绿色生产行为的有效路径。

当治理主体采取治理（即 $p=1$）时，茶农选择实施绿色生产行为的期望收益$U_{f_1}=R_1-C_1-T_1+E$，茶农选择实施非绿色生产行为的期望收益$U_{f_2}=R_2-C_2+T_1-T_2-F$。当$U_{f_1}>U_{f_2}$时，茶农会选择实施绿色生产行为。因此，加强治理主体对茶农生产行为的监督治理，降低茶农选择实施绿色生产行为的机会成本T_1、提高政策激励 E，或者提高茶农选择实施非绿色生产行为的损失成本T_2和处罚力度 F，促使其选择实施绿色生产行为。

由上述推导结果亦可知，茶农绿色生产行为是治理主体与茶农合作博弈的结果，其最优策略组合是治理主体选择治理、茶农选择实施绿色生产行为。可见，茶农是否选择实施绿色生产行为在很大程度上取决于政府部门、市场组织、产业组织和社区组织等治理主体的治理行为。

2.3.2　多主体协同治理下茶农绿色生产行为研究的理论逻辑分析框架

本研究根据上述理论分析和研究内容，构建了多主体协同治理下茶农绿色生产行为研究的理论逻辑分析框架（图 2.3）。根据多主体协同治理理论，茶农绿色生产行为治理涉及不同的利益主体，主要包括政府部门、市场组织（茶叶收购商、农资经销商）、社区组织、产业组织（茶叶合作社、龙头企业）以及茶农，前四者为治理主体，他们在茶农绿色生产行为多主体协同治理系统中，按照制度规则发挥各自的治理优势，进而作用于茶农绿色生产行为。多主体协同治理下茶农绿色生产行为采纳决策过程实际上是茶农在多主体协同治理体系中呈现出来的绿色生产行为认知、行为意愿、行为选择、行为效应等各阶段相互作用、集合而成的动态过程。

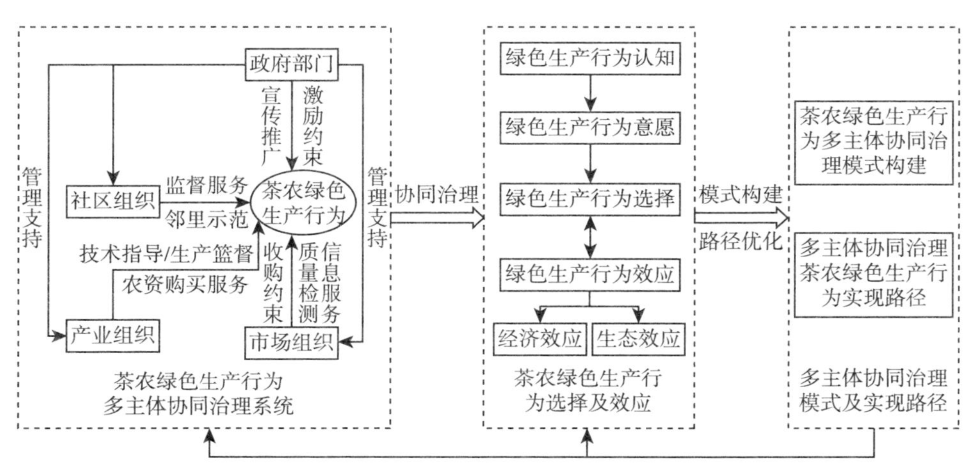

图 2.3　多主体协同治理下茶农绿色生产行为研究的理论逻辑分析框架

依据农户的理性经济人假说，茶农在特定的外部环境约束和内部条件下选择实施绿色生产行为是其在充分权衡风险和收益之后所做出的福利效用最大化的理性选择行为。多主体协同治理为茶农选择实施绿色生产行为提供引导、激励或约束作用，自身禀赋能力为茶农选择实施绿色生产行为提供了可能性或者制约。首先，根据计划行为理论，茶农在多主体协同治理下表现出不同的行为态度、主观规范及知觉行为控制，各治理主体根据制度规则对茶农绿色生产行为进行引导、激励和约束，增强茶农选择绿色生产的行为态度、主观规范及知觉行为控制，从而提升茶农选择绿色生产的认知程度。其次，茶农绿色生产行为意愿以其绿色生产行为认知为基础，而行为意愿是行为选择的直接影响因素，在外部制度环境和茶农禀赋能力的约束下促使或抑制行为意愿向行为实施的转化，进而影响茶农绿色生产行为的采纳程度。另外，茶农的知觉行为控制也会对其绿色生产行为产生直接影响。再次，茶农选择实施绿色生产行为会对茶农的经济效应和生态效应产生影响。同时，茶农作为理性经济人，其绿色生产行为的采纳决策也取决于选择实施绿色生产行为所产生的效应，若绿色生产能够显著改善其福利水平，将会进一步强化茶农绿色生产行为认知，再次形成正向行为意愿，并促使茶农绿色生产行为形成一个持续性的选择行为。最后，由于茶农禀赋能力的约束或者多主体治理体系的不完善，茶农在茶叶生产过程中难免会发生绿色生产意愿与行为背离的现象。同时，如果茶农选择实施绿色生产行为却未能实现福利水平的明显改善，会导致私人产出小于社会最优产出，因此，需要对茶农绿色生产行为多主体协同治理模式及实现路径进一步优化完善，最大限度地提高多主体协同治理的协同效应，更好地引导和规范茶农选择实施绿色生产行为，从而实现茶农福利水平的持续有效改善。

2.4 本章小结

本章首先对茶农绿色生产行为、多主体协同治理和行为效应进行概念界定；其次，对多主体协同治理理论、农户行为理论、外部性理论和计划行为理论进行梳理和阐述，为多主体协同治理下茶农绿色生产行为研究奠定理论基础；最后，阐释多主体协同治理下茶农绿色生产行为选择及其效应的理论逻辑，为下文实证研究提供相关理论分析框架。

3 福建省茶农绿色生产行为现状分析

本章首先介绍了福建省茶产业发展概况、本研究的数据来源，并对样本茶农的基本特征进行描述性统计分析；其次，对研究区域样本茶农绿色生产认知、意愿及行为现状进行多维度、多层面的描述性统计分析；最后，从茶农绿色施肥行为和绿色施药行为两个方面测度样本茶农绿色生产行为采纳程度。

3.1 福建省茶产业发展概况

3.1.1 福建省茶叶种植情况

福建省是我国重要的茶叶产区，地处东南沿海，属亚热带海洋性季风气候，气候温和，雨量充沛，山地丘陵起伏，生物多样，是种植茶树的适宜区。茶产业是福建省的特色优势产业，产茶历史悠久，种质资源丰富，名茶荟萃，主要出产乌龙茶（青茶）、绿茶、红茶、白茶四大茶类及再加工类的花茶，其中除绿茶外，其他几类茶叶均为福建省首创。福建全省涉茶县（市、区）达76个，牵动44个山区、老区的经济发展，影响300多万人口的生活，全省茶叶主产县农村居民人均茶叶收入占人均可支配收入的比例达40%以上，茶产业已成为广大茶区农民增收的重要渠道，是名副其实的民生产业和乡村振兴的主导产业。

福建省是全国产茶大省，茶产业近年来取得了快速高质量发展，现有茶园面积虽然不是全国最大，但干毛茶总产量、茶叶平均单产量、茶树良种推广率、全产业链产值、出口额增速等多项指标均处于全国第一位。截至2021年底，福建省茶园面积达23.21万公顷，占全国茶园总面积的7.11%；毛茶产量48.79万吨，占全国茶叶总产量15.42%（表3.1）。此外，茶叶平均单产达2 101.5千克/公顷，茶树良种覆盖率达96%，茶叶全产业链产值超1 400亿元，茶叶出口额达5.1亿美元。

表 3.1　2011—2021 年福建省茶叶种植情况

年份	茶园面积			茶叶产量		
	全国/万公顷	福建省/万公顷	福建省占比/%	全国/万吨	福建省/万吨	福建省占比/%
2011	205.55	19.06	9.27	160.76	27.67	17.21
2012	220.14	19.57	8.89	176.15	29.60	16.80
2013	236.71	20.10	8.49	188.72	31.57	16.73
2014	252.60	20.59	8.15	204.93	33.40	16.30
2015	264.08	20.77	7.86	227.66	35.63	15.65
2016	272.28	20.44	7.51	231.33	37.29	16.12
2017	284.87	20.71	7.27	246.04	39.49	16.05
2018	298.58	21.09	7.06	261.04	41.83	16.02
2019	310.48	21.98	7.08	277.72	43.99	15.84
2020	321.67	22.39	6.96	293.18	46.14	15.74
2021	326.41	23.21	7.11	316.40	48.79	15.42

“十三五”期间，福建省茶园面积和茶叶产量情况如图 3.1 所示。福建省茶园面积从 2015 年的 20.77 万公顷发展到 2020 年的 22.39 万公顷，年均增长率为 1.26%；茶叶产量从 2015 年的 35.63 万吨增至 2020 年的 46.14 万吨，年均增长率为 4.40%。但从全国范围来看，福建省茶园面积和茶叶产量在全国的占比均呈现下降趋势。

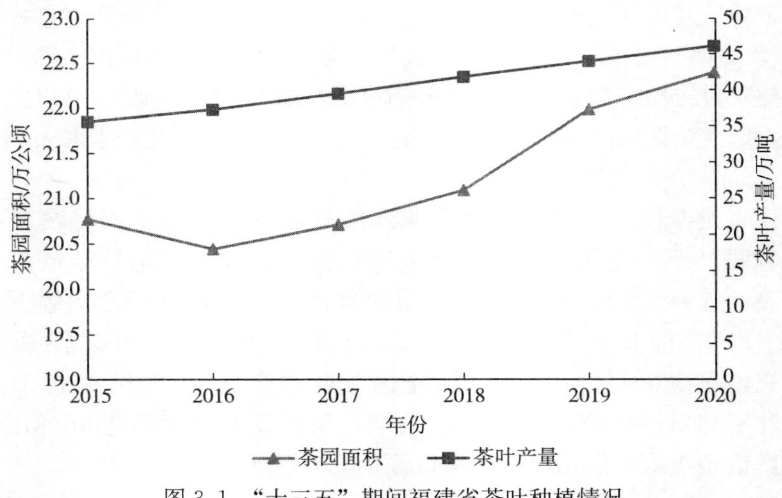

图 3.1　“十三五”期间福建省茶叶种植情况

从各地区来看，宁德市、泉州市和南平市的茶园种植面积和茶叶产量在福建省排第一梯队，基本排在前三位，都呈现缓慢增长的态势；三明市、漳州市、龙岩市和福州市的茶园种植面积和茶叶产量排在第二梯队；莆田市和厦门市的茶园种植面积和茶叶产量都比较低，排在第三梯队（图 3.2 和图 3.3）。总体而言，福建省茶产业持续稳步发展，产业基础规模不断扩大，多数地区的茶园面积、茶叶产量逐年递增。

图 3.2 2011—2021 年福建省各地区茶园面积情况

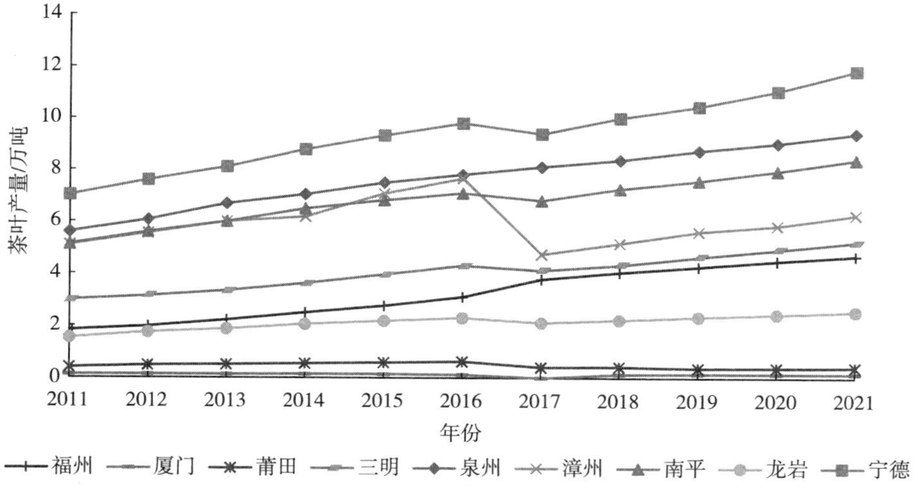

图 3.3 2011—2021 年福建省各地区茶叶产量情况

3.1.2 福建省茶产业绿色发展情况

近年来，福建省坚持绿色发展、质量兴茶战略，重点聚焦于茶叶品质提升、品牌打造，着力创新体制机制，全力推进茶产业高质量发展。

(1) 出台推进茶产业绿色发展政策

2012年，福建省颁布实施了《福建省促进茶产业发展条例》，标志着福建茶产业的发展进入了法治化轨道。此后福建省又陆续发布了《福建省人民政府关于提升现代茶产业发展水平六条措施的通知》(闽政〔2014〕45号)、《福建省人民政府办公厅关于推进绿色发展质量兴茶八条措施的通知》(闽政办〔2018〕44号)、《福建省农业农村厅关于进一步推进茶产业绿色发展的通知》(闽农综〔2019〕57号)等文件，实施茶园化肥、农药减量化行动，从茶产业发展思路、科学种茶引导、生态茶园建设、茶叶质量安全保障等方面出台具体政策举措，推动茶产业发展由增产导向朝提质导向转变。为了指导全省各地在绿色茶园的建设过程中减少化学农药的使用，福建省农业农村厅制定了《福建茶叶绿色发展技术规程》，通过采取生态调控、农艺改良、物理防控和生物防治等四项措施防控茶园病虫害。

(2) 生态保护优先，持续推进生态茶园建设

福建省茶产业发展过程中，局部地区出现过度开垦茶园，超越当地生态承载力的现象。因此，福建省持续推进生态茶园建设，对于不宜种茶的陡坡地提倡退茶还林或留茶成林，对田地茶园鼓励退茶还粮或还菜，使茶园用地更趋合理化；强化茶园生态修复，通过种树、留草、间作、套种、筑路、培土等方式，实现茶园保土、保肥、保水以及保持生物多样性，维护茶园生态平衡。截至2020年，福建省已经打造了1 200个茶叶全程绿色标准化生产示范基地。

(3) 实施化肥、农药减量化工程

福建省在持续推进生态茶园建设的基础上，实施化肥使用量零增长减量化专项行动，在茶园全面推广有机肥替代化肥技术；实施农药使用量零增长减量化专项行动，大力推进茶树病虫害绿色防控技术，减少化学农药使用量及农药残留。推动化肥、农药使用减量化，保障茶叶质量安全和生态环境安全。

(4) 加强源头监管，确保茶叶质量安全

近年来，福建省严格实施“放心茶”工程，建立健全茶叶质量检测体系和可追溯信息管理平台，大力开展茶叶商品地理标志认证工作，通过实施茶叶源头监管、生产监控、市场抽检等一系列措施，从茶叶的种植管理、生产加工、流通销售等环节对茶叶质量进行层层管控。依托福建省级农资监管信息平台，严格监管农药、化肥等农资投入品，推动落实农资投入品经营诚信档案和购销台账制度，严格执行茶树限用农药定点经营、实名购买制度。

3.2　数据来源与样本描述

3.2.1　调查内容及数据来源

（1）调研内容

调研内容主要围绕以下 6 个部分展开：

①被调查者基本情况，包括茶农户主个体特征、家庭特征和生产特征。被调查茶农户主的个体特征包括性别、年龄、受教育程度、健康状况、职业、风险偏好等，家庭特征包括家庭人口、劳动力、是否为村干部、社会关系、家庭收入及来源、家庭储蓄、住房等，生产特征包括茶园规模、茶叶产量、地块数量及集中程度、土地质量、茶叶种植年限、购买农业保险、参加茶叶经济合作组织等。

②茶叶生产成本收益。茶叶种植投入主要调查肥料施用和农药施用情况及费用，茶叶种植产出主要调查产量、销售价格及收入等。

③茶农绿色生产行为。主要调查茶农对各项农业绿色生产技术的认知、采纳意愿、采纳行为、采纳或不采纳的原因等。

④茶农对农业绿色生产技术的需求及获取渠道。主要调查茶农对农业绿色生产技术的需求情况及信息获取渠道、学习农业绿色生产技术的方式和参加培训的途径等。

⑤治理主体对茶农绿色生产行为治理情况。该部分调查内容主要基于茶农认知视角，调查茶农对政府部门、市场组织（茶叶收购商、农资经销商）、产业组织（茶叶经济合作组织）、社区组织等治理主体对其绿色生产行为治理水平的认知情况。

⑥茶农绿色生产行为采纳效果自我认知情况。主要调查茶农采纳绿色生产行为所带来的化肥和农药减量使用、茶园生态环境改善、茶叶质量安全提升、茶叶经济效益增加等情况。

（2）数据来源

①预调研与问卷修正。为保证问卷的合理性和可靠性，在正式开展问卷调查之前，调查组于 2022 年 1 月在安溪县对从事茶叶种植和生产的农户进行预调查，共发放调查问卷 50 份，收回有效问卷 46 份，有效率为 92%。首先，通过与茶农的访谈调查情况及反馈的意见，对问卷题项的设置以及文字表述进行修改，使问卷内容更加通俗易懂，便于茶农填写；其次，结合相关专家的建议和意见，对问卷的调查内容和题项设置进行进一步调整和修改；最后，在此基础上形成了本研究的最终调查问卷。

②调研区域确定。为了探究福建省茶农绿色生产行为实施情况，本研究选

取福建省泉州市安溪县、南平市武夷山市、宁德市福鼎市作为实地调研区域，这3个县（市）均是全国重点产茶地区，同时也是福建省茶叶主产区和重要产茶大县，其茶叶种植情况见表3.2。这3个县（市）分别位于福建省闽南、闽北和闽东地区，已形成安溪铁观音、武夷岩茶、福鼎白茶等多个全国知名地理标志产品，茶产业也成为这3个县（市）茶农增收致富、乡村振兴的重要支柱产业。因此，选取安溪县、武夷山市和福鼎市作为本研究的调研区域具有很强的典型性和代表性。

安溪县隶属于福建省泉州市，全县总面积3 057.28平方千米，下辖24个乡镇482个行政村或社区，人口约121万人。安溪县位居中国重点产茶县第一位，是中国乌龙茶（名茶）之乡、名茶铁观音的发源地，全县约80%人口从事涉茶产业，茶产业的收入占到全县农民人均纯收入的56%左右。截至2021年底，安溪县有茶园面积4.36万公顷，茶叶产量7.87万吨，茶叶产量占福建省总产量的18.78%，全县涉茶总产值280亿元。近年来，安溪县秉承“质量安全是产业发展的生命线”理念，不断开展绿色发展实践探索，从源头推动茶园生态环境的持续优化和茶叶质量安全水平的不断提高。从源头治理抓起，大力推进茶叶绿色生产，持续推进改造修复茶山生态、改良茶园土壤，建设高标准生态茶园；大力推广测土配方施肥技术、有机肥替代化肥技术，建设有机肥替代化肥示范基地，实施茶叶病虫害绿色防控、统防统治等绿色生产技术，推进茶园“减化肥减农药”工程，化肥、农药用量持续下降；建立“安溪县农资监管与物流追踪平台”，实行农资商品条码准入、凭卡购买、农资销售凭证发布病虫害防治信息、无线联网移动农资稽查四项制度，实现源头农资全程可追踪；被评为全国农作物病虫害“绿色防控示范县”、全国有机肥替代化肥示范县、第二批国家农产品质量安全县。

表3.2　调研区域2011—2021年茶叶种植情况

年份	茶园面积/万公顷			茶叶产量/万吨		
	安溪县	武夷山市	福鼎市	安溪县	武夷山市	福鼎市
2011	2.65	0.91	1.17	4.32	1.04	1.57
2012	2.98	0.92	1.17	4.62	1.15	1.65
2013	3.36	0.94	1.19	5.10	1.29	1.76
2014	3.74	0.97	1.26	5.42	1.41	2.01
2015	4.06	0.99	1.31	5.79	1.51	2.19
2016	4.06	1.04	1.32	6.00	1.62	2.38
2017	4.07	1.09	1.44	6.21	1.81	2.52

（续）

年份	茶园面积/万公顷			茶叶产量/万吨		
	安溪县	武夷山市	福鼎市	安溪县	武夷山市	福鼎市
2018	4.40	1.14	1.41	7.12	1.95	2.70
2019	4.40	1.18	1.45	7.34	2.08	2.92
2020	4.37	1.24	1.51	7.56	2.25	3.24
2021	4.36	1.31	1.71	7.87	2.39	3.75

武夷山市隶属于福建省南平市，市域面积 2 813 平方千米，辖 10 个乡镇（街道）、115 个行政村，全市常住人口约为 26 万人。武夷山市是世界六大茶类中乌龙茶和红茶的发源地，主产的“武夷山大红袍”“正山小种”“武夷岩茶”列入中欧地理标志协定保护名录，武夷山国家公园内有茶园面积 3 454 公顷，占该国家公园总面积的 3.4%。截至 2021 年底，武夷山市有茶园面积 1.31 万公顷，茶叶年产量达 2.39 万吨，茶叶产量占福建省茶叶总产量的 5.63%，茶业全产业链总产值达 75 亿元，全市涉茶人员 12 万人，农村居民人均可支配收入有 1/4 来自茶叶。近年来，武夷山市以《武夷山国家公园条例（试行）》① 的实施为契机，开展大规模“退茶还林”“生态修复”专项行动，坚持打造“无化学肥料无化学农药”生态茶园。通过试点示范，推广一批可复制、可持续的有机肥替代化肥技术模式，打造茶叶绿色产品基地、特色新产品基地和知名品牌基地，建成燕子窠生态茶园、大坪洲生态茶园等共计 133.33 公顷生态茶园示范基地。总结复制推广燕子窠生态茶园建设模式，全面推行茶园种树、留草、疏水等生态调控技术和茶园生物防治、理化诱控、绿肥间作等绿色防控技术，优化了茶园土壤微生物区系，提高了茶园土壤肥力，降低了茶树病虫害发生率，改善了茶园生态环境，实现茶园减排固碳、提质稳产的效果。

福鼎市隶属于福建省宁德市，全市土地总面积 1 526.31 平方千米，下辖 17 个乡镇（街道、开发区），总人口 59.8 万人，是福建白茶主产区，获中国茶叶产业发展示范县（市）、“中国白茶之乡”“中国名茶之乡”等称号。截至 2021 年底，福鼎市有茶园面积 1.71 万公顷，茶叶年产量达 3.75 万吨，茶叶产量占福建省茶叶总产量的 7.34%，茶产业综合总产值达 137.26 亿元，有效带动 38 万涉茶人员增收致富，全市一半以上农民的收入来自茶叶。近年来，福鼎市为推进茶产业绿色高质量发展，陆续下发了《关于茶园及茶园周边禁止使用除草剂的通告》《关于持续抓好茶叶质量安全源头管控　禁止使用除草剂

① 2024 年 10 月 1 日起《福建省武夷山国家公园条例》正式施行，《武夷山国家公园条例（试行）》同时废止。

和禁限农药的通知》《关于茶园不使用化学农药的通知》《给全市村党支部书记的一封信》《致全市广大茶农的一封信》等，持续抓好茶叶质量安全源头管控工作。严格落实农药报备准入制度，加大对农资经营网点的监管力度，进一步规范农民凭身份证购买农药，建立登记台账，严禁农资经营网点向茶农销售高毒化学农药；加大茶叶质量安全巡查和执法力度，实行茶叶质量安全例行监测与监督抽查"两检合一""检打联动"，对在茶园上违法使用化学农药的行为予以严厉打击；大力推广以农业防治、物理防治、生物防治为主的绿色防控技术，建立不使用化学农药茶叶绿色生产示范基地，包括近 0.27 万公顷的企业自控有机茶基地、0.8 万公顷龙头企业联合体绿色防控基地、0.4 万公顷的党建引领村企协作统防统治基地；构建福鼎白茶大数据溯源体系，建立全市茶园茶企大数据库，设计防伪追溯管理系统，共入驻企业 2 859 家，经过备案和登记的经纪人有 4 129 个、茶农有 77 799 户。

③调研方法与数据收集。针对本研究的问题和研究对象，被调查对象为从事茶叶种植和生产的农户，包括茶农个体、家庭农场、专业大户、合作社社员以及其他类型茶叶新型生产经营主体。调研组于 2022 年 7—8 月选取了泉州市安溪县、南平市武夷山市、宁德市福鼎市的 16 个乡镇作为调查样本点，具体见表 3.3。具体抽样调查的过程是：首先，通过典型抽样方法，在 3 个县（市）选择茶叶主产乡镇或街道进行调查，其中，在安溪县选取西坪镇、虎丘镇、龙涓乡、感德镇、祥华乡、剑斗镇等 6 个主要产茶乡镇，其茶叶产量占安溪县茶叶产量的 60%以上；在武夷山市选取星村镇、兴田镇、武夷街道、崇安街道等 4 个镇或街道，其茶叶产量占武夷山市茶叶产量的 75%以上；在福鼎市选取点头镇、管阳镇、白琳镇、磻溪镇、硖门畲族乡、太姥山镇等 6 个乡镇，其茶叶产量占福鼎市茶叶产量的 75%左右。其次，根据乡镇（街道）所辖行政村茶叶产量的大小，按照茶叶产量大、中、小在每个乡镇（街道）选取 3 个行政村，然后在每个行政村随机选取 15～25 户茶农展开调查。此次共选取了 16 个乡镇（街道）的 48 个行政村进行入户调查。调查采用入户访谈和问卷调查相结合的方法，由调查组成员根据被调查茶农的回答填写问卷，共发放问卷 960 份，回收 960 份，剔除前后矛盾、漏答的问卷后，最终获得有效问卷 872 份，问卷有效率为 90.83%，其中安溪县 312 份、武夷山市 256 份、福鼎市 304 份。

表 3.3　实地调研地点的选取和调查样本量情况

调研区域	调研乡镇（街道）	有效样本量/份	样本占比/%
泉州市安溪县	西坪镇、虎丘镇、龙涓乡、感德镇、祥华乡、剑斗镇	312	35.78

（续）

调研区域	调研乡镇（街道）	有效样本量/份	样本占比/%
南平市武夷山市	星村镇、兴田镇、武夷街道、崇安街道	256	29.36
宁德市福鼎市	点头镇、管阳镇、白琳镇、磻溪镇、硖门畲族乡、太姥山镇	304	34.86

3.2.2 样本茶农基本情况

（1）样本茶农户主个体特征

①总体样本茶农户主个体特征描述。本研究从性别、年龄、受教育程度、职业种类和风险偏好五方面描述分析样本茶农户主个体特征（表 3.4 和表 3.5）。在 872 个样本茶农户主中，男性 562 人，占总人数的 64.45%；女性 310 人，占比为 35.55%，男性茶农户主受访者比例高于女性茶农户主受访者。样本茶农户主年龄主要集中在 30～39 岁、40～49 岁、50～65 岁三个年龄段，分别为 194 人、288 人、312 人，其中 50～65 岁年龄段的占比最高，达 35.78%，由此看出样本茶农户主年龄总体偏大。茶农户主受教育程度整体水平较低，均值为 3.42，处于高中或中专以下，其中初中及以下文化水平的茶农户主人数最多，共 518 人，占总人数的 59.40%。从样本茶农户主的职业种类来看，从事纯务农的茶农户主人数最多，共 582 人，占总人数的 66.74%，其余样本茶农户主分别从事务农为主、农闲务工和务工为主、兼顾务农的职业类型，分别占比 13.99%和 15.37%。样本茶农户主总体比较保守，风险偏好程度均值为 1.83，其中不喜欢冒险的样本茶农户主 366 人，占比 41.97%，而喜欢冒险的样本茶农户主为 224 人，仅占 25.69%。

表 3.4 总体样本茶农户主个体特征描述性统计

个体特征	特征赋值	最小值	最大值	均值	标准差
性别	1=男；2=女	1	2	1.36	0.479
年龄	1=17 岁及以下；2=18～29 岁；3=30～39 岁；4=40～49 岁；5=50～65 岁；6=66 岁及以上	2	6	4.07	0.967
受教育程度	1=未上过学；2=小学；3=初中；4=高中或中专；5=大专；6=本科及以上	1	6	3.42	1.194
职业种类	1=纯务农；2=务农为主、农闲务工；3=务工为主、兼顾务农；4=长期外出务工；5=在机关或事业单位工作	1	5	1.59	0.968
风险偏好	1=不喜欢冒险；2=一般；3=喜欢冒险	1	3	1.83	0.827

表 3.5 总体样本茶农户主个体基本特征统计

个体特征	分类特征	频次	占比/%	累计占比/%
性别	男	562	64.45	64.45
	女	310	35.55	100.00
年龄	18～29 岁	54	6.19	6.19
	30～39 岁	194	22.25	28.44
	40～49 岁	288	33.03	61.47
	50～65 岁	312	35.78	97.25
	66 岁及以上	24	2.75	100.00
受教育程度	未上过学	4	0.46	0.46
	小学	214	24.54	25.00
	初中	300	34.40	59.40
	高中或中专	178	20.41	79.82
	大专	120	13.76	93.58
	本科及以上	56	6.42	100.00
职业种类	纯务农	582	66.74	66.74
	务农为主、农闲务工	122	13.99	80.73
	务工为主、兼顾务农	134	15.37	96.10
	长期外出务工	12	1.38	97.48
	在机关或事业单位工作	22	2.52	100.00
风险偏好	不喜欢冒险	366	41.97	41.97
	一般	282	32.34	74.31
	喜欢冒险	224	25.69	100.00

②分区域样本茶农户主个体特征描述。研究区域为泉州市安溪县、南平市武夷山市、宁德市福鼎市，其中安溪县有效样本数为 312 户，武夷山市 256 户，福鼎市 304 户，这三个区域样本茶农户主个体特征描述性分析如表 3.6 所示。从性别上看，安溪县男性和女性茶农户主受访者人数分别为 226 人和 86 人，占比 72.44%和 27.56%；武夷山市男性和女性茶农户主受访者人数分别为 164 人和 92 人，占比 64.06%和 35.94%；福鼎市男性和女性茶农户主受访者人数分别为 172 人和 132 人，占比 56.58%和 43.42%。安溪县男性茶农户主受访者占比均高于武夷山市和福鼎市。从年龄分布上来看，安溪县样本茶农户主 40～49 岁年龄段人数最多，为 130 人，占比 41.67%；武夷山市样本茶农户主 50～65 岁年龄段人数最多，为 84 人，占比 32.81%；福鼎市样本茶农户主 50～65 岁年龄段人数也是最多，为 128 人，占比 42.11%。武夷山市和

福鼎市样本茶农户主年龄总体都偏大。从受教育程度分布上看，安溪县、武夷山市和福鼎市样本茶农户主具有初中及以下文化水平的人数最多，分别为196人、136人和186人，分别占比62.82%、53.13%和61.18%；武夷山市和福鼎市样本茶农户主具有大专及以上文化水平的人数占比分别为25.78%和21.71%，而安溪县占比仅为14.10%。从职业种类分布来看，武夷山市和福鼎市样本茶农户主大部分为纯务农，分别占比82.81%和78.95%；而安溪县样本茶农户主的职业种类中从事纯务农的占比仅为41.67%，远低于武夷山市和福鼎市，务农为主、农闲务工和务工为主、兼顾务农这两类职业的占比分别为26.28%和26.92%。从风险偏好分布来看，安溪县和福鼎市样本茶农户主不喜欢冒险的人数最多，分别为148人和138人，分别占比47.44%和45.39%；武夷山市样本茶农户主中不喜欢冒险、一般和喜欢冒险的占比相对较为均衡，分别为31.25%、35.94%和32.81%。

表3.6 不同区域样本茶农户主个体基本特征统计

个体特征	分类特征	安溪县（N_1=312）		武夷山市（N_2=256）		福鼎市（N_3=304）	
		频次	占比/%	频次	占比/%	频次	占比/%
性别	男	226	72.44	164	64.06	172	56.58
	女	86	27.56	92	35.94	132	43.42
年龄	18～29岁	12	3.85	18	7.03	24	7.89
	30～39岁	68	21.79	72	28.13	54	17.76
	40～49岁	130	41.67	78	30.47	80	26.32
	50～65岁	100	32.05	84	32.81	128	42.11
	66岁及以上	2	0.64	4	1.56	18	5.92
受教育程度	未上过学	0	0.00	2	0.78	2	0.66
	小学	50	16.03	62	24.22	102	33.55
	初中	146	46.79	72	28.13	82	26.97
	高中或中专	72	23.08	54	21.09	52	17.11
	大专	26	8.33	46	17.97	48	15.79
	本科及以上	18	5.77	20	7.81	18	5.92
职业种类	纯务农	130	41.67	212	82.81	240	78.95
	务农为主、农闲务工	82	26.28	28	10.94	12	3.95
	务工为主、兼顾务农	84	26.92	12	4.69	38	12.50
	长期外出务工	2	0.64	4	1.56	6	1.97
	在机关或事业单位工作	14	4.49	0	0.00	8	2.63

（续）

个体特征	分类特征	安溪县（N_1=312）		武夷山市（N_2=256）		福鼎市（N_3=304）	
		频次	占比/%	频次	占比/%	频次	占比/%
风险偏好	不喜欢冒险	148	47.44	80	31.25	138	45.39
	一般	120	38.46	92	35.94	70	23.03
	喜欢冒险	44	14.10	84	32.81	96	31.58

（2）样本茶农家庭特征

①总体样本茶农家庭特征描述。本研究从家庭劳动力总数、家庭茶叶劳动力、茶叶劳动力占比、家庭成员担任村干部、家庭总收入、非兼业程度和家庭储蓄七个方面描述分析样本茶农家庭特征。由表 3.7 可知，样本茶农家庭平均劳动力总人数为 3.65 人，平均茶叶劳动力为 2.63 人，茶叶劳动力占家庭劳动力比例平均为 74.03%，说明样本茶农家庭以从事茶叶种植和生产为主。样本茶农家庭成员有担任村干部的均值仅为 0.14。2021 年，样本茶农家庭平均收入为 52.79 万元，非兼业程度平均为 0.66，由此看出茶农家庭的主要收入来源于茶叶收入；家庭可用于支配的现金和储蓄处于一般水平，均值为 3.24。

表 3.7　总体样本茶农家庭特征描述性统计

家庭特征	特征赋值	单位	最小值	最大值	均值	标准差
家庭劳动力总数	家庭劳动力人口实际数量	人	1	7	3.65	0.893
家庭茶叶劳动力	从事茶叶种植的劳动力人口数	人	1	5	2.63	0.852
茶叶劳动力占比	茶叶劳动力/家庭劳动力总数	%	20	100	74.03	0.223
家庭成员担任村干部	家庭成员是否有担任村干部：0=否；1=是		0	1	0.14	0.347
家庭总收入	2021 年家庭总收入	万元	5	1 500	52.79	133.799
非兼业程度	茶叶收入/家庭总收入		0.03	1	0.66	0.271
家庭储蓄	家庭可用于支配的现金和储蓄：1=很少；2=较少；3=一般；4=较充足；5=很充足		1	5	3.24	0.822

②分区域样本茶农家庭特征描述。安溪县、武夷山市和福鼎市样本茶农家庭特征描述性统计见表 3.8。安溪县、武夷山市和福鼎市样本茶农家庭平均劳动力人数分别为 3.46 人、3.63 人和 3.87 人；从家庭茶叶劳动力人数来看，

安溪县、武夷山市和福鼎市样本茶农家庭平均茶叶劳动力分别为 2.34 人、3.00 人和 2.61 人，武夷山市家庭平均茶叶劳动力高于安溪县和福鼎市；从茶叶劳动力占比来看，武夷山市（84.06%）高于安溪县（71.20%）和福鼎市（68.49%）。由此也可以看出，安溪县、武夷山市和福鼎市样本茶农家庭仍是以从事茶叶种植和生产为主。安溪县、武夷山市和福鼎市样本茶农家庭成员担任村干部的均值分别为 0.12、0.16 和 0.14，武夷山市样本茶农家庭成员有担任村干部比例最高。从家庭总收入情况来看，安溪县、武夷山市和福鼎市样本茶农家庭平均收入分别为 22.35 万元、108.36 万元和 37.22 万元，非兼业程度分别为 0.51、0.85 和 0.65，武夷山市样本茶农非兼业程度要远高于安溪县和福鼎市，对茶产业的依赖性更强。在家庭储蓄方面，安溪县、武夷山市和福鼎市样本茶农家庭可用于支配的现金和储蓄均值分别为 2.94、3.53 和 3.32，武夷山市样本茶农家庭可用于支配的现金和储蓄高于安溪县和福鼎市，主要原因是茶叶给武夷山市茶农家庭带来丰厚的经济收入，是其非常重要的家庭收入来源。

表 3.8 不同区域样本茶农家庭特征描述性统计

家庭特征	安溪县（N_1=312）				武夷山市（N_2=256）				福鼎市（N_3=304）			
	最小值	最大值	均值	标准差	最小值	最大值	均值	标准差	最小值	最大值	均值	标准差
家庭劳动力总数/人	1	7	3.46	1.177	2	6	3.63	0.752	2	5	3.87	0.560
家庭茶叶劳动力/人	1	4	2.34	0.846	2	5	3.00	0.842	1	4	2.61	0.747
茶叶劳动力占比/%	20	100	71.20	0.232	50	100	84.06	0.203	25	100	68.49	0.204
家庭成员担任村干部	0	1	0.12	0.328	0	1	0.16	0.365	0	1	0.14	0.353
家庭总收入/万元	5	400	22.35	44.534	12	1 500	108.36	213.582	6	800	37.22	85.742
非兼业程度	0.03	1	0.51	0.273	0.2	1	0.85	0.194	0.11	1	0.65	0.222
家庭储蓄	1	5	2.94	0.885	2	5	3.53	0.773	2	5	3.32	0.685

（3）样本茶农生产特征

①总体样本茶农生产特征描述。本研究从茶园面积、茶叶产量、茶园地块集中度、茶园土地质量、茶叶种植年限五个方面描述分析样本茶农生产特征。由表 3.9 可知，样本茶农茶园面积和茶叶产量的差距较大，茶园面积最小仅为 0.1 公顷，最大为 66.67 公顷，平均 1.93 公顷；茶叶产量最小为 0.15 吨，最大为 50 吨，平均为 2.07 吨。样本茶农茶园地块集中度均值为 2.61，表明样本茶农的茶园地块总体较为分散，碎片化程度较高；茶园土地质量均值为 3.92，接近比较好水平。样本茶农种植年限均值为 3.99，茶农家庭从事茶叶种植和生产的年限主要集中在 16～20 年。

②分区域样本茶农生产特征描述。安溪县、武夷山市和福鼎市样本茶农

生产特征。由表3.10可知，安溪县、武夷山市和福鼎市样本茶农茶园平均面积分别为1.64公顷、3.17公顷和1.18公顷，武夷山市样本茶农茶园平均面积大于安溪县和福鼎市。在茶叶产量方面，安溪县、武夷山市和福鼎市样本茶农茶叶平均产量分别为2.04吨、2.62吨和1.65吨，可见武夷山市样本茶农茶叶平均产量也大于安溪县和福鼎市。从样本茶农的茶园地块集中度来看，安溪县茶园地块集中度均值（3.06）高于武夷山市（2.57）和福鼎市（2.18），福鼎市样本茶农的茶园地块最为分散，碎片化程度相对较高。但在茶园土地质量方面，样本茶农认为武夷山市最好，安溪县次之，福鼎市排在末位。从抽样调查的数据来看，安溪县、武夷山市和福鼎市样本茶农茶叶种植年限均值分别为4.08、3.97和3.93，表明安溪县样本茶农从事茶叶种植的年限更长。

表3.9 总体样本茶农生产特征描述性统计

生产特征	特征赋值	单位	最小值	最大值	均值	标准差
茶园面积	自有茶园和租赁茶园面积之和	公顷	0.10	66.67	1.93	5.202
茶叶产量	2021年茶园毛茶产量	吨	0.15	50	2.07	9.040
茶园地块集中度	茶园地块的集中程度：1＝很分散；2＝比较分散；3＝一般；4＝比较集中；5＝非常集中		1	5	2.61	0.912
茶园土地质量	茶园土地质量：1＝非常不好；2＝比较不好；3＝一般；4＝比较好；5＝非常好		2	5	3.92	0.647
茶叶种植年限	家庭从事茶叶种植和生产的年限：1＝5年及以下；2＝6～10年；3＝11～15年；4＝16～20年；5＝20年以上		1	5	3.99	0.965

表3.10 不同区域样本茶农生产特征描述性统计

生产特征	安溪县（N_1＝312）				武夷山市（N_2＝256）				福鼎市（N_3＝304）			
	最小值	最大值	均值	标准差	最小值	最大值	均值	标准差	最小值	最大值	均值	标准差
茶园面积/公顷	0.10	66.67	1.64	5.75	0.33	66.67	3.17	6.63	0.20	20.00	1.18	2.25
茶叶产量/吨	0.15	50	2.04	10.322	0.20	50	2.62	10.108	0.25	30	1.65	6.197
茶园地块集中度	1	5	3.06	0.882	1	5	2.57	0.848	1	5	2.18	0.773
茶园土地质量	2	5	3.95	0.698	2	5	4.04	0.607	2	5	3.79	0.605
茶叶种植年限	1	5	4.08	1.000	1	5	3.97	1.049	1	5	3.93	0.847

3.3 样本茶农绿色生产现状

3.3.1 样本茶农绿色生产认知与意愿情况

(1) 样本茶农绿色生产认知情况

样本茶农对绿色生产认知情况主要通过调查茶农对“您对茶叶绿色生产技术的了解程度”等问题的回答情况进行分析，该问题回答赋值设置为：不知道=1，知道一点=2，一般=3，比较了解=4，非常了解=5。样本茶农对茶叶绿色生产技术了解程度均值得分见表3.11。样本茶农对生物农药、理化诱控技术、科学用药技术、有机肥料技术这4项技术的了解程度均值都超过3.50，其中科学用药技术的均值得分最高，达到了4.47，表明这些技术在政府政策的积极推广和激励下，多数茶农较为关注和熟知；而对生态调控技术、生物防治技术、绿肥间作技术、测土配方施肥技术的了解程度均值均低于3.0，其中测土配方施肥技术的均值得分最低，仅为2.34，说明样本茶农对这4项绿色农业技术的关注程度较低。原因可能是这些农业绿色技术在福建省仍处于推广应用的起步阶段，在宣传推广力度上并不理想，加上茶农往往是被动地接受新的农业技术，较少会主动寻求技术变革，导致对这些农业绿色生产技术关注度并不高。

表3.11 样本茶农对农业绿色生产技术认知情况

农业绿色生产技术	了解程度			
	总体样本	安溪县	武夷山市	福鼎市
生物农药	3.52	3.24	3.56	3.77
生态调控技术	2.85	2.35	3.30	2.99
生物防治技术	2.48	2.08	2.71	2.70
理化诱控技术	3.51	3.49	3.63	3.44
科学用药技术	4.47	4.38	4.60	4.44
绿肥间作技术	2.99	2.68	3.58	2.80
测土配方施肥技术	2.34	1.87	2.73	2.51
有机肥料技术	3.76	3.84	4.01	3.47

在茶叶质量安全方面，如图3.4所示，样本茶农的关注度相对较高，“比较关注”和“十分关注”的比例分别为38.53%和20.64%，表明样本茶农的茶叶质量安全意识整体较高。但对关于茶叶质量安全的种植标准的了解程度并不高，“比较了解”和“非常了解”的比例分别仅为26.83%和5.73%（表3.12）。对于“过量使用化肥、农药对茶叶质量安全或茶园生态环境造成的危害”的认知方

面，有592户样本茶农认为该危害较严重或非常严重（图3.5），说明大多数茶农对过量施肥、施药给茶叶带来的危害有较清楚的认知。

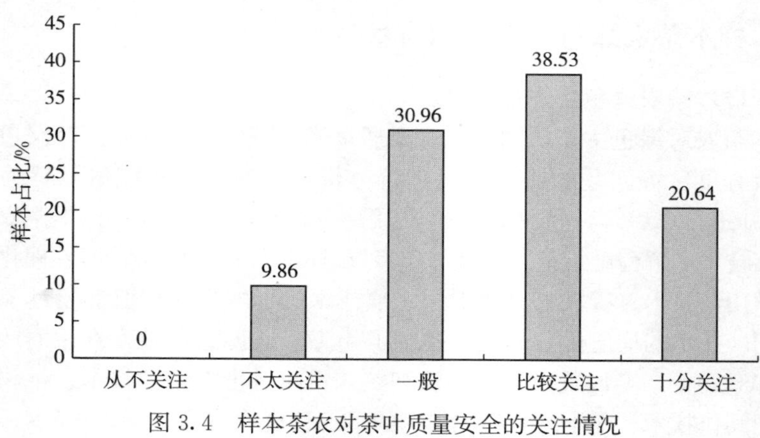

图3.4　样本茶农对茶叶质量安全的关注情况

表3.12　样本茶农对关于茶叶质量安全的种植标准了解情况

关于茶叶质量安全的种植标准了解情况	总体样本（N=872）		安溪县（N_1=312）		武夷山市（N_2=256）		福鼎市（N_3=304）	
	样本量/户	占比/%	样本量/户	占比/%	样本量/户	占比/%	样本量/户	占比/%
不知道	48	5.50	10	3.21	16	6.25	22	7.24
知道一点	292	33.49	124	39.74	56	21.88	112	36.84
一般	248	28.44	108	34.62	64	25.00	76	25.00
比较了解	234	26.83	60	19.23	102	39.84	72	23.68
非常了解	50	5.73	10	3.21	18	7.03	22	7.24

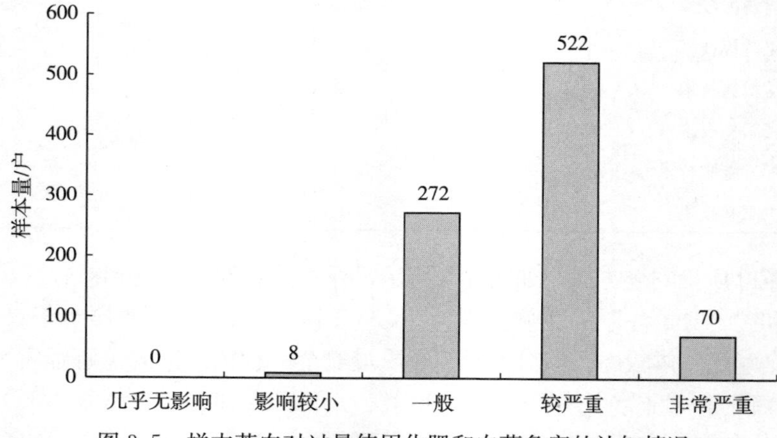

图3.5　样本茶农对过量使用化肥和农药危害的认知情况

从不同区域来看，从表 3.11 中可以看出武夷山市样本茶农对 6 项农业绿色生产技术的了解程度均值都超过 3.0，其中科学用药技术和有机肥料技术的均值得分均达到了 4.0 以上，这表明武夷山市样本茶农绿色生产认知程度整体上高于安溪县和福鼎市。另外，武夷山市样本茶农对茶叶质量安全的关注程度、对种植标准的了解程度，以及对过量施肥、施药给茶叶带来危害的认知程度均明显高于安溪县和福鼎市（图 3.6、表 3.12 和图 3.7）。

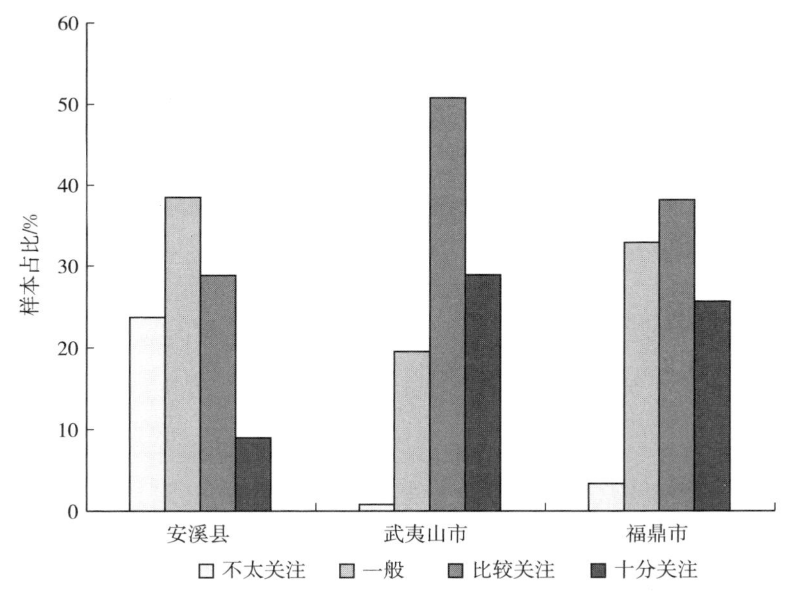

图 3.6　分区域样本茶农对茶叶质量安全的关注情况

(2) 样本茶农绿色生产意愿情况

在绿色生产意愿方面，本研究主要通过调查“茶农是否愿意采纳茶叶绿色生产技术”问题的回答进行分析，该问题回答赋值设置为：不愿意=0，愿意=1。样本茶农对茶叶绿色生产技术采纳意愿程度均值得分见表 3.13。

从表 3.13 可知，除生物防治技术和测土配方施肥技术外，样本茶农对其余 6 项技术的采纳意愿程度均值都超过 0.6，反映出茶农对于这些农业绿色技术有较强烈的需求。其中，样本茶农对科学用药技术、有机肥料技术、生物农药、生态调控这 4 项技术的采纳意愿最为强烈，说明了茶农对于茶叶种植过程中常见的施肥、施药绿色技术需求更为强烈。样本茶农对生物防治技术和测土配方施肥技术的采纳意愿程度均值远低于 0.3，反映茶农对于这两项技术认知程度较低，对其生态环境功能了解不足，从而缺乏采纳意愿。

不同区域样本茶农对茶叶绿色生产技术的采纳意愿具有一定的差异性，主

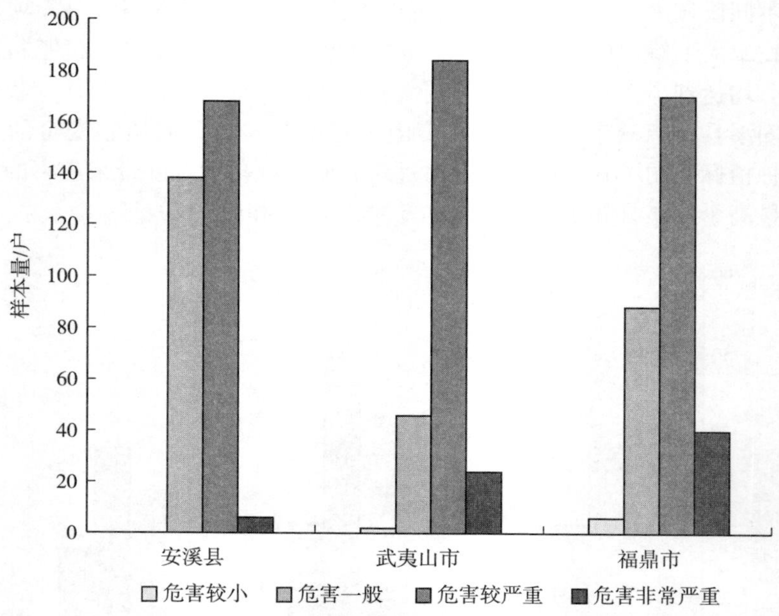

图 3.7　分区域样本茶农对过量使用化肥和农药危害的认识情况

要表现为：武夷山样本茶农对科学用药技术、有机肥料技术、生物农药和生态调控技术的采纳意愿最为强烈，得分均值都超过 0.9；安溪县样本茶农对科学用药技术、有机肥料技术的采纳意愿更为强烈；福鼎市样本茶农对科学用药技术、生物农药的采纳意愿更为强烈。这反映出不同区域地方政府在农业绿色生产技术宣传推广政策方面具有不同的偏好和差异性。

表 3.13　样本茶农对农业绿色生产技术采纳意愿

农业绿色生产技术	采纳意愿			
	总体样本	安溪县	武夷山市	福鼎市
生物农药	0.86	0.74	0.93	0.93
生态调控技术	0.74	0.50	0.91	0.84
生物防治技术	0.22	0.08	0.27	0.32
理化诱控技术	0.63	0.37	0.73	0.82
科学用药技术	1.00	1.00	1.00	0.99
绿肥间作技术	0.67	0.66	0.82	0.55
测土配方施肥技术	0.19	0.11	0.29	0.18
有机肥料技术	0.92	0.95	0.98	0.83

3.3.2 样本茶农绿色生产行为现状

(1) 样本茶农绿色施药行为

①茶农施药次数和安全间隔期执行情况。2021年，样本茶农平均施药次数为2.92次。其中，施药2～3次的茶农占比最高，为45.19%，共394户；其次是施药4～5次的茶农占比，为23.85%，共208户；而施药6次及以上的茶农占比最低，为10.32%；施药1次及以下的茶农占比为20.64%（表3.14）。

表3.14 样本茶农施药次数情况

施药次数	总体样本（N=872）		安溪县（N_1=312）		武夷山市（N_2=256）		福鼎市（N_3=304）	
	样本量/户	占比/%	样本量/户	占比/%	样本量/户	占比/%	样本量/户	占比/%
1次及以下	180	20.64	18	5.77	106	41.41	56	18.42
2～3次	394	45.19	150	48.08	106	41.41	138	45.39
4～5次	208	23.85	102	32.69	38	14.84	68	22.37
6次及以上	90	10.32	42	13.46	6	2.34	42	13.82

从不同区域来看，2021年，武夷山市样本茶农平均施药次数最少，为2.17次；其次为福鼎市，为2.95次；而安溪县样本茶农平均施药次数最多，为3.51次。安溪县样本茶农施药2～3次的占比最高，为48.08%；其次是施药4～5次的茶农占比，为32.69%；施药1次及以下的茶农占比最少，仅为5.77%。武夷山市样本茶农施药1次及以下和2～3次的占比均为最高，达41.41%；而施药6次及以上的茶农占比最少，仅为2.34%。福鼎市样本茶农施药次数占比最高的同样为2～3次，占比45.39%；其次是施药4～5次的占比，为22.37%；而施药6次及以上的茶农占比最低，仅为13.82%。

在农药安全间隔期执行方面，有97.02%的样本茶农表示有在农药安全间隔期采茶，仅有2.98%的样本茶农表示没有在农药安全间隔期采茶。施用化学农药的茶农一般会执行15天的安全间隔期，施用生物农药的茶农一般会执行7天左右的安全间隔期。从不同区域来看，安溪县、武夷山市和福鼎市样本茶农的农药安全间隔期执行比例均很高，超过95%，如图3.8所示。由此可以看出，福建省茶农的农药安全间隔期执行情况总体很好，这主要是因为2018年福建省出台了《福建省人民政府办公厅关于推进绿色发展质量兴茶八条措施的通知》（闽政办〔2018〕44号），进一步规范茶园用药行为，加大对茶叶中农药残留的监督抽查和检测力度；同时，茶农对于消费者追求健康安全的茶叶产品的认识程度也越来越高。

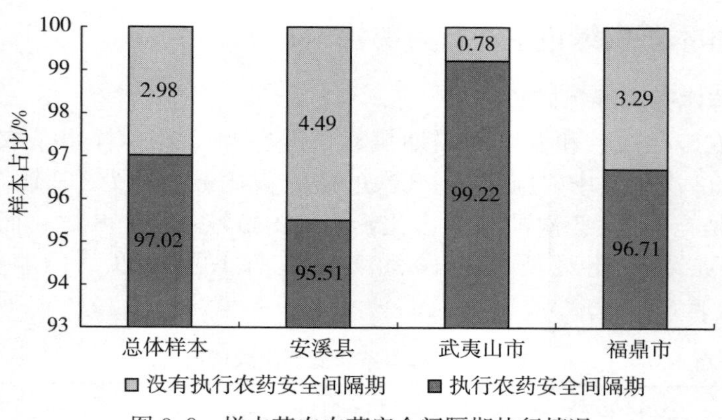

图 3.8 样本茶农农药安全间隔期执行情况

②茶农绿色施药行为情况。在绿色施药行为方面，本研究主要通过调查“茶农是否已经实际采纳生物农药和病虫害绿色防控技术”问题的回答进行分析，该问题回答赋值设置为：未采纳＝0，采纳＝1。样本茶农对生物农药和病虫害绿色防控技术的实际采纳程度均值得分见表 3.15。

从表 3.15 可知，虽然样本茶农对生物农药和病虫害绿色防控技术（生物防治技术除外）等茶叶绿色生产技术表现出了很高的采纳意愿，但实际采纳程度却相对较低，除科学用药技术外的其他各项技术实际采纳程度均值均不足 0.5，由此可见，茶农对生物农药和病虫害绿色防控技术的采纳行为与意愿存在明显背离。2021 年，样本茶农中有 60.32％的茶农施用低毒化学农药，49.08％的茶农尝试施用生物农药，施用高毒高效农药和不施用农药的茶农比例均非常低，分别为 3.21％和 2.52％（图 3.9）。在病虫害绿色防控技术使用方面，除科学用药技术外，样本茶农对生态调控技术、生物防治技术和理化诱控技术的采纳程度均较低，均值分别为 0.4、0.04 和 0.23（表 3.15）。

表 3.15 样本茶农对茶叶绿色防控技术的实际采纳程度

茶叶绿色防控技术	采纳程度			
	总体样本	安溪县	武夷山市	福鼎市
生物农药	0.49	0.35	0.64	0.48
生态调控技术	0.40	0.20	0.46	0.56
生物防治技术	0.04	0.01	0.06	0.06
理化诱控技术	0.23	0.06	0.38	0.26
科学用药技术	0.99	0.98	0.99	0.99

从区域上看，武夷山市样本茶农对生物农药和理化诱控技术的采纳程度均

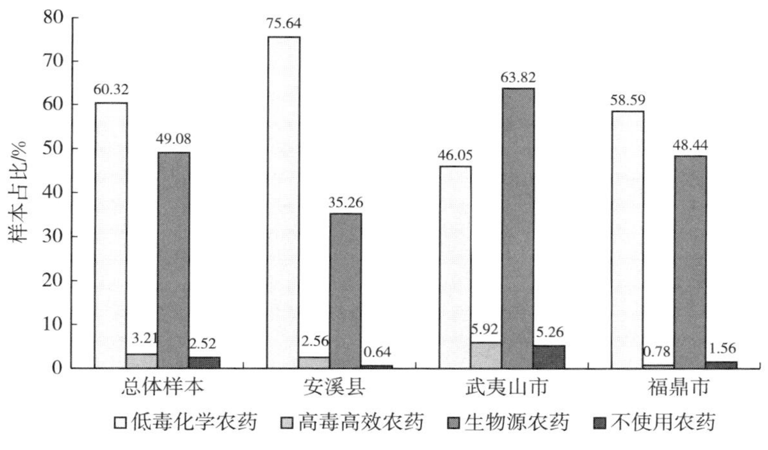

图 3.9 样本茶农施用农药类型情况

值高于安溪县和福鼎市，福鼎市样本茶农对生态调控技术的采纳程度均值高于安溪县和武夷山市，三个区域的样本茶农对生物防治技术的采纳程度均非常低。总体而言，安溪县、武夷山市和福鼎市样本茶农对茶叶绿色防控技术的采纳水平均较低，特别是安溪县茶农的采纳水平在三者中是最低的，该县农户主要还是通过低毒化学农药进行茶叶病虫害的防治，占到安溪县总样本的 75.64%。

近几年，随着多起农药残留超标导致的农产品质量安全事件被曝光，越来越多的茶农对高毒高效农药的危害认知明显提高。在对样本茶农关于“政府禁止茶叶施用的具体农药品种和名称”的了解情况调查中，表示“比较了解”和“非常了解”的茶农户数占总样本的 45.41%，“不知道”的茶农户数占比仅为 5.73%（图 3.10）。茶农对施用低毒化学农药、生物农药的积极性都比较高。但是施用生物农药的成本要远高于一般化学农药，这制约了该农药的普及，因此只有部分茶农在种植大户、家庭农场或茶叶合作社的示范带动下尝试使用，并没有实现持续和大面积使用。

③茶农化学农药施用减量化情况。在化学农药施用减量化方面，有 57.80%的样本茶农表示“减少了一些”，完全不使用化学农药的样本茶农占比仅为 3.90%，完全未减少使用和几乎没变化的茶农占总样本的 23.39%（图 3.11）。

可见，相较于前几年，2021 年福建省茶农在茶叶种植过程中较大程度地减少了化学农药施用量。主要是因为近几年我国加大了对茶叶中农药残留的监管和检测力度。2016 年发布的《食品安全国家标准　食品中农药最大残留限量》(GB 2763—2016）规定了 48 项农药在茶叶中的最大残留限量要求，2018

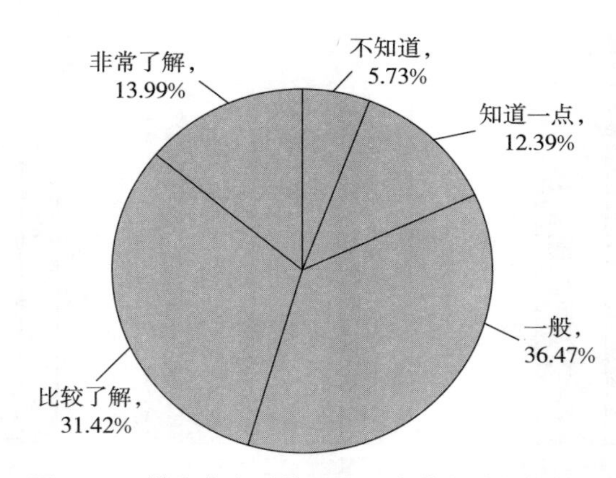

图 3.10 样本茶农对禁止施用农药名称熟知情况

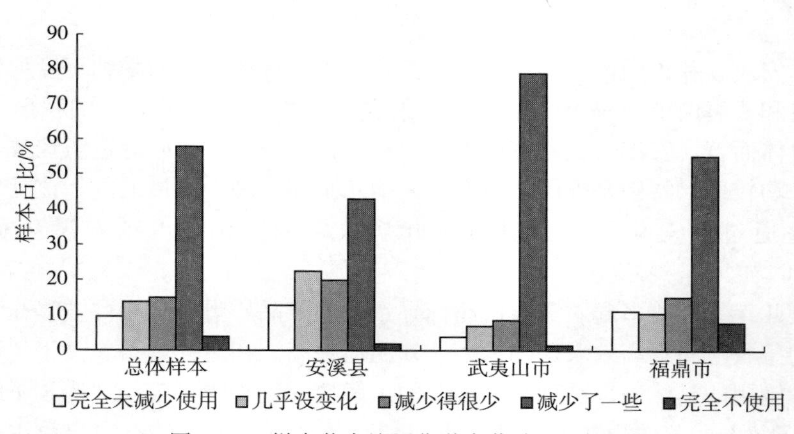

图 3.11 样本茶农施用化学农药减少量情况

年发布的《食品安全国家标准 食品中百草枯等 43 种农药最大残留限量》(GB 2763.1—2018）中新增百草枯和乙螨唑两项农药在茶叶中的最大残留限量要求，2019 年发布的《食品安全国家标准 食品中农药最大残留限量》(GB 2763—2019）又新增了 15 项农药在茶叶中的最大残留限量要求①，2021 年 3 月发布、2021 年 9 月 3 日实施的《食品安全国家标准 食品中农药最大残留限量》(GB 2763—2021）又新增加了 41 项涉茶项目农药最大残留限量要求。至此，我国涉茶项目农药最大残留限量要求达到了 106 项。在短短 5 年时间

① 《食品安全国家标准 食品中农药最大残留限量》(GB 2763—2016）和《食品安全国家标准 食品中农药最大残留限量》(GB 2763—2019）已废止，被 2021 年 3 月发布、2021 年 9 月 3 日实施的《食品安全国家标准 食品中农药最大残留限量》(GB 2763—2021）代替。《食品安全国家标准 食品中百草枯等 43 种农药最大残留限量》(GB 2763.1—2018）已于 2020 年 2 月 15 日作废。

内，我国大幅增加农药在茶叶中的最大残留限量要求，说明茶叶中农药残留形势更加严峻、监管更加严格。在调研中，58.72%的样本茶农表示了解政府公布的农药在茶叶中的最大残留限量标准（图3.12），这对茶农不施用高毒高效农药和减少化学农药的施用量起到非常重要指导和规范作用。

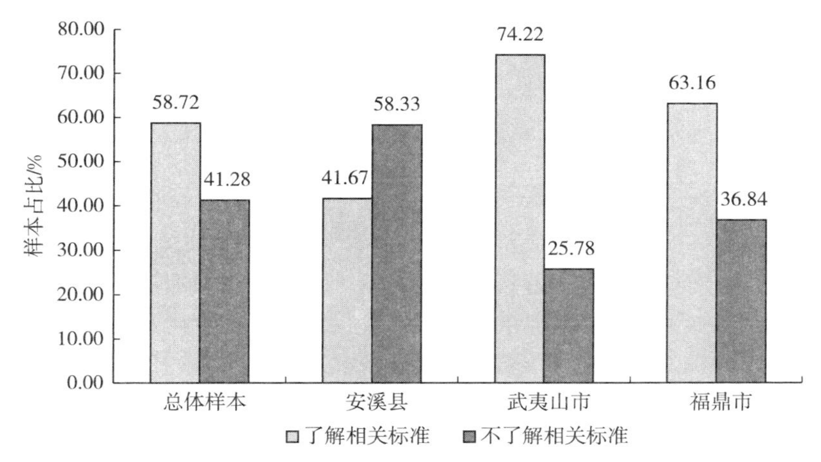

图3.12　样本茶农对农药在茶叶中的最大残留限量标准的熟知情况

从区域来看，三个调研区域大部分样本茶农实现了化学农药施用减量化，其中武夷山市比例最高，为89.06%，“完全未减少使用”的样本茶农比例最低，仅为3.91%；而安溪县样本茶农化学农药施用减量化比例最低，为64.74%，“完全未减少使用”的样本茶农比例在三者中最高，为12.82%。这从样本茶农对农药在茶叶中的最大残留限量标准的熟知情况（图3.12）中得到印证：武夷山市样本茶农中有74.22%的农户了解政府公布的农药在茶叶中的最大残留限量标准；福鼎市了解相关标准的茶农比例为63.16%；而安溪县的比例远低于这两个区域，仅为41.67%。这在一定程度上直接或间接导致安溪县茶农农药施用减量化水平与武夷山市和福鼎市存在较大差距。

（2）样本茶农绿色施肥行为

①茶农施肥次数。茶树是一种多年生木本科常绿植物，一年中被多次采收嫩梢、嫩叶，养分消耗较大。茶农要获得高产优质的茶叶，需要通过科学、合理的施肥确保茶园有充足的土壤养分，主要是采取基肥与追肥相结合的方式进行施肥。茶树基肥主要保证茶树入冬以后根系活动所需要的营养，为第二年茶芽萌发提供养分；追肥的作用主要是补充茶树生长发育对营养元素的需要，促进茶树生长，以实现稳产高产。2021年，样本茶农平均施肥次数为2.30次。其中，施肥2次的茶农占比最高，为38.99%，共340户；其次为施肥1次及以下的茶农占比，为24.77%，共216户；施肥3次的茶农占比20.64%，共

180户；施肥4次及以上的茶农最少，占比15.60%，共136户（表3.16）。

表3.16 样本茶农施肥次数情况

施肥次数	总体样本（N=872）		安溪县（N_1=312）		武夷山市（N_2=256）		福鼎市（N_3=304）	
	样本量/户	占比/%	样本量/户	占比/%	样本量/户	占比/%	样本量/户	占比/%
1次及以下	216	24.77	12	3.85	170	66.41	34	11.18
2次	340	38.99	168	53.85	52	20.31	120	39.47
3次	180	20.64	90	28.85	28	10.94	62	20.40
4次及以上	136	15.60	42	13.45	6	2.34	88	28.95

从不同区域来看，由于安溪县、武夷山市和福鼎市种植的茶树种类不同，大多数茶农基于茶叶品质和价格的追求，一年中茶叶采摘的情况存在较大差异。安溪县茶农每年主要生产春茶和秋茶，少部分茶农生产夏暑茶；武夷山市大部分茶农每年仅采摘一季春茶，少部分茶农采摘夏暑茶和冬茶；福鼎市主要生产白茶，采摘周期较长，从春季延伸到夏秋季节，茶叶采摘次数较多。三个区域茶叶采摘情况不同导致施肥情况也有所不同。2021年，武夷山市样本茶农平均施肥次数最少，为1.48次，施肥1次及以下的茶农占比最高，占比66.41%；其次是施肥2次的茶农，占比20.31%；而施肥4次及以上的茶农最少，占比仅为2.34%。安溪县样本茶农平均施肥次数为2.53次，施肥2次的比例最高，为53.85%；其次是施肥3次的茶农，占比28.85%；施肥1次及以下的茶农最少，占比3.85%。而福鼎市样本茶农平均施肥次数最多，为2.75次，施肥次数比例最高的为施肥2次的茶农，占比39.47%；其次是施肥4次及以上的茶农，占比28.95%；而施肥1次及以下的茶农最少，占比11.18%。

②茶农绿色施肥行为情况。在绿色施肥行为方面，本研究主要通过调查"茶农是否已经实际采纳绿肥间作技术、测土配方施肥技术和有机肥料技术"问题的回答进行分析，该问题回答赋值设置为：未采纳=0，采纳=1。样本茶农对茶叶绿色施肥技术的实际采纳程度均值得分见表3.17。

表3.17 样本茶农对茶叶绿色施肥技术采纳程度

茶叶绿色施肥技术	采纳程度			
	总体样本（N=872）	安溪县（N_1=312）	武夷山市（N_2=256）	福鼎市（N_3=304）
绿肥间作技术	0.29	0.18	0.46	0.25
测土配方施肥技术	0.07	0.03	0.10	0.09
有机肥料技术	0.67	0.79	0.74	0.49

样本茶农对绿肥间作技术、测土配方施肥技术和有机肥料技术等茶叶绿色施肥技术表现出了较高的采纳意愿，但实际采纳程度却相对较低，除了有机肥料技术的采纳程度均值达到 0.67 之外，其余两项技术的采纳程度均值不足 0.3，由此可见，茶农对茶叶绿色施肥技术的采纳行为与意愿同样存在背离现象。2021 年，样本茶农中有 88.53%的茶农施用了复合肥，50.06%的茶农专门施用了商品有机肥或者与复合肥混合施用，28.9%的茶农尝试施用绿肥，采用测土配方施肥技术（氮肥、钾肥、磷肥）的茶农比例非常低，仅为 7.34%（图 3.13）。调研中发现，部分茶农反映有机肥和绿肥的肥力不如化肥，只施用有机肥或绿肥不能有效满足茶叶的生长需求，因此会将有机肥、绿肥与化肥配合或混合施用。

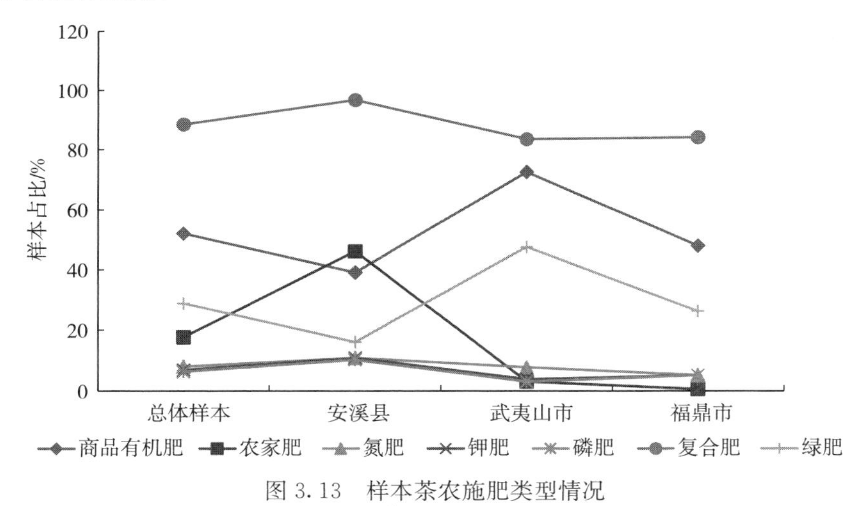

图 3.13　样本茶农施肥类型情况

从区域上看，武夷山市样本茶农对绿肥间作技术的采纳程度均值高于安溪县和福鼎市，安溪县样本茶农对有机肥料技术的采纳程度均值稍高于武夷山市和福鼎市，三个区域的样本茶农对测土配方施肥技术的采纳程度均非常低。总体而言，安溪县、武夷山市和福鼎市样本茶农对茶叶绿色施肥技术的采纳水平均较低，主要还是以施用复合肥为主，配合施用有机肥和绿肥。

③茶农施肥依据情况。通过对茶农施肥依据的调查分析结果可知（图 3.14），有超过半数的样本茶农主要根据政府农技推广人员的建议或农资经销商的推荐进行施肥，比例分别占总样本的 57.57%和 55.73%，这表明农技推广部门和农资经销商是指导福建省茶农施肥的重要主体渠道。另外，分别有 42.43%和 41.74%的样本茶农根据合作社建议和参照其他茶农做法进行施肥，这说明不少茶农会通过加入茶叶合作社并在其指导下科学、合理地施肥，或者在茶叶种植大户和种植经验丰富茶农的示范带领下进行施肥。部分茶叶种植年限较长的茶

农或文化程度较高的茶农会依据自己的种植经验进行施肥。有 21.33%的样本茶农依据茶叶企业建议进行施肥，这部分茶农主要是通过“公司+基地+农户”“公司+合作社+农户”或“公司+农户”等组织模式开展茶园种植管理，在茶叶企业技术人员的指导下进行施肥，确保茶叶能够符合企业生产加工的质量要求。

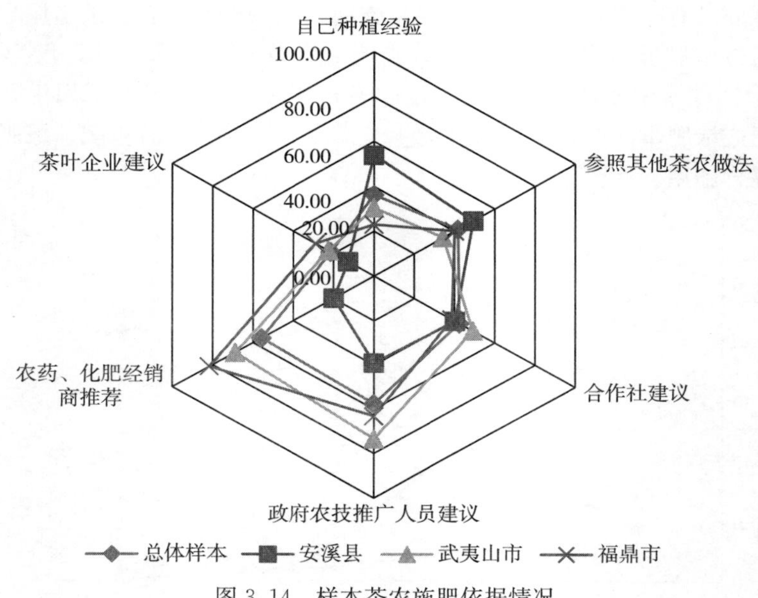

图 3.14　样本茶农施肥依据情况

调研发现，样本茶农依据茶树不同生长期、茶园土壤肥力状况以及季节、气候、采摘次数等实际情况，每次每亩茶园施肥量主要集中在化肥 40～100 千克或者有机肥 100～200 千克。从施肥量的统计分析结果来看（图 3.15），有 45.87%的茶农表示按照说明书的规定量进行施肥，少于说明书的规定量的茶农占比 20.18%，而超过说明书的规定量和比较随意施肥的茶农分别占比 26.15%和 7.80%，这说明仍有超过 1/3 的样本茶农过量施肥。目前，福建省有相当部分茶园出现土壤理化性质恶化、茶叶品质降低的趋势，主要是由过量施用化肥引起的。

从区域上看，安溪县样本茶农中有 53.85%的农户依据自己种植经验进行施肥，有近半数的样本茶农依据邻里示范进行茶园肥水管理，另外，还有相当一部分样本茶农在合作社和政府农技推广人员的指导下进行施肥，而依据农资经销商和茶叶企业的建议进行施肥的样本茶农比例不高。相比之下，武夷山市样本茶农主要依据政府农技推广人员和农资经销商的建议进行施肥，另外还有近半数的样本茶农在合作社的指导下施肥。福鼎市样本茶农的施肥依据总体上

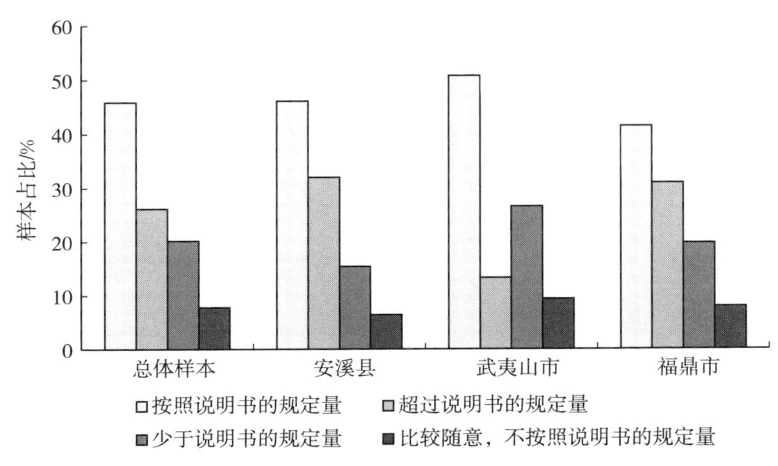

图 3.15 样本茶农施肥量与说明书的规定量相比情况

与武夷山市相似，主要也是依据政府农技推广人员和农资经销商的建议进行施肥，同时，邻里示范和合作社建议也对茶农施肥起到相当大程度的影响。在施肥量方面，武夷山市样本茶农肥料施用减量化水平高于安溪县和福鼎市，而安溪县样本茶农过量施肥比例略高于福鼎市。

3.3.3 样本茶农采纳农业绿色生产技术时考虑的因素

为了进一步深入探究福建省茶叶主产区农业绿色生产技术推广中可能面临的问题及解决途径，调研中还向茶农询问了“是否采纳农业绿色生产技术时考虑的因素”，具体统计结果如表 3.18 所示。

表 3.18 样本茶农是否采纳农业绿色生产技术的考虑因素

采纳农业绿色生产技术			未采纳农业绿色生产技术		
考虑因素	样本量/户	占比/%	考虑因素	样本量/户	占比/%
看到别人采纳的效果好	96	11.01	成本高，资金不足	364	41.74
受到农技推广人员宣传的影响	434	49.77	风险大，容易失败	352	40.37
合作社或茶叶企业统一实施	362	41.51	政府支持力度小、补贴少	368	42.20
自发需求	338	38.76	周期长、见效慢	294	33.72
政府支持，有补贴	110	12.61	茶叶未能卖出更高价格	298	34.17
茶叶能卖出更高价格	574	65.83	技术实施难度较大，不能自主实施新技术	344	39.45
农资经销商推荐	266	30.50			

从表 3.18 中统计的结果可以得出以下结论：

（1）样本茶农采纳农业绿色生产技术时考虑的因素

①优质优价是茶农采纳农业绿色生产技术时考虑的首要因素。有65.83%的样本茶农认为采纳农业绿色生产技术是为了使茶叶能卖出更高价格，这符合经济学的理性经济人假说，任何一位农户在进行农业绿色生产技术选用时考虑的根本目标就是实现经济利益的最大化。

②政府供给是推动茶农采纳农业绿色生产技术的重要主体因素，包括为茶农提供农业绿色生产技术的宣传培训和政策补贴。政府农技推广与补贴政策的合理组合能够更好地激励农户采纳新技术（童洪志和刘伟，2018），因此在政府的大力推广和激励下，茶农对农业绿色生产技术的采纳具有明显的积极性。

③社会主体对茶农采纳农业绿色生产技术发挥重要影响。合作社、茶叶企业和农资经销商等社会主体作为农业绿色生产技术推广主体的构成部分，在不同程度上影响着茶农的采纳行为。合作社、茶叶企业等产业化组织会对加入合作社的社员或茶园基地的茶农进行绿色生产技术的相关培训和指导使用，部分地方的农资经销商承担宣传农资市场管理法规和政策、推广农业绿色生产技术的职责，部分茶农会在农资经销商的宣传和推荐下采纳农业绿色生产技术。

④邻里示范在一定程度上也影响了茶农对农业绿色生产技术的采纳。在农业技术推广过程中，农户对新技术的采纳会受到其所处的社会情境的影响（王晓飞，2020），乡邻技术采纳的示范效应会对农户产生正面影响（王学婷等，2018）。部分茶叶种植大户、家庭农场等主体往往具备率先采纳使用农业绿色生产技术的条件和能力，基于邻里之间的信任，邻里对新技术的采纳会影响茶农对新技术有用性的认知，从而带动其他茶农采纳农业绿色生产技术的可能性。

（2）样本茶农未采纳农业绿色生产技术时考虑的因素

①政府支持力度小和补贴少是茶农未采纳农业绿色生产技术时考虑的首要因素。茶农绿色生产行为是一种环境保护行为，具有明显的正外部性。而在我国农业绿色生产技术推广体系中，政府是最重要的推动主体。在缺乏政府支持和政策激励下，茶农难以主动采纳农业绿色生产技术。

②使用成本较高是制约茶农采纳农业绿色生产技术的重要因素。对于需要技术投资和使用成本较高的农业绿色生产技术，成本和收益之间的考量成为影响茶农采纳的决定性因素。当前消费者很难分辨绿色有机茶叶产品和普通茶叶产品，难以在茶叶市场上实现绿色有机茶叶品牌附加值收益，因此在优质优价的市场激励机制未能发挥作用的情况下，对于理性的小规模茶农而言，并不愿意为此付出额外成本，即使有茶农使用这些技术，也很难完全采

纳新技术替代传统农业技术。

③使用风险也在较大程度上制约茶农采纳农业绿色生产技术。大多数茶农的知识文化程度不高且是风险规避者，而农业生产往往面临较大的自然风险和市场风险，再加上农业绿色生产技术的使用风险也可能给茶叶产量带来极大的不确定性，因此茶农将要付出更高的风险防御成本。如果无法弥补和转移这些新技术的使用风险，茶农极有可能不会采纳这些新技术。

④技术易用性、有用性在一定程度上阻碍茶农采纳农业绿色生产技术。调研中发现，茶农表示农业绿色生产技术存在“技术实施难度较大、不能自主实施新技术、周期长见效慢”等问题，说明茶农对这些新技术的易用性和有用性认知程度较低。对于没有接触过这些新技术的茶农而言，新技术的技术门槛较高且有效性认知程度较低。特别是当前从事茶叶种植的茶农普遍年龄偏大、文化程度不高，在没有技术人员宣传和指导的情况下，很难采纳这些新技术。

3.4 样本茶农绿色生产行为测度

由于任意一种农业绿色生产技术均难以全面反映茶农绿色生产行为，因此，本研究通过调查样本茶农实际采纳农业绿色生产技术（表 3.15 和表 3.17）的数量来测度其绿色生产行为采纳程度，若茶农采纳任意一种农业绿色生产技术则记为 1 分，未采纳则记为 0 分，以此累计测度茶农绿色生产技术采纳程度总分值，总分值区间为 0～8 分。为便于后续进一步对茶农绿色生产行为进行探究，本研究借鉴谢鑫贤（2019）和王璇等（2020）的研究，将茶农绿色生产技术采纳程度总分值在 0～2 分的划分为低采纳程度；总分值在 3～5 分的，为中采纳程度；总分值在 6～8 分的，为高采纳程度。样本茶农绿色生产行为采纳程度划分及样本分布见表 3.19。

由表 3.19 可知，绿色生产技术低采纳程度的样本茶农有 378 户，占比 43.35％；中采纳程度的样本茶农户数略多于低采纳程度的茶农户数，有 392 户，占比 44.95％；高采纳程度的样本茶农户数最少，仅有 102 户，占比 11.70％。可见，当前福建省茶农绿色生产技术采纳程度总体上不高，反映出福建省茶叶主产区农业绿色生产技术推广应用效果不佳。从三个调研区域对比分析来看，安溪县样本茶农绿色生产技术低采纳程度比例最高，为 55.77％，而高采纳程度比例最低，仅为 3.21％；武夷山市样本茶农绿色生产技术中采纳程度比例最高，为 55.47％，而低采纳程度比例在三者中最低，为 28.91％；福鼎市样本茶农绿色生产技术高采纳程度比例在三者中最高，为 17.11％，而中采纳程度比例最低，为 40.13％。通过比较分析可知，安溪县茶农绿色生产技术采纳程度整体较低，大部分茶农仍然采用传统单一茶叶种植方式；而武夷山市茶农绿色生产技术采纳程度整体较高，农业绿色生产技术推广应用效果较好。

表 3.19　样本茶农绿色生产技术采纳程度划分及样本分布

采纳程度	分值区间/分	总体样本（N=872）		安溪县（N_1=312）		武夷山市（N_2=256）		福鼎市（N_3=304）	
		样本量/户	占比/%	样本量/户	占比/%	样本量/户	占比/%	样本量/户	占比/%
低采纳程度	0～2	378	43.35	174	55.77	74	28.91	130	42.76
中采纳程度	3～5	392	44.95	128	41.03	142	55.47	122	40.13
高采纳程度	6～8	102	11.70	10	3.21	40	15.63	52	17.11

3.5　本章小结

近年来，福建省通过出台推进茶产业绿色发展的政策、持续推进生态茶园建设、实施化肥和农药减量化工程、加强源头监管等举措保障茶叶质量安全和生态环境安全，为茶农绿色生产行为治理提供了良好的外部政策环境。从样本茶农绿色生产认知、意愿及行为现状的描述性统计分析结果可以得出以下初步结论：

①总体样本茶农对茶叶质量安全关注度较高，对过量施肥、施药给茶叶带来的危害有较清楚的认知。不同区域样本茶农绿色生产认知水平存在差异，其中武夷山市样本茶农绿色生产认知程度整体上高于安溪县和福鼎市。

②总体样本茶农对科学用药技术、有机肥料技术、生物农药、生态调控这4项技术的采纳意愿最为强烈。不同区域地方政府在农业绿色生产技术宣传推广政策方面具有不同的偏好和差异性，导致不同区域样本茶农对绿色生产技术的采纳意愿表现出差异性。

③虽然样本茶农对绿色施药技术和绿色施肥技术等绿色生产技术表现出了较高的采纳意愿，但实际采纳程度整体上却不高，说明茶农对绿色生产技术的采纳行为与意愿存在背离。

④优质优价是茶农采纳农业绿色生产技术时考虑的首要因素。政府供给是推动茶农采纳农业绿色生产技术的重要主体因素。产业组织和社区组织等社会主体对茶农采纳农业绿色生产技术也发挥重要影响。

上述结论有待后续章节进一步验证，同时也为后续章节有关研究内容的实证分析提供了现实基础。

4 茶农绿色生产行为多主体协同治理协同度测度及影响因素分析

目前我国茶叶产区仍然缺乏完善的多主体协同治理模式来支持和引导茶产业的绿色发展，迫切需要建立以政府部门为主导，市场组织、产业组织以及社区组织等多元主体参与的茶农绿色生产行为多主体协同治理系统。该系统的关键在于协同度，协同度反映了多主体协同治理水平的高低，提高协同度对改善协同治理绩效具有关键作用。因此，本章依据协同治理理论，从治理主体参与度、治理客体发展度、治理机制保障度、治理目标导向度、治理环境促进度五个维度构建了茶农绿色生产行为多主体协同治理协同度测度指标体系，并采用复合系统协同度模型和 Tobit 回归模型，评估茶农绿色生产行为多主体协同治理效应并实证分析其影响因素。

4.1 茶农绿色生产行为多主体协同治理系统分析

4.1.1 茶农绿色生产行为多主体协同治理系统

茶农绿色生产行为多主体协同治理系统是指在大力推进生态文明建设、农业供给侧结构性改革、茶产业绿色高质量发展的背景下，对传统茶农绿色生产行为治理进行变革，充分发挥治理目标引导、治理环境促进、治理机制保障的作用，政府部门、市场组织、产业组织、社区组织等多个治理主体利用各自职能和优势，围绕茶农绿色生产行为治理形成有序的多主体协同治理运行体系。

茶农绿色生产行为多主体协同治理系统中，如图 4.1 所示，各治理主体在治理环境的促进、治理目标的引导和各方利益的博弈下，通过茶农绿色生产行为多主体协同治理机制的协调与保障，对茶农绿色生产行为这一客体进行有效治理，各要素之间相互作用、协调配合，使治理系统内部各种资源得到有效利用和协同进化，从而实现协同效应，即：茶农实施绿色生产行为，茶产业实现绿色可持续发展。一般而言，治理环境越好，治理目标越一致，治理机制发挥作用越大，治理主体与治理客体之间的联系越紧密，协同效应就越好，产生的协同绩效也就越大。

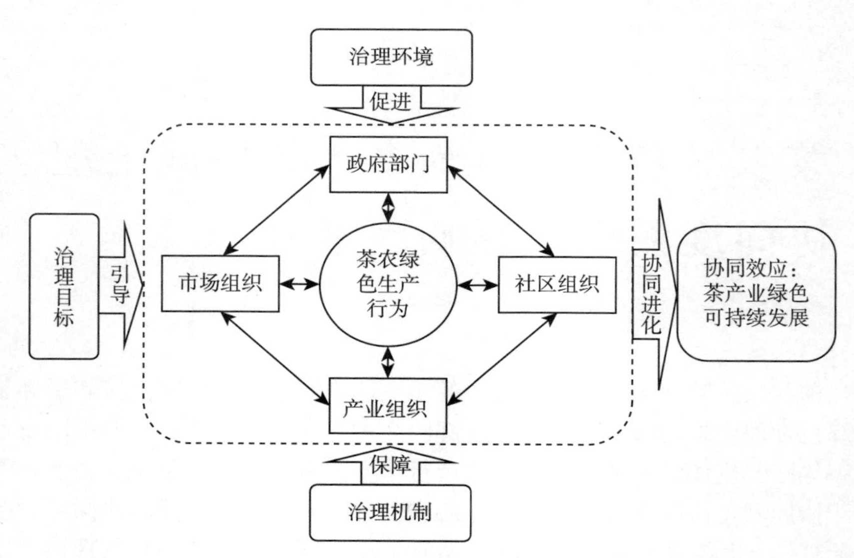

图 4.1　茶农绿色生产行为多主体协同治理系统

4.1.2　茶农绿色生产行为多主体协同治理系统要素分析

根据协同治理理论，茶农绿色生产行为多主体协同治理系统是一个由多个子系统组成，涉及内外部众多要素，且存在复杂耦合关系的复合系统。该系统主要涉及主体要素、客体要素、动力要素、环境要素、机制要素等五类要素。

（1）主体要素

主体要素是茶农绿色生产行为多主体协同治理系统最能动的要素，直接决定茶农绿色生产行为治理绩效。根据协同治理理论，多个主体通过沟通、协商与合作等方式平衡各主体间的利益冲突，以实现治理目标，进而形成多主体协同共治格局，不仅能够有效解决茶农非绿色生产行为，而且能够加速实现茶农绿色生产行为治理路径创新（钱力等，2021）。因此，明确政府部门、市场组织、产业组织、社区组织等多主体在茶农绿色生产行为治理中扮演的治理角色与其功能定位，有利于厘清茶农绿色生产行为多主体协同治理的运作机理，发挥各主体在茶农绿色生产行为治理中的治理优势，达成利益均衡共识，进一步培育并提升茶农绿色生产行为多主体协同治理水平。

（2）客体要素

茶农绿色生产行为多主体协同治理的客体要素就是茶农绿色生产行为。客体要素是茶农绿色生产行为多主体协同治理系统的基础，其他各要素均以其为核心发挥作用。茶农作为茶叶绿色生产的决策者与执行者，其生产行为能否

“绿色化”无疑是茶产业绿色发展的关键。但目前，兼业化、小规模、分散经营依然是茶农从事生产经营的主要模式。在该生产经营模式下，茶农绿色生产能力普遍不高，农药、化肥过量施用，造成茶园土壤板结酸化、重金属残留、生物多样性下降等问题，不仅会严重影响茶叶生长环境和品质，也会破坏茶叶产区生态环境系统的平衡。近年来，地方政府部门为了促进茶叶绿色生产做了很多努力，比如出台政策法规、加大监管力度和惩处力度，在一定程度上促进了茶农实施绿色生产行为，但并未彻底解决茶叶质量安全问题。想要有效解决茶叶质量安全问题，应充分发挥各治理主体的资源与力量，形成以政府部门为主导，市场组织、产业组织和社区组织等多元主体共同参与、协同治理的框架和格局。

（3）动力要素

动力要素促进治理主体利益的耦合、目标的一致，决定着治理主体的协同程度。茶农绿色生产行为多主体协同治理并不是各治理主体治理效应的线性相加，而是各治理主体在一定的动力要素作用下由无序转变为有序，实现协同进化。在这一协同进化的过程中，环境促进力、目标引导力、利益博弈力都是其重要的动力。在茶农绿色生产行为治理中，政府部门、市场组织、产业组织、社区组织等治理主体不可避免地存在着不同程度的目标分散、利益分离以及外部环境的阻滞等，在此境况下协同治理无法自动形成，因此需要有动力要素的存在。在动力要素的引导作用下，通过强化共同价值取向、加强沟通协商等方式，促成治理主体的目标达成一致，各主体发挥各自所长，相互协调，使多主体协同治理朝着正向发展。

（4）环境要素

环境要素可促进茶农绿色生产行为协同治理系统发挥作用。茶农绿色生产行为多主体协同治理系统受外部环境的影响主要表现在以下两个方面：

①国家政策环境。近年来，农业绿色发展已成为社会关注的热点问题，国家有关部门相继颁布了《到2020年化肥使用量零增长行动方案》《到2020年农药使用量零增长行动方案》《全国农业可持续发展规划（2015—2030年）》《关于创新体制机制推进农业绿色发展的意见》《农业绿色发展技术导则（2018—2030年）》《国家质量兴农战略规划（2018—2022年）》《“十四五”全国农业绿色发展规划》《“十四五”全国农产品质量安全提升规划》等一系列政策文件，持续聚焦于农业绿色发展。中国茶叶流通协会也于2021年组织编写了《中国茶产业十四五发展规划建议（2021—2025）》。茶产业绿色发展是农业绿色发展的重要组成部分，政府部门、市场组织、产业组织、社区组织等治理主体应在国家政策框架下规范和引导茶农实施绿色生产行为，这必将对茶农绿色生产行为多主体协同治理产生深刻的影响。

②公民绿色消费意识。随着消费者的茶叶消费持续增加以及绿色消费意识逐渐提高，他们对茶叶质量安全的要求也越来越高，更加注重茶叶质量安全、健康功能等要素。其中，茶叶中农药残留和重金属残留超标是影响茶叶质量安全的重要因素，会对消费者的身体健康造成损害。消费者对绿色茶叶产品的需求对形成茶农绿色生产行为多主体协同治理的格局以及提升其治理水平都会产生重要的促进作用。

（5）机制要素

机制要素对茶农绿色生产行为多主体协同治理系统起着保障作用。茶农绿色生产行为多主体协同治理机制是政府部门、市场组织、产业组织、社区组织等治理主体之间为了实现协同治理目标所建立的制度化的运行方式和监督协调机制，保障各主体高效协同治理并为其治理行为提供基础和条件，包括治理主体参与茶叶绿色生产技术推广机制以及为茶农建设有关绿色生产技术信息的平台、茶叶质量可追溯体系等，从而保障各治理主体积极有序参与茶农绿色生产行为治理并充分发挥各自优势和作用。

4.2 茶农绿色生产行为多主体协同治理协同度测度模型构建

对茶农绿色生产行为多主体协同治理系统协同度进行合理测度，有助于正确评估茶农绿色生产行为多主体协同治理水平和协同治理能力，正确制定茶农绿色生产行为多主体协同治理政策措施。

4.2.1 茶农绿色生产行为多主体协同治理系统的协同度分析

协同度是指协同治理系统运行过程中各种构成要素之间协调有序的程度，反映出系统从无序状态向有序状态的演化方向（黄亚林，2014）。茶农绿色生产行为多主体协同治理系统的协同度是指根据茶叶质量安全和茶园生态环境治理要求，政府部门、市场组织、产业组织、社区组织等治理主体围绕茶农绿色生产行为这一客体，在促进茶农实施绿色生产行为这一具体目标上协调一致、相互配合的程度。对茶农绿色生产行为多主体协同治理协同度的测度能够客观地反映其协同治理能力的强弱。一般而言，治理系统的协同度越高，其治理能力越强。当系统协同度的值为1时，表明系统达到了经济学意义上的最优协同状态。

目前常用的系统协同度测度方法主要有全面协同度测度模型、基于序参量的复合系统协同度测度模型、灰色聚类法等。综合比较下，本研究采用基于序参量的复合系统协同度测度模型作为研究方法。

4.2.2 子系统有序度测度模型

多主体协同治理系统是由若干子系统构成的一个复合系统（吴绒等，2016），各子系统的有序度均会影响治理系统的协同度。因此，需要先建立茶农绿色生产行为多主体协同治理子系统有序度测度模型。

首先，用 $S_i=\{S_1, S_2, S_3, S_4, S_5\}$ 来表示茶农绿色生产行为多主体协同治理系统。其次，为各子系统选取用以衡量其对整个系统贡献度的序参量。对于任意子系统 S_i，用变量 $S_{ij}(j=1, 2, 3, \cdots, n)$ 来表示每个子系统所包含的序参量，也就是每一个子系统中所包含的指标个数。在本研究中，各个子系统的序参量可看作是茶农绿色生产行为多主体协同治理系统的测度指标。用 θ_{ij}，φ_{ij} 分别表示序参量 S_{ij} 的下限和上限，以测度序参量的最小值和最大值。另外，假设序参量 S_{i1}，S_{i2}，$\cdots$，S_{im} 为正向指标，$m\in[1, n]$；序参量 $S_{i(m+1)}$，$S_{i(m+2)}$，$\cdots$，S_{in} 为负向指标。正向指标值越大，子系统有序度越大；负向指标值越小，子系统有序度也越大（聂法良，2015）。因此，对茶农绿色生产行为多主体协同治理系统各子系统序参量 S_{ij} 的系统有序度定义如下：

$$\mu_i(S_{ij})=\begin{cases}\dfrac{S_{ij}-\theta_{ij}}{\varphi_{ij}-\theta_{ij}}, & j\in[1, m]\\[2ex]\dfrac{\varphi_{ij}-S_{ij}}{\varphi_{ij}-\theta_{ij}}, & j\in[m+1, n]\end{cases} \tag{4.1}$$

由式（4.1）可知，子系统序参量的有序度 $\mu_i(S_{ij})\in[0, 1]$，且 $\mu_i(S_{ij})$ 值的大小表明序参量 S_{ij} 对子系统 S_i 的影响程度。同时，各序参量的权重大小也会影响子系统的有序度贡献程度，本研究采用线性加权求和法推导出茶农绿色生产行为多主体协同治理子系统 S_i 的有序度测度模型：

$$\mu_i(S_i)=\sum_{j=1}^{n}\omega_j\,\mu_i(S_{ij}),\ 0\leqslant\omega_j\leqslant 1 \text{ 且} \sum_{j=1}^{n}\omega_j=1 \tag{4.2}$$

式中：ω_j 为权重系数，反映了序参量 S_{ij} 在子系统中的重要性程度。

由式（4.2）可知，$\mu_i(S_i)\in[0, 1]$。其数值越大，表明序参量 S_{ij} 对子系统 S_i 的有序度贡献越大，子系统 S_i 有序度越大。

4.2.3 系统协同度测度模型

茶农绿色生产行为多主体协同治理系统的整体协同能力与各子系统的有序度紧密相关，本研究采用线性加权求和法来计算治理系统整体协同能力：

$$C_S=\sum_{i=1}^{5}\nu_i\,\mu_i(S_i) \tag{4.3}$$

式中：C_S 为茶农绿色生产行为多主体协同治理系统的整体协同能力，ν_i 为茶农绿色生产行为多主体协同治理系统的各子系统一级指标权重，$\mu_i(S_i)$ 为各子系统的有序度。

系统协同度不仅要求各子系统有序发展，还要求各子系统协同发展（李豫新和尹丽，2021）。由于治理系统的协同过程较为复杂，计算求出的各子系统有序度可能存在较大差异，从而影响治理系统的协同程度（谢志忠等，2012）。例如，治理目标导向度子系统的有序度较高，但治理主体参与度子系统的有序度较低，这两个子系统之间有序度的差异会影响子系统自身对整个治理系统的协同贡献度。因此，通过极差系数来衡量子系统有序度与整体系统的协同能力形成的离散程度（王凯伟等，2016），具体计算公式如下：

$$R_S = \frac{\max \mu_i(S_{ij}) - \min \mu_i(S_{ij})}{C(S_d)} \tag{4.4}$$

式中：R_S 为极差系数，$\max \mu_i(S_{ij})$ 和 $\min \mu_i(S_{ij})$ 分别指子系统有序度的最大值和最小值，$C(S_d)$ 是指某个调研区域 d 的茶农绿色生产行为多主体协同治理系统的协同能力。

茶农绿色生产行为多主体协同治理系统的协同度测度模型为

$$Ca = \frac{C_S}{R_S} = \frac{\sum_{i=1}^{5} \nu_i \mu_i(S_i)}{\frac{\max \mu_i(S_{ij}) - \min \mu_i(S_{ij})}{C(S_d)}} \tag{4.5}$$

式中：Ca 即为茶农绿色生产行为多主体协同治理系统的协同度，其取值范围为 [0，1]。Ca 值越接近于 1，表明系统的协同度越高；反之，表明系统的协同度越低。

4.2.4 系统的协同度形态

为了科学、合理地评价茶农绿色生产行为多主体协同治理系统的协同度，借鉴前人对协同度的等级划分依据（冯锋和汪良兵，2012；李海超和盛亦隆，2018），根据协同度从高到低依次划分出四种协同度等级，见表 4.1。

表 4.1 茶农绿色生产行为多主体协同治理系统的协同度等级及评价标准

协同度等级	划分区间	评价标准
高效协同	$0.8 \leqslant Ca \leqslant 1$	治理系统实现运行高效，治理主体及治理要素之间协同度高
一般协同	$0.6 \leqslant Ca < 0.8$	治理系统进入良性运行阶段，治理主体及治理要素之间表现出一定程度的协同效果
弱协同	$0.4 \leqslant Ca < 0.6$	治理系统由初级阶段向良性运行阶段过渡，治理主体及治理要素之间表现出初步协同效果
不协同	$0 \leqslant Ca < 0.4$	治理系统运行处于初级阶段，治理主体及治理要素之间协同度很低

4.3 茶农绿色生产行为多主体协同治理协同度测度指标体系构建

4.3.1 指标体系构建

当前尚未有关于茶农绿色生产行为多主体协同治理协同度测度的文献，因而本研究参考和借鉴农产品质量安全治理等其他研究领域协同度测度与评价的有关文献（聂法良，2015；陈彦丽和赵慧，2021；陈玉玲等，2021），结合福建省茶叶绿色生产实际，依据前文对茶农绿色生产行为多主体协同治理系统要素分析，确定了治理主体参与度、治理客体发展度、治理机制保障度、治理目标导向度、治理环境促进度为一级测度指标，并分别确定其二级和三级指标（表 4.2）。

表 4.2 茶农绿色生产行为多主体协同治理协同度测度指标体系

一级指标	二级指标	三级指标	指标符号	指标解释
治理主体参与度（A）	政府部门参与度	宣传培训	A_{11}	政府农技推广站或有关部门开展绿色生产技术宣传培训情况
		政策补贴	A_{12}	政府对茶农采用农业绿色生产技术的补贴力度
		政府监管	A_{13}	当地政府有关部门对茶农施用农药、化肥行为进行监管情况
		农药残留检测	A_{14}	当地政府有关部门对茶叶进行农药残留检测
		政府惩罚	A_{15}	当地政府对茶农规定并执行严格的非绿色生产惩罚措施
	市场组织参与度	收购标准制定	A_{21}	茶叶收购商制定了严格的茶叶质量收购标准
		销售规则约束	A_{22}	茶农自觉遵守与茶叶市场或收购商约定的茶叶质量要求
		茶叶收购检测	A_{23}	茶叶收购商收购茶叶时对茶叶进行质量安全检测
		技术信息传播	A_{24}	农资经销商向茶农宣传农业绿色生产技术信息
	产业组织参与度	绿色生产技术推广	A_{31}	茶叶经济合作组织向茶农提供农业绿色生产技术培训和指导
		生产标准制定	A_{32}	茶叶经济合作组织对茶农制定严格的茶叶生产标准
		生产质量监督	A_{33}	茶叶经济合作组织对茶农的茶叶生产过程进行严格质量安全检查和监督
		农资购买服务	A_{34}	茶叶合作社为茶农提供低毒高效农药、有机肥料等农资购买服务

（续）

一级指标	二级指标	三级指标	指标符号	指标解释
治理主体参与度（A）	社区组织参与度	村委会监督	A_{41}	村委会对茶农绿色生产监管力度
		茶农互相监督	A_{42}	周围茶农采用绿色生产行为对其他茶农产生的监督作用
		邻里示范	A_{43}	来自乡邻采纳绿色生产技术的示范效应和茶农间的交流学习
治理客体发展度（B）		茶叶质量安全关注度	B_{11}	茶农对茶叶质量安全关注情况
		绿色生产技术了解程度	B_{12}	茶农对农业绿色生产技术了解程度
		绿色生产技术采纳程度	B_{13}	茶农采纳绿色生产技术水平情况
		绿色生产技术信息获取容易程度	B_{14}	茶农对农业绿色生产技术信息获取的难易程度
		绿色生产技术培训频率	B_{15}	茶农参加绿色生产技术培训的次数
		绿色生产技术培训质量	B_{16}	茶农参加绿色生产技术培训的种类
治理机制保障度（C）		绿色生产技术推广机制建设	C_{11}	治理主体参与农业绿色生产技术推广机制建设情况
		治理信息平台建设	C_{12}	治理主体为茶农提供有关绿色生产技术信息的平台建设情况
		茶叶质量可追溯体系建设	C_{13}	茶农加入茶叶质量可追溯体系情况
		运行机制建设	C_{14}	为协同治理提供基础、条件的机制建设情况
治理目标导向度（D）	生态效应治理目标	化肥和农药减量化	D_{11}	茶农采用了农业绿色生产技术之后对化肥、农药减量化的影响
		茶园生物多样性改善	D_{12}	茶农采用了农业绿色生产技术之后对改善茶园生物多样性的效果
		茶叶质量安全提升	D_{13}	茶农采用了农业绿色生产技术之后对茶叶质量安全提升的影响
	经济效应治理目标	茶叶经济效益增加	D_{21}	茶农采用了农业绿色生产技术之后对茶叶销售收入的影响

（续）

一级指标	二级指标	三级指标	指标符号	指标解释
治理环境促进度（E）		国家政策指引	E_{11}	茶叶绿色生产有关政策贯彻落实情况
		消费者的绿色消费需求	E_{12}	消费者对绿色茶叶产品的需求情况

（1）治理主体参与度

治理主体参与度发挥程度如何直接决定茶农绿色生产行为治理的绩效。茶农绿色生产行为多主体协同治理是一个涉及政府部门、市场组织（茶叶收购商、农资经销商）、产业组织（茶叶合作社、龙头企业）、社区组织等多个主体的综合社会问题，治理主体参与度就是政府部门、市场组织、产业组织和社区组织参与茶农绿色生产行为治理的贡献程度。

①政府部门参与度。政府部门参与茶农绿色生产行为治理的行为主要体现在政策激励和环境规制两个方面，包括：开展农业绿色生产技术宣传培训，对茶农采用农业绿色生产技术进行补贴，对茶农施用农药、化肥的行为进行监管，对茶叶进行农药残留检测，以及对茶农制定并执行严格的非绿色生产惩罚措施。具体指标包括宣传培训、政策补贴、政府监管、农药残留检测、政府惩罚。

②市场组织参与度。对于茶叶收购商而言，要制定严格的茶叶质量收购标准并与茶农约定茶叶收购规则，同时对收购茶叶进行质量安全检测。另外，部分农资经销商在农资监管部门的授权下担负宣传农资市场管理法规和政策、传播农业绿色生产技术信息的职责，向茶农宣传农业绿色生产技术信息和推荐使用有关绿色技术。具体指标包括收购标准制定、销售规则约束、茶叶收购检测、技术信息传播。

③产业组织参与度。绿色生产技术推广、生产标准制定、生产质量监督、农资购买服务等指标反映了产业组织的有效参与度。

④社区组织参与度。社区组织参与度指标包括村委会监督、茶农互相监督、邻里示范，主要反映村委会对茶农绿色生产进行监管、周围茶农采用绿色生产行为对其他茶农产生的监督作用、乡邻采纳绿色生产技术的示范效应和茶农之间的交流学习等情况。

（2）治理客体发展度

治理客体发展度是对茶农绿色生产行为治理现状与水平的具体反映。本研究选取茶农对茶叶质量安全关注度、绿色生产技术了解程度、绿色生产技术采纳程度、绿色生产技术信息获取容易程度以及茶农参加绿色生产技术培训频率和质量等指标来衡量治理客体发展度。

(3) 治理机制保障度

治理机制保障度是茶农绿色生产行为多主体协同治理体系建设的重要一环，涵盖保障茶农绿色生产行为多主体协同治理体系运行的各种制度化安排和监督协调机制。例如，保障各主体高效协同治理并为其提供基础和条件，治理主体参与农业绿色生产技术推广机制以及为茶农建设有关绿色生产技术信息的平台、茶叶质量可追溯体系等。因此，设计的指标主要包括绿色生产技术推广机制建设、治理信息平台建设、茶叶质量可追溯体系建设、运行机制建设。

(4) 治理目标导向度

治理目标导向度是茶农绿色生产行为治理主体从无序分散活动到有序协同发展的核心要素。茶农绿色生产行为多主体协同治理的目标是多层次的，主要的目标就是促进茶农实施绿色生产行为、茶产业绿色发展、茶叶质量安全的提升以及茶叶经济效益的增加。因此，本研究以化肥和农药减量化、茶园生物多样性改善、茶叶质量安全提升、茶叶经济效益增加作为治理目标导向度的测度指标。

(5) 治理环境促进度

治理环境促进度是指国家出台的有关农业绿色发展政策指引情况和消费者对绿色茶叶产品的需求情况对实现茶农绿色生产这一目标的促进程度。因此，治理环境促进度的衡量指标主要包括国家政策指引和消费者的绿色消费需求。

4.3.2 测度指标描述性统计

首先，基于茶农视角，实地调查福建省安溪县、武夷山市和福鼎市的有关政府部门、市场组织、产业组织、社区组织等主体关于茶农绿色生产行为的治理情况，获取茶农绿色生产行为多主体协同治理协同度测度指标的原始数据；然后，利用 SPSS 21.0 统计软件对调研数据进行分析处理，得到治理主体参与度、治理客体发展度、治理机制保障度、治理目标导向度和治理环境促进度五个子系统的测度指标均值（表 4.3 至表 4.7）。

表 4.3 治理主体参与度子系统测度指标均值

一级指标	三级指标	指标符号	安溪县	武夷山市	福鼎市
治理主体参与度（A）	宣传培训	A_{11}	0.551	1.188	0.961
	政策补贴	A_{12}	1.218	1.367	1.395
	政府监管	A_{13}	0.859	0.930	1.000

（续）

一级指标	三级指标	指标符号	安溪县	武夷山市	福鼎市
治理主体参与度（A）	农药残留检测	A_{14}	0.667	0.727	0.855
	政府惩罚	A_{15}	2.929	3.727	3.750
	收购标准制定	A_{21}	3.167	3.586	3.572
	销售规则约束	A_{22}	3.397	3.578	3.204
	茶叶收购检测	A_{23}	0.596	0.727	0.783
	技术信息传播	A_{24}	0.173	0.641	0.816
	绿色生产技术推广	A_{31}	0.417	0.492	0.454
	生产标准制定	A_{32}	0.353	0.531	0.487
	生产质量监督	A_{33}	0.365	0.531	0.480
	农资购买服务	A_{34}	0.224	0.195	0.243
	村委会监督	A_{41}	2.756	3.430	3.158
	茶农互相监督	A_{42}	3.564	4.070	3.967
	邻里示范	A_{43}	0.237	0.672	0.474

表 4.4 治理客体发展度子系统测度指标均值

一级指标	三级指标	指标符号	安溪县	武夷山市	福鼎市
治理客体发展度（B）	茶叶质量安全关注度	B_{11}	3.231	4.078	3.862
	绿色生产技术了解程度	B_{12}	2.531	3.215	2.976
	绿色生产技术采纳程度	B_{13}	1.571	2.070	1.934
	绿色生产技术信息获取容易程度	B_{14}	3.045	3.477	3.750
	绿色生产技术培训频率	B_{15}	1.391	2.492	2.500
	绿色生产技术培训质量	B_{16}	2.013	3.852	2.737

表 4.5 治理机制保障度子系统测度指标均值

一级指标	三级指标	指标符号	安溪县	武夷山市	福鼎市
治理机制保障度（C）	绿色生产技术推广机制建设	C_{11}	1.968	3.391	2.961
	治理信息平台建设	C_{12}	3.167	3.922	3.836
	茶叶质量可追溯体系建设	C_{13}	0.141	0.117	0.974
	运行机制建设	C_{14}	2.788	3.555	3.178

表 4.6　治理目标导向度子系统测度指标均值

一级指标	三级指标	指标符号	安溪县	武夷山市	福鼎市
治理目标导向度（D）	化肥和农药减量化	D_{11}	3.03	3.032	3.672
	茶园生物多样性改善	D_{12}	3.39	3.391	3.883
	茶叶质量安全提升	D_{13}	4.26	4.263	4.445
	茶叶经济效益增加	D_{21}	3.54	3.538	3.883

表 4.7　治理环境促进度子系统测度指标均值

一级指标	三级指标	指标符号	安溪县	武夷山市	福鼎市
治理环境促进度（E）	国家政策指引	E_{11}	2.923	3.414	3.138
	消费者的绿色消费需求	E_{12}	3.231	4.078	3.862

4.3.3　测度指标信度与效度检验

利用 SPSS 21.0 统计软件对指标数据进行信度检验。从表 4.8 中可以看出，总体的 *Cronbach's α* 值为 0.954；除治理机制保障度（*C*）的 *Cronbach's α* 值为 0.695（信度可接受）外，其余一级指标的 *Cronbach's α* 值和基于标准化项的 *Cronbach's α* 值均在 0.8 以上。这表明研究数据总体上信度较高。

使用 KMO 检验和 Bartlett 球形检验对指标数据进行效度检验。从表 4.9 中可以发现，数据的总体 *KMO* 值为 0.948，Bartlett 球形检验 P 值<0.001。其中，治理主体参与度（*A*）、治理客体发展度（*B*）和治理目标导向度（*D*）指标的 *KMO* 值均在 0.8 以上，Bartlett 球形检验 P 值均为 0.000；治理机制保障度（*C*）指标和治理环境促进度（*E*）指标（仅有两个指标）的 *KMO* 值分别为 0.693、0.500，也都达到效度要求。因此，研究数据总体上效度较高。

表 4.8　信度检验

一级指标	指标数/个	*Cronbach's α* 值	基于标准化项的 *Cronbach's α* 值
治理主体参与度（*A*）	16	0.889	0.888
治理客体发展度（*B*）	6	0.861	0.930
治理机制保障度（*C*）	4	0.695	0.716
治理目标导向度（*D*）	4	0.849	0.881
治理环境促进度（*E*）	2	0.875	0.877
总体	32	0.954	0.963

表 4.9 效度检验

一级指标	指标数/个	KMO 值	Bartlett 球形检验	
			近似卡方值	P 值
治理主体参与度（A）	16	0.890	9 168.846	0.000
治理客体发展度（B）	6	0.923	4 095.876	0.000
治理机制保障度（C）	4	0.693	1 040.953	0.000
治理目标导向度（D）	4	0.821	1 889.534	0.000
治理环境促进度（E）	2	0.500	820.627	0.000
总体	32	0.948	88 342.018	0.000

4.4 茶农绿色生产行为多主体协同治理协同度测度及分析

4.4.1 测度指标标准化处理

由于茶农绿色生产行为多主体协同治理协同度各测度指标在量纲上存在差异，可能会导致测度结果出现较大的偏差，因此本研究采用标准差标准化法对测度指标的原始数据进行标准化处理。由于篇幅有限，只列出治理主体参与度子系统指标数据的标准化结果（表 4.10），其他子系统指标数据采用同样方法进行标准化处理。

表 4.10 治理主体参与度子系统指标数据标准化结果

调研区域	A_{11}	A_{12}	A_{13}	A_{14}	A_{15}	A_{21}	A_{22}	A_{23}
安溪县	0.000 0	0.000 0	0.000 0	0.000 0	0.000 0	0.000 0	0.526 3	0.000 0
武夷山市	1.000 0	0.882 4	0.500 0	0.315 8	0.975 6	1.000 0	1.000 0	0.722 2
福鼎市	0.640 6	1.000 0	1.000 0	1.000 0	1.000 0	0.952 4	0.000 0	1.000 0

调研区域	A_{24}	A_{31}	A_{32}	A_{33}	A_{34}	A_{41}	A_{42}	A_{43}
安溪县	0.000	0.000 0	0.000 0	0.000 0	0.272 7	0.000 0	0.000 0	0.000 0
武夷山市	0.723 1	1.000 0	1.000 0	1.000 0	0.000 0	1.000 0	1.000 0	1.000 0
福鼎市	1.000 0	0.428 6	0.777 8	0.687 5	1.000 0	0.597 0	0.803 9	0.534 9

4.4.2 测度指标权重确定

采用熵值法计算出茶农绿色生产行为多主体协同治理协同度测度指标体系中各项指标的权重。利用计算出来的各项指标的熵权，最终求出指标体系中各指标的权重，如表 4.11 所示。

表 4.11 测度指标权重

一级指标	权重	二级指标	权重	三级指标	指标符号	信息熵	效用值	权重（ω_j）
治理主体参与度（A）	0.488 8	政府部门参与度	0.315 1	宣传培训	A_{11}	0.639 1	0.360 9	0.060 0
				政策补贴	A_{12}	0.655 7	0.344 3	0.057 3
				政府监管	A_{13}	0.612 8	0.387 2	0.064 4
				农药残留检测	A_{14}	0.541 8	0.458 2	0.076 2
				政府惩罚	A_{15}	0.656 3	0.343 7	0.057 2
		市场组织参与度	0.237 5	收购标准制定	A_{21}	0.656 4	0.343 6	0.057 1
				销售规则约束	A_{22}	0.619 1	0.380 9	0.063 3
				茶叶收购检测	A_{23}	0.647 8	0.352 2	0.058 6
				技术信息传播	A_{24}	0.647 9	0.352 1	0.058 6
		产业组织参与度	0.265 5	绿色生产技术推广	A_{31}	0.591 6	0.408 4	0.067 9
				生产标准制定	A_{32}	0.651 7	0.348 3	0.057 9
				生产质量监督	A_{33}	0.644 6	0.355 4	0.059 1
				农资购买服务	A_{34}	0.515 4	0.484 6	0.080 6
		社区组织参与度	0.181 9	村委会监督	A_{41}	0.632 7	0.367 3	0.061 1
				茶农互相监督	A_{42}	0.653 1	0.346 9	0.057 7
				邻里示范	A_{43}	0.621 0	0.379 0	0.063 0
治理客体发展度（B）	0.178 1			茶叶质量安全关注度	B_{11}	0.649 3	0.350 7	0.160 2
				绿色生产技术了解程度	B_{12}	0.641 7	0.358 3	0.163 7
				绿色生产技术采纳程度	B_{13}	0.647 6	0.352 4	0.161 0
				绿色生产技术信息获取容易程度	B_{14}	0.636 2	0.363 8	0.166 2
				绿色生产技术培训频率	B_{15}	0.656 2	0.343 8	0.157 1
				绿色生产技术培训质量	B_{16}	0.579 9	0.420 1	0.191 9
治理机制保障度（C）	0.154 9			绿色生产技术推广机制建设	C_{11}	0.645 5	0.354 5	0.186 0
				治理信息平台建设	C_{12}	0.655 9	0.344 1	0.180 6
				茶叶质量可追溯体系建设	C_{13}	0.176 9	0.823 1	0.431 9
				运行机制建设	C_{14}	0.616 1	0.383 9	0.201 5
治理目标导向度（D）	0.116 6	生态效应治理目标	0.751 2	化肥和农药减量化	D_{11}	0.616 6	0.383 4	0.267 4
				茶园生物多样性改善	D_{12}	0.650 3	0.349 7	0.243 9
				茶叶质量安全提升	D_{13}	0.656 0	0.344 0	0.239 9
		经济效应治理目标	0.248 7	茶叶经济效益增加	D_{21}	0.643 4	0.356 6	0.248 7

（续）

一级指标	权重	二级指标	权重	三级指标	指标符号	信息熵	效用值	权重（ω_j）
治理环境促进度（E）	0.061 6			国家政策指引	E_{11}	0.594 8	0.405 2	0.536 2
				消费者的绿色消费需求	E_{12}	0.649 5	0.350 5	0.463 8

4.4.3 子系统有序度及系统协同度测度

（1）子系统有序度

根据上文中运用熵值法计算得到的各子系统指标权重，利用式（4.1）和式（4.2），结合调研获取的茶农绿色生产行为多主体协同治理协同度测度指标数据，分别计算出安溪县、武夷山市和福鼎市3个调研区域治理系统各子系统的有序度，结果见表4.12。

表4.12 茶农绿色生产行为多主体治理各子系统有序度

子系统	有序度			
	安溪县	武夷山市	福鼎市	均值
治理主体参与度（A）	0.339 5	0.528 9	0.475 6	0.448 0
治理客体发展度（B）	0.213 3	0.344 2	0.304 5	0.287 3
治理机制保障度（C）	0.222 2	0.292 5	0.536 4	0.350 3
治理目标导向度（D）	0.231 6	0.294 9	0.273 4	0.266 6
治理环境促进度（E）	0.253 4	0.353 4	0.314 4	0.307 1

（2）系统协同度

根据式（4.3）至式（4.5），分别计算出安溪县、武夷山市和福鼎市3个调研区域茶农绿色生产行为多主体协同治理系统的协同能力、极差系数以及系统协同度，结果见表4.13。

表4.13 茶农绿色生产行为多主体协同治理系统测度结果

项目	安溪县	武夷山市	福鼎市
系统协同能力（C_S）	0.280 9	0.421 3	0.421 0
极差系数（R_S）	0.449 1	0.561 2	0.624 7
系统协同度（Ca）	0.625 5	0.750 6	0.674 0
系统协同形态	一般协同	一般协同	一般协同

4.4.4 测度结果分析

（1）子系统有序度测度结果分析

由表4.12可知，茶农绿色生产行为多主体协同治理五个子系统中，治理主体参与度子系统的平均有序度水平最高，其次为治理机制保障度子系统，治理环境促进度子系统的平均有序度排在第三位，治理目标导向度子系统的平均有序度水平最低。这表明福建省茶农绿色生产行为多主体协同治理系统中，治理主体参与度、治理客体发展度、治理机制保障度、治理目标导向度以及治理环境促进度存在失衡现象，特别是治理目标导向度与治理主体参与度、治理机制保障度以及治理环境促进度存在较大差异。这反映了当前福建省茶农绿色生产行为多主体协同治理机制建设仍不够完善，各治理主体的利益目标一致性尚未达成，影响其治理行为的协同效应，导致治理客体发展程度不高，进而造成协同治理目标的贡献度较低。

由图4.2可以看出，三个研究区域中，安溪县茶农绿色生产行为多主体协同治理各子系统有序度得分均较低，这也是造成其协同度较低的原因；武夷山市的治理主体参与度、治理客体发展度、治理目标导向度以及治理环境促进度均为最高；福鼎市的治理机制保障度远高于安溪县和武夷山市。在五个治理子系统中，三个调研区域的治理客体发展度和治理目标导向度的有序度得分均相对较低，这反映了三个调研区域茶农绿色生产行为多主体协同治理状况与水平不理想，需要进一步加强这两方面的建设。同时，也要进一步优化多元主体高效协同参与治理路径和协同治理机制建设。

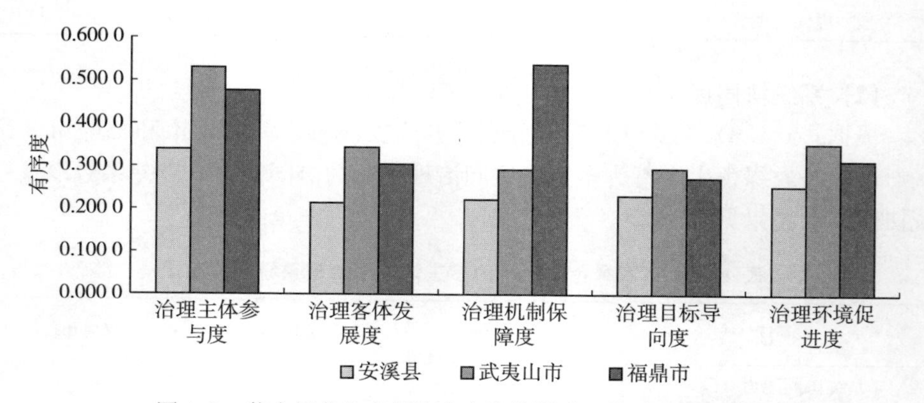

图4.2 茶农绿色生产行为多主体协同治理各子系统有序度

（2）系统协同度测度结果分析

根据上文系统协同度测度结果（表4.13）和茶农绿色生产行为多主体协

同治理系统的协同度等级及评价标准（表 4.1），安溪县、武夷山市和福鼎市茶农绿色生产行为多主体协同治理均处于一般协同形态。这表明三个调研区域茶农绿色生产行为多主体协同治理系统刚刚进入良性运行阶段，各治理主体及治理要素之间表现出一定程度的协同效果。但是，安溪县、武夷山市和福鼎市茶农绿色生产行为多主体协同治理系统的协同度分别仅为 0.625 5、0.750 6、0.674 0，这与高效协同形态仍有较大差距。这表明安溪县、武夷山市和福鼎市茶农绿色生产行为多主体协同治理模式尚未形成，尤其是安溪县的协同度相对较低，仍需要继续加强发挥各治理主体及治理要素在治理系统中的贡献作用，提升茶农绿色生产行为多主体协同治理水平和协同治理能力，实现治理主体高效协同发展。

(3) 指标贡献度分析

利用熵值法对所有指标进行赋权后，五个子系统对茶农绿色生产行为多主体协同治理系统的协同运行产生影响的重要性程度存在差异。由表 4.11 可知，治理主体参与度子系统、治理机制保障度子系统、治理客体发展度子系统之间会产生较大的作用，进而对茶农绿色生产行为多主体协同治理系统产生协同效应，从而对茶农绿色生产行为多主体协同治理系统的协同运行产生重要影响。另外，在茶农绿色生产行为多主体协同治理系统协同度贡献度排名前十的三级指标中，治理主体参与度指标有 5 个，治理机制保障度指标有 2 个，其他子系统指标各有 1 个，这再次印证了治理主体参与度子系统、治理机制保障度子系统对于整体治理系统的重要性，即：治理主体参与度子系统是推动治理系统协同发展的主要动力，治理机制保障子系统对治理系统协同发展有较大影响。

4.5 茶农绿色生产行为多主体协同治理效应影响因素分析

4.5.1 研究假设与变量选取

为验证茶农绿色生产行为多主体协同治理协同度测度指标体系的有效性与正确性，需要进行相应实证模型检验，并进一步明确茶农绿色生产行为多主体协同治理效应的影响因素及影响程度。基于前文对指标贡献度的分析，提出以下假设：

假设 4.1：治理主体参与度对茶农绿色生产行为多主体协同治理效应产生显著正向影响。

假设 4.2：治理客体发展度对茶农绿色生产行为多主体协同治理效应产生显著正向影响。

假设4.3：治理机制保障度对茶农绿色生产行为多主体协同治理效应产生显著正向影响。

假设4.4：治理目标导向度对茶农绿色生产行为多主体协同治理效应产生显著正向影响。

假设4.5：治理环境促进度对茶农绿色生产行为多主体协同治理效应产生显著正向影响。

采用上文计算求得的茶农绿色生产行为多主体协同治理协同度衡量多主体协同，治理效应，并将茶农绿色生产行为多主体协同治理协同度作为被解释变量；在已有研究的基础上，将治理主体参与度、治理客体发展度、治理机制保障度、治理目标导向度以及治理环境促进度等五个维度测度指标作为解释变量，解释变量的描述性统计分析见表4.3至表4.7。

4.5.2 模型设定

由于被解释变量茶农绿色生产行为多主体协同治理协同度数值均处于区间[0，1]，需要采用Tobit回归模型才能较好估计回归系数，因此，本研究采用Tobit回归模型分析上述五个维度的解释变量对茶农绿色生产行为多主体协同治理协同度的影响程度和作用方向。实证回归模型如下所示：

$$Ca_i = \eta_0 + \eta_1 A_i + \eta_2 B_i + \eta_3 C_i + \eta_4 D_i + \eta_5 E_i + \varepsilon_i \tag{4.6}$$

式中：Ca_i为被解释变量，A_i、B_i、C_i、D_i、E_i分别表示治理主体参与度、治理客体发展度、治理机制保障度、治理目标导向度以及治理环境促进度等五个维度的解释变量，η_1至η_5为解释变量的回归参数，η_0为常数项，ε_i为随机扰动项。

4.5.3 模型检验与回归结果分析

（1）多重共线性检验

对模型解释变量进行多重共线性检验，结果发现A_{32}、A_{33}、B_{11}三个解释变量的方差膨胀因子（VIF）值均大于10，表明解释变量存在多重共线性。因此，将这三个解释变量剔除，重新对其余解释变量进行多重共线性检验，结果见表4.14，所有解释变量的VIF值均小于10。可以将剔除后的解释变量纳入Tobit模型进行回归分析。

（2）回归结果分析

对模型1至模型6的拟合度和显著性进行检验，其P值均为0.000，远小于0.001，为统计性显著，表明模型有统计学意义，模型的拟合效果较好。利用Stata14.0软件对数据进行处理得到的回归结果如表4.14所示。

表 4.14 Tobit 回归分析结果

影响因素	模型 1	模型 2	模型 3	模型 4	模型 5	模型 6	*VIF* 值
A_{11}	0.007*** (8.073)	0.032*** (18.420)					3.840
A_{12}	0.004*** (5.254)	0.017*** (8.133)					1.713
A_{13}	0.032*** (19.006)	0.044*** (8.815)					1.311
A_{14}	0.033*** (26.269)	0.056*** (15.690)					1.998
A_{15}	0.008*** (8.121)	0.027*** (10.293)					2.957
A_{21}	0.005*** (5.834)	0.015*** (5.469)					3.072
A_{22}	0.002*** (2.950)	0.002 (0.815)					2.000
A_{23}	0.029*** (20.320)	0.033*** (8.014)					2.840
A_{24}	0.026*** (23.977)	0.054*** (20.100)					2.059
A_{31}	0.075*** (56.299)	0.101*** (32.426)					2.977
A_{34}	0.039*** (26.191)	0.090*** (22.887)					1.847
A_{41}	0.003*** (3.164)	−0.002 (−0.594)					2.377
A_{42}	0.004*** (4.567)	0.023*** (8.854)					2.832
A_{43}	0.030*** (26.306)	0.032*** (11.898)					2.186
B_{12}	0.002** (2.191)		0.014*** (6.477)				4.616
B_{13}	0.010*** (10.588)		0.032*** (4.238)				3.867

（续）

影响因素	模型 1	模型 2	模型 3	模型 4	模型 5	模型 6	*VIF* 值
B_{14}	0.005*** (5.569)		0.059*** (13.426)				3.878
B_{15}	0.003*** (9.868)		0.018*** (10.779)				2.848
B_{16}	0.005*** (14.222)		0.041*** (5.671)				5.089
C_{11}	0.004*** (6.353)			0.051*** (30.296)			8.109
C_{12}	0.005*** (7.647)			0.008*** (3.058)			2.981
C_{13}	0.068*** (61.881)			0.111*** (26.278)			2.047
C_{14}	0.006*** (6.953)			0.050*** (13.760)			2.79
D_{11}	0.007*** (11.414)				0.038*** (9.857)		3.082
D_{12}	0.005*** (4.118)				0.101*** (14.656)		4.089
D_{13}	0.003*** (2.939)				0.037*** (5.206)		2.155
D_{21}	0.005*** (4.542)				0.033*** (4.726)		2.755
E_{11}	0.005*** (6.699)					0.043*** (9.433)	4.227
E_{12}	0.012*** (12.442)					0.108*** (21.769)	5.212
截距	−0.132*** (−26.026)	−0.125*** (−11.628)	−0.038*** (−3.115)	−0.006 (−0.570)	−0.415*** (−17.055)	−0.166*** (−14.085)	—
卡方值（χ^2）	4 597.824	2 684.324	1 384.997	1 686.803	1 126.254	1 118.098	—
P 值	0.000	0.000	0.000	0.000	0.000	0.000	—

注：① ***、**、* 分别表示在 1%、5%和 10%的水平上显著。

②括号内数值为 *z* 值，括号外数值为解释变量的回归系数。

从模型1的回归结果可知，除了A_{32}、A_{33}两个测度指标被剔除之外，治理主体参与度（A）中其余各测度指标对茶农绿色生产行为多主体治理的协同度具有正向影响关系，且所有指标均在1%的水平上显著。这表明治理主体参与度中各测度指标基本上均能够对茶农绿色生产行为多主体协同治理效应产生显著正向促进作用，各测度指标所代表的治理主体参与度水平的提高能够显著提升茶农绿色生产行为多主体协同治理效应。因此，假设4.1成立。但从模型2的回归结果来看，A_{22}、A_{41}这两个指标未能对茶农绿色生产行为多主体协同治理效应产生显著正向影响，并且A_{41}反而产生负向影响，即茶叶收购商制定的销售规则和村委会对茶农绿色生产的监管均未能提升茶农绿色生产行为多主体协同治理效应。从解释变量的回归系数大小来看，绿色生产技术推广（A_{31}）、农资购买服务（A_{34}）、农药残留检测（A_{14}）、政府监管（A_{13}）、茶叶收购检测（A_{23}）、技术信息传播（A_{24}）、宣传培训（A_{11}）的回归系数较大，说明产业组织大力实施的绿色生产技术推广和绿色农资购买服务、加强政府对茶叶绿色生产技术宣传培训以及对茶农生产行为进行监管和检测、茶叶收购商对茶农生产的茶叶进行质量安全检测以及农资经销商向茶农宣传绿色生产技术信息力度对治理系统的协同度影响程度较大。因此，充分发挥政府部门、市场组织和产业组织在这些方面的治理角色与功能定位，可以在很大程度上提升茶农绿色生产行为多主体协同治理水平。

从模型1和模型3的回归结果可知，除了B_{11}测度指标被剔除之外，治理客体发展度（B）中其余各测度指标对茶农绿色生产行为多主体治理的协同度具有正向影响关系，B_{12}指标在5%的水平上显著，其余所有指标均在1%的水平上显著。这表明治理客体发展度中各测度指标基本上均能够对茶农绿色生产行为多主体协同治理效应产生显著正向促进作用，各测度指标所代表的治理客体发展度水平的提高能够显著提升茶农绿色生产行为多主体协同治理效应。因此，研究假设4.2成立。从解释变量的回归系数大小来看，绿色生产技术信息获取容易程度（B_{14}）、绿色生产技术培训质量（B_{16}）、绿色生产技术采纳程度（B_{13}）的回归系数较大，说明为茶农提供便利的农业绿色生产技术信息获取渠道、种类多样的绿色生产技术培训，以及鼓励茶农采纳使用多样化的绿色生产技术可以有效提升茶农绿色生产行为多主体协同治理效应。

从模型1和模型4的回归结果可知，治理机制保障度（C）中各测度指标对茶农绿色生产行为多主体治理的协同度具有正向影响关系，且所有指标均在1%的水平上显著。这表明治理机制保障度中各测度指标均能够对茶农绿色生产行为多主体协同治理效应产生显著正向促进作用，各测度指标所代表的治理机制保障度水平的提高能够显著提升茶农绿色生产行为多主体协同治理效应。因此，研究假设4.3成立。比较治理机制保障度各测度指标的回归系数大小可知，茶叶质量可追溯体系建设（C_{13}）、绿色生产技术推广机制建设（C_{11}）、运行机制建设（C_{14}）的回归系数较大，说明加强茶叶质量可追溯体系和绿色生产技术推广机制建设、完善运行机制，可以增强治理机制保障度对茶农绿色生产行为多主体协同治理效应的显著保障作用。

从模型1和模型5的回归结果可知，治理目标导向度（D）中各测度指标对茶农绿色生产行为多主体协同治理的协同度具有正向影响关系，且所有指标均在1%的水平上显著。这表明治理目标导向度中各测度指标均能够对茶农绿色生产行为多主体协同治理效应产生显著正向促进作用，各测度指标所代表的治理目标导向度水平的提高能够显著提升茶农绿色生产行为多主体协同治理效应。因此，研究假设4.4成立。治理目标导向度各测度指标的回归系数均较大，表明持续强化各利益主体在减少茶农在茶叶种植过程中的化肥和农药施用量、改善茶园生物多样性、提升茶叶质量安全、增加茶叶经济效益等方面治理目标的一致性，实现各治理主体的利益耦合，能够使茶农绿色生产行为多主体协同治理朝着正向发展，有效提升协同效应。

从模型1和模型6的回归结果可知，治理环境促进度（E）中各测度指标对茶农绿色生产行为多主体治理的协同度具有正向影响关系，且所有指标均在1%的水平上显著。这表明治理环境促进度中各测度指标均能够对茶农绿色生产行为多主体协同治理效应产生显著正向促进作用，各测度指标所代表的治理环境促进度水平的提高能够显著提升茶农绿色生产行为多主体协同治理效应。因此，研究假设4.5成立。治理环境促进度各测度指标的回归系数大小可知，消费者的绿色消费需求（E_{12}）和国家政策指引（E_{11}）的回归系数均较大，表明在国家有关农业绿色发展政策的强力指引下，消费者对茶叶质量安全重视程度的提高，对形成茶农绿色生产行为多主体协同治理的格局以及提升治理水平都会产生重要的促进作用。

4.6 本章小结

本章在阐述茶农绿色生产行为多主体协同治理系统内涵及五个构成要素的基础上，结合福建省茶农绿色生产实际，构建了茶农绿色生产行为多主体协同治理协同度测度指标体系，并采用复合系统协同度模型和Tobit回归模型评估了茶农绿色生产行为多主体协同治理效应，同时实证分析了其影响因素。研究结果表明：

①从治理系统各子系统指标权重和有序度测度结果来看，治理主体参与度子系统有序度的提升是推动治理系统协同发展的主要动力，治理机制保障度子系统对治理系统协同发展有较大影响，但是治理客体发展度、治理目标导向度

以及治理环境促进度三个子系统有序度较低，是制约治理系统协同度提升的“短板”。

②根据治理系统协同度测度结果可知，武夷山市茶农绿色生产行为多主体协同治理协同度高于安溪县和福鼎市，但三个研究区域均处于一般协同形态。这表明研究区域茶农绿色生产行为多主体协同治理系统尚未实现高效运行，各治理主体及治理要素之间的协同程度未达到最优协同状态，各主体之间的力量及地位仍存在一定差距，相互之间未能形成有效合力，未能充分发挥茶农绿色生产行为协同治理目标导向力作用。

③从协同治理效应的影响因素来看，治理主体参与度、治理客体发展度、治理机制保障度、治理目标导向度以及治理环境促进度等五个维度均会对茶农绿色生产行为多主体协同治理效应的提升起到显著正向影响。此外，茶农绿色生产行为多主体协同治理协同度测度指标体系的各测度指标基本上显著正向影响茶农绿色生产行为多主体协同治理系统的有序度，进而影响茶农绿色生产行为多主体协同治理效应的提升，但各测度指标之间的影响程度存在差异性。

5 多主体协同治理对茶农绿色生产行为选择影响的实证分析

本章基于计划行为理论，利用福建省茶叶主产区 872 份样本茶农微观调研数据，采用结构方程模型实证分析多主体治理、茶农心理认知对茶农绿色生产行为选择的作用机理及其影响路径，进一步厘清茶农绿色生产行为决策的外部因素与心理机制的内在逻辑，从多个维度考察多主体治理以及茶农的绿色生产认知、意愿与行为之间的传导机制。同时，引入多主体协同治理协同度作为调节变量，运用调节效应模型验证其对茶农“绿色生产意愿—绿色生产行为”影响的调节效应，为支持和规范茶农实施绿色生产行为提供科学参考。

5.1 理论分析与研究假设

5.1.1 理论分析

计划行为理论（theory of planned behavior，TPB）作为社会心理学领域中解释和预测个体行为的主要理论之一，已被广泛运用于研究农户绿色生产行为（曹慧和赵凯，2018；石志恒等，2020；何悦和漆雁斌，2021）。该理念提供了一个完整的“认知—意愿—行为”理论分析框架，在农户绿色生产行为采纳决策方面具有很强的解释力和预测力（李明月和陈凯，2020；侯博和应瑞瑶，2015）。因此，有学者运用 TPB 理论阐释了农户绿色生产行为决策的内在逻辑，发现农户的行为态度、主观规范和知觉行为控制会直接影响其绿色生产意愿，进而影响绿色生产行为选择（曹慧和赵凯，2018）。但该理论有一个前提假设条件，即假设外部环境是一致且稳定的，并且外部环境对行为决策者的影响是可控的（赵晓颖等，2021）。为符合这一前提假设条件，部分学者分别引入政府规制、市场机制、产业组织驱动、社区治理等外部环境变量（赵晓颖等，2021；何悦和漆雁斌，2021；Wang and Lin，2020），这些变量的引入增强了对农户绿色生产意愿及行为的解释和预测能力。同时，根据协同治理理论，农户个体行为表现是在特定情境下内外部因素共同作用的结果，因此，政府部门、市场组织、产业组织、社区组织等主体的治理作为外部环境因素对农户绿色生产行为有一定的规范和约束作用。在茶叶种植过程中提升茶农的绿色生产认知与意愿，进而促进茶农选择实施绿色生产行为，是治理主体在茶叶质量安全供给中的重要任务。从现实来看，茶农绿色生产行为治理主要包括政府规制、市场机制、产业组织驱动以及社区治理等。因此，本研究在TPB理论的基础上增加“环境—认知”这一决策过程，引入政府规制、市场机制、产业组织驱动、社区治理等外部环境变量，构建“外部环境—心理认知—行为意愿—行为选择”的茶农绿色生产行为决策的理论分析框架（图5.1）。茶农作为绿色生产行为实施的主体，在茶叶种植生产中的绿色生产意愿是其实施绿色生产行为的最直接的影响因素。茶农绿色生产意愿是茶农愿意选择实施绿色生产行为的主观概率，意愿越强，选择实施绿色生产行为的概率越大。茶农绿色生产意愿会受到行为态度、主观规范和自身知觉行为控制等心理认知的影响，而不同茶农对选择实施绿色生产行为的行为态度、主观规范和知觉行为控制又会受到政府规制、市场机制、产业组织驱动、社区治理等外部环境因素的影响。另外，茶农选择实施绿色生产行为也会受到外部环境和自身知觉行为控制的直接影响。可见，外部环境通过影响茶农的行为态度、主观规范和知觉行为控制等心理认知影响其绿色生产意愿，进而影响其绿色生产行为的选择实施。

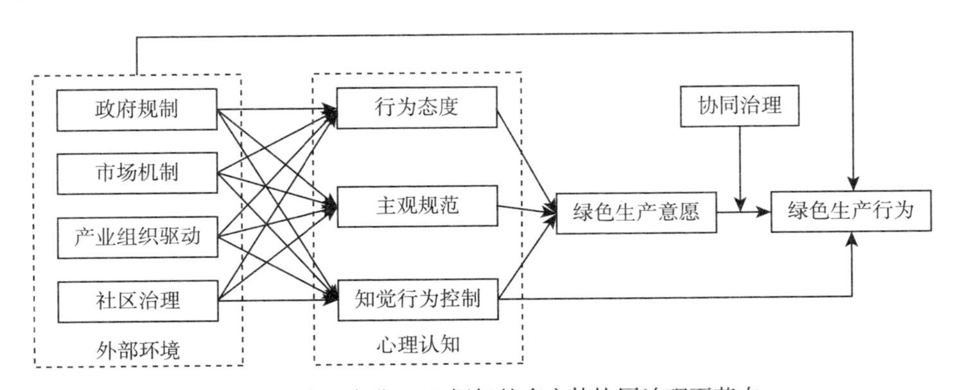

图5.1 基于改进TPB框架的多主体协同治理下茶农绿色生产行为决策理论分析框架

5.1.2 研究假设的提出

(1) 政府规制对茶农心理认知及绿色生产行为的影响

政府规制反映了政府部门运用相关规制政策对农户绿色生产行为进行外部约束（赵晓颖等，2021），即利用引导、激励和约束等规制措施影响茶农绿色生产的心理认知，进而作用于其行为态度、主观规范与知觉行为控制（黄祖辉等，2016；黄炜虹等，2017）。在引导规制措施方面，政府通过绿色生产政策宣传推广和教育培训等方式，向茶农传递茶叶绿色生产的重要性和优势，增强其对农业绿色生产技术的经济、社会和生态效益的认知（罗岚等，2021），同时也可以降低其获取农业绿色生产技术的学习成本和风险（杨钰蓉等，2021），并促进其对农业绿色生产技术的了解和掌握（黄祖辉等，2016），从而提高茶农绿色生产行为态度和知觉行为控制，使茶农进行绿色生产的态度更为积极。在激励规制措施方面，已有研究证实，政府利用实物补贴和现金补贴等激励政策可以有效促进农户选择实施绿色生产行为（韩洪云和喻永红，2014；杨钰蓉等，2021）。其中，实物补贴是指政府有关部门向茶农免费提供杀虫灯、色板、诱捕器等农资设施，现金补贴是指政府有关部门对购买使用生物农药、有机肥、测土配方施肥等绿色农资的茶农给予相应现金补贴。这些激励政策可以降低农户进行绿色生产的边际成本（罗岚等，2021），并保障其获得最低限度的收益或补偿（李芬妮等，2019b），提升其绿色生产的收益预期，从而增强其主观规范和知觉行为控制，促进茶农选择实施绿色生产行为。在约束规制措施方面，政府通过出台相关的法规政策对农户生产行为进行监管，一旦违背政策目标，其行为将受到行政惩罚或经济处罚，当农户面对额外成本的惩罚损失，其经济理性会促使其选择实施绿色生产行为（黄炜虹等，2017；程杰贤和郑少锋，2018），这对农户的非绿色生产行为起到规范作用（余威震，2020）。因此，加强政府部门对茶农施用农药、化肥行为的监管力度，制定和执行严格的茶叶质量安全标准，对茶农生产的茶叶产品进行农药残留检测，并执行严格的非绿色生产惩罚措施，可以增强茶农绿色生产的行为态度、主观规范和知觉行为控制，增强茶农从事绿色生产的意愿，使茶农选择实施绿色生产行为的可能性增大。据此，本书提出下述研究假设：

假设 5.1：政府规制显著正向影响茶农的绿色生产行为。

假设 5.1（a）：政府规制显著正向影响茶农的行为态度。

假设 5.1（b）：政府规制显著正向影响茶农的主观规范。

假设 5.1（c）：政府规制显著正向影响茶农的知觉行为控制。

（2）市场机制对茶农心理认知及绿色生产行为的影响

市场机制反映了市场主体通过供求关系和价格机制来影响茶农采纳绿色生产技术的收益预期，从而诱导其主动选择实施绿色生产行为（贺梅英和庄丽娟，2014；Pietola and Lansink，2001），主要利用优质优价激励、质量检测约束以及信息宣传服务等手段对农户生产行为进行引导和规范（王常伟和顾海英，2013；李世杰等，2013；曹慧和赵凯，2018）。在市场激励方面，优质优价的市场价格机制在保障农产品质量安全方面发挥重要作用（方伟等，2013）。茶叶收购商通过制定严格的茶叶质量收购标准建立茶叶产品优质优价的市场甄别机制，茶农想要获得高收益，必然要采纳农业绿色生产技术以确保茶叶产品符合收购标准。在销售规则约束下，茶农自觉遵守与茶叶收购商约定的茶叶质量要求，对茶叶绿色生产持有更积极的行为态度，从而影响其主观规范（Christiaans et al.，2007）。农产品优质优价的背后隐含着产地环境生态较好、生产符合绿色标准、质量安全检测达标等诸多限制条件（沈昱雯等，2020）。因此，通过质量安全检测，抑制农户不安全生产的机会主义行为（North，1994），同时增加农户非绿色生产的风险成本（乔慧等，2017），倒逼农户环境态度养成（赵晓颖，2021），从而增加其选择实施绿色生产行为的可能性。可见，茶叶收购商对茶叶进行质量安全检测，将质量要求转嫁到茶农身上就形成了约束，强化其使用农业绿色生产技术的主观规范和知觉行为控制，进而影响绿色生产行为的选择实施。在信息宣传服务方面，农资经销商是农户获取农业绿色生产技术信息的重要渠道之一，在一定程度上影响着农户绿色生产行为。由于大多数农户缺乏对生物农药、商品有机肥、科学用药等农业绿色生产技术的了解，而在现实中，部分农户会在农资经销商的推荐和宣传下获取农业绿色生产技术信息及其使用方法（马兴栋和霍学喜，2019），促使农户进行绿色生产（Avf et al.，2007）。因此，茶农的行为态度会受到农资经销商的宣传和推荐的影响，茶农获得农业绿色生产技术信息和知识后，会增强行为控制能力，从而影响其绿色生产行为。总体而言，以优质优价为代表的市场激励能满足茶农的预期收益，以质量检测为代表的市场约束能对茶农绿色生产提出质量要求，以信息宣传为代表的市场服务能为茶农提供农业绿色生产技术信息，茶农基于以上考虑在茶叶种植过程中选择使用绿色生产行为的可能性会更高。据此，本书提出下述研究假设：

假设 5.2：市场机制显著正向影响茶农的绿色生产行为。

假设 5.2（a）：市场机制显著正向影响茶农的行为态度。

假设 5.2（b）：市场机制显著正向影响茶农的主观规范。

假设 5.2（c）：市场机制显著正向影响茶农的知觉行为控制。

（3）产业组织驱动对茶农心理认知及绿色生产行为的影响

产业组织驱动反映了农户通过加入合作社或与农业企业建立利益联结关系，按照产业组织安排的契约规制从事农业生产活动（周力等，2013），包括接受技术培训指导、农资购买等相关服务或接受农产品生产质量监督，这种与利益相捆绑的倒逼机制能促进农户进行绿色生产（袁雪霈等，2019）。农户与产业组织之间的关系会对农户绿色生产认知产生影响（张康洁等，2021），进而影响农户绿色生产意愿及生产行为选择。已有研究表明，农户加入产业组织能够显著促进其进行绿色生产（代云云和徐翔，2012；蔡荣等，2019），产业组织为茶农提供农业绿色生产技术培训和指导，可以增加茶农的认知程度，从而影响绿色生产行为态度。同时，降低采纳农业绿色生产技术的学习成本和技术交易成本（汪烨等，2022），加强茶农对绿色生产行为的控制能力，进而促进农业绿色生产技术的采纳。产业组织制定严格的茶叶生产标准并对茶叶生产过程进行严格质量安全检查和监督，这一过程会提高茶农绿色生产认知水平，增强茶农绿色生产的行为态度和主观规范，也有利于产业组织通过全程参与式监督的方式规范茶农的生产行为（蔡荣等，2019）。此外，产业组织为茶农提供统一、低价的高效低毒农药、有机肥料等绿色农资购买服务，不仅能够降低茶农的茶叶生产成本和资源禀赋约束（赵晓颖等，2020a），而且能够提高茶农自身的绿色生产水平（王雨濛等，2020）、增强茶农的知觉行为控制，从而减少化肥和农药滥用。据此，本书提出下述研究假设：

假设 5.3：产业组织驱动显著正向影响茶农的绿色生产行为。

假设 5.3（a）：产业组织驱动显著正向影响茶农的行为态度。

假设 5.3（b）：产业组织驱动显著正向影响茶农的主观规范。

假设 5.3（c）：产业组织驱动显著正向影响茶农的知觉行为控制。

（4）社区治理对茶农心理认知及绿色生产行为的影响

社区治理反映了社区组织通过村委会制定治理准则并自上而下监督、社区内部茶农之间相互监督等方式直接约束农户绿色生产行为，或者通过邻里示范效应引导农户进行绿色生产。已有研究表明，社区治理对农户绿色生产行为具有显著促进作用（李芬妮等，2019a），并且在一定程度上能弥补政府部门对农户绿色生产行为治理的不足，减轻政府规制压力以及转移政府规制成本（李芬妮等，2019b；于艳丽等，2019a）。社区组织具备官方授予的合法性权威和强制力，可以协助政府或其派出机构宣传引导和约束监督农户绿色生产行为，影响农户绿色生产行为认知和主观规范，进而促进农户选择实施绿色生产行为。在农村熟人社会中，声誉诉求对农户十分重要（徐志刚等，2016），社区组织作为社会监督力量，通过农户互相监督等形式对农户行为有显著影响（唐林等，2019）。通过周围农户之间的监督作用对茶农的绿色生产行为进行约束，可以增强其主观规范，从而影响茶农绿色生产行为选择。另外，由于信息不对称和自身知识能力的局限性（杨钰蓉等，2021），农户的生产行为表现为与周围农户的趋同性（杨唯一和鞠晓峰，2014）。邻里作为农户在农业生产经营中接触最多的群体，在农业绿色生产技术的传播与扩散过程中扮演重要角色（李明月等，2020），邻里示范效应在一定程度上会影响农户的生产行为决策（姚瑞卿和姜太碧，2013；Lapple and Kelley，2013）。茶农通过与邻里之间的密切交流，除了能够获取农业绿色生产技术信息及使用方法，降低信息搜寻成本，还能够更直观地了解农业绿色生产技术的使用效果，因此，基于茶农之间形成的“学习效应”和“模仿效应”以及追求更多收益的考虑（姜太碧，

2015），邻里示范效应将茶农对绿色生产技术的学习和模仿转化为茶农的绿色生产行为态度，其绿色生产知觉行为将得到提升，从而影响其绿色生产行为决策。据此，本书提出下述研究假设：

假设 5.4：社区治理显著正向影响茶农的绿色生产行为。

假设 5.4（a）：社区治理显著正向影响茶农的行为态度。

假设 5.4（b）：社区治理显著正向影响茶农的主观规范。

假设 5.4（c）：社区治理显著正向影响茶农的知觉行为控制。

（5）茶农心理认知对绿色生产意愿的影响

农户选择实施绿色生产的行为态度反映了农户对绿色生产的认知程度以及进行绿色生产的行为意向。农户对绿色生产的认知程度越高、评价越积极，则其实施绿色生产的行为意愿就越高。例如，王欣等（2022）的研究发现，农户在绿色生产中感受到的经济收益、生态效益以及责任利益会更加直接地影响农户的参与意愿。茶农选择实施绿色生产行为不仅可以增加茶叶销售收入、提高茶叶质量安全，还可以改善茶园生态环境，具有明显的经济价值、社会价值和生态价值。茶农对于茶叶绿色生产所带来的价值认知程度越高，其对绿色生产的行为态度越明确，选择实施绿色生产的行为意愿也就越高。

农户选择实施绿色生产行为的主观规范是指农户的绿色生产行为决策受到政府政策法规和市场环境的激励或约束、产业组织的支持或反对、周围农户的认同或歧视等方面的推力或压力（侯博和应瑞瑶，2015）。根据前文所述，茶农的绿色生产行为决策会受到来自政府部门、市场组织、产业组织和社区组织等多元主体治理影响。例如，农技推广人员的宣传指导、市场优质优价激励、茶叶合作社的绿色生产技术推广应用、周围茶农绿色生产技术的采纳效果等均会对茶农采纳绿色生产行为决策起到重要影响，增强其进行绿色生产的主观规范，从而倾向于在茶叶生产过程中选择实施绿色生产行为。

农户选择实施绿色生产行为的知觉行为控制是指农户在进行绿色生产行为决策时可能受到资源、政策、风险、个人能力和经验等因素的约束（侯博和应瑞瑶，2015），当农户缺乏资源、能力、机会或经验，因而感到选择实施绿色生产行为有困难时，其行为意愿将减弱（赵晓颖等，2021）。茶农如果对自身获取农业绿色生产技术知识和信息的能力以及控制绿色生产风险等的能力有充足信心，对获得绿色生产所需的资源有信心，其从事绿色生产的意愿就会比较高。如果茶农清楚使用农业绿色生产技术的风险，能够较为容易地获取农业绿色生产技术信息、掌握茶叶绿色生产技术使用方法，并且能够获得政策扶持，其选择实施绿色生产的行为意向就比较强。据此，本书提出下述研究假设：

假设 5.5：行为态度显著正向影响茶农的绿色生产意愿。

假设 5.6：主观规范显著正向影响茶农的绿色生产意愿。

假设 5.7：知觉行为控制显著正向影响茶农的绿色生产意愿。

(6) 茶农知觉行为控制、绿色生产意愿对绿色生产行为的影响

依据 TPB 理论，知觉行为控制会直接影响行为个体的行为意愿和行为实施（Kidwell and Jewell，2010），当行为个体感受到实施某种行为的可控能力越强，则其知觉行为控制也越强，其行为意愿和行为实施的可能性也就越大。已有研究表明，知觉行为控制对农户生产行为具有直接影响（侯博和应瑞瑶，2015）。茶农对实施绿色生产行为所需的技术、信息、资金、劳动力等资源禀赋的控制能力越强，其对绿色生产的知觉行为控制也越强，从而对其选择实施绿色生产行为产生直接影响。

行为意愿作为影响行为实施的直接因素，反映了行为个体执行某种行为的倾向程度或可能性。个体的行为意愿越高，行为实施的可能性也就越高。有关学者的研究也证实了农户绿色生产意愿对其行为的直接影响。例如，赵晓颖等（2021）利用计划行为理论和结构方程模型研究了新型农业经营主体的绿色生产决策机制，结果证实了行为意愿对其行为的解释和预测作用；何悦和漆雁斌（2021）基于计划行为理论研究了柑橘种植户施肥行为的形成机理，研究表明绿色生产意愿对农户绿色生产行为具有显著的正向影响；王欣等（2022）根据计划行为理论实证分析了农户绿色生产意愿及行为的关键影响因素和作用路径，结果表明农户的绿色生产意愿会正向促进其绿色生产行为。据此，本书提出下述研究假设：

假设 5.8：知觉行为控制显著正向影响茶农的绿色生产行为。

假设 5.9：茶农的绿色生产意愿显著正向影响其绿色生产行为。

5.2 变量选取及描述性统计

根据上述理论分析，选取外部环境［包括政府规制（*GP*）、市场机制（*MG*）、产业组织驱动（*OG*）、社区治理（*CG*）］、心理认知［包括行为态度（*AT*）、主观规范（*SN*）、知觉行为控制（*PBC*）］、行为意愿［包括绿色生产意愿（*GPI*）］、行为选择［包括绿色生产行为（GPB）］共 4 个方面的 9 类变量进行测量，借鉴参考有关学者在相关领域的量表设计，并结合茶农绿色生产实际情况，最终确定 36 个变量，相关变量及其统计特征描述如表 5.1 至表 5.4 所示。

(1) 解释变量

①外部环境。茶农的外部环境主要指多主体治理，其观察变量选取详见第 4 章中治理主体参与度的测度指标，具体描述性统计见表 5.1。

表 5.1 茶农外部环境测量及描述性统计

	潜在变量	观察变量	变量符号	测量题项	均值	标准差
外部环境	政府规制（GP）	宣传培训	GP_1	政府农技推广站等有关部门开展绿色生产技术宣传和培训的情况	0.881	0.889
		政策补贴	GP_2	政府对茶农采用绿色生产技术的补贴力度	1.323	0.663
		政府监管	GP_3	当地政府有关部门对茶农施用农药、化肥行为进行监管的情况	0.929	0.257
		农药残留检测	GP_4	当地政府有关部门对茶叶进行农药残留检测	0.750	0.434
		政府惩罚	GP_5	当地政府对茶农规定并执行严格的非绿色生产惩罚措施	3.450	0.708
	市场机制（MG）	收购标准制定	MG_1	茶叶收购商制定了严格的茶叶质量收购标准	4.406	0.673
		销售规则约束	MG_2	茶农自觉遵守与茶叶市场或收购商约定的茶叶质量要求	4.360	0.604
		茶叶收购检测	MG_3	茶叶收购商对茶叶进行质量安全检测	0.700	0.459
		技术信息传播	MG_4	农资经销商向茶农宣传绿色生产技术信息	0.534	0.499
	产业组织驱动（OG）	绿色生产技术推广	OG_1	茶叶合作组织向茶农提供绿色生产技术培训和指导	0.452	0.498
		生产标准制定	OG_2	茶叶合作组织对茶农制定严格茶叶生产标准	0.452	0.498
		生产质量监督	OG_3	茶叶合作组织对茶农的茶叶生产过程进行严格质量安全检查和监督	0.454	0.498
		农资购买服务	OG_4	茶叶合作组织为茶农提供低毒高效农药、有机肥料等农资购买服务	0.222	0.416
	社区治理（CG）	村委会监督	CG_1	村委会对茶农绿色生产监管力度	3.094	0.624
		茶农互相监督	CG_2	周围茶农采用绿色生产行为对其他茶农产生的监督作用	3.853	0.665
		邻里示范	CG_3	来自乡邻采纳绿色生产技术的示范效应和茶农间的交流学习	3.149	0.694

②心理认知。心理认知的具体测量变量及其统计特征描述见表 5.2。其中，借鉴赵晓颖等（2021）、王欣等（2022）的研究，选择经济价值、社会价值、生态价值 3 个观察变量测量行为态度（AT）；借鉴王欣等（2022）、侯博和应瑞瑶（2015）、李子琳等（2019）、王洋和王泮蘅等（2022）学者的研究，选择政府影响、市场影响、组织影响、社区影响 4 个观察变量测量主观规范（SN）；借鉴赵晓颖等（2021）、王洋和王泮蘅（2022）、曹慧和赵凯（2018）、谢

贤鑫和陈美球（2019）等的研究，选择过量使用化肥和农药危害认知、政策补贴程度、技术了解程度、信息获取能力 4 个观察变量测量知觉行为控制（*PBC*）。

表 5.2　茶农心理认知测量及描述性统计

	潜在变量	观察变量	变量符号	测量题项	均值	标准差
心理认知	行为态度（*AT*）	经济价值	AT_1	采用绿色生产技术会增加茶叶销售收入	3.720	0.621
		社会价值	AT_2	采用绿色生产技术会提高茶叶质量安全	4.388	0.541
		生态价值	AT_3	采用绿色生产技术会改善茶园生态环境	4.417	0.551
	主观规范（*SN*）	政府影响	SN_1	采用绿色生产技术受到政府有关部门的影响	0.516	0.500
		市场影响	SN_2	采用绿色生产技术受到茶叶能卖出更高价格的影响	0.658	0.475
		组织影响	SN_3	采用绿色生产技术受到茶叶合作组织的影响	0.445	0.498
		社区影响	SN_4	采用绿色生产技术受到社区周围茶农的影响	0.447	0.498
	知觉行为控制（*PBC*）	过量使用化肥和农药危害认知	PBC_1	清楚过量使用化肥、农药的危害	3.750	0.606
		政策补贴程度	PBC_2	政府补贴对采用绿色生产技术影响程度	3.571	0.666
		技术了解程度	PBC_3	对农业绿色生产技术的了解程度	2.887	0.825
		信息获取能力	PBC_4	获得农业绿色生产技术信息的难易程度	3.417	0.912

③行为意愿。行为意愿用绿色生产意愿（*GPI*）这一变量来反映。由于茶叶绿色生产的施肥和施药环节所涉及的绿色技术的易用性和有用性存在差异，因此，将施肥和施药的观察变量分开设置。借鉴石志恒等（2020）、何悦和漆雁斌（2021），并根据第 3 章关于茶农采纳绿色生产技术意愿的分析结果，利用茶农在茶叶种植过程中对 5 种绿色施药技术和 3 种绿色施肥技术的采纳程度来测量茶农绿色生产意愿（*GPI*），具体测量变量及其统计特征描述见表 5.3。

表 5.3　茶农行为意愿测量及描述性统计

潜在变量		观察变量	测量题项	均值	标准差
行为意愿	绿色生产意愿（*GPI*）	生物农药（GPI_1）	是否愿意采用生物农药	0.860	0.347
		生态调控技术（GPI_2）	是否愿意采用生态调控技术	0.739	0.440
		生物防治技术（GPI_3）	是否愿意采用生物防治技术	0.216	0.412
		理化诱控技术（GPI_4）	是否愿意采用理化诱控技术	0.628	0.484
		科学用药技术（GPI_5）	是否愿意采用科学用药技术	0.998	0.048
		绿肥间作技术（GPI_6）	是否愿意采用绿肥间作技术	0.667	0.472
		测土配方施肥技术（GPI_7）	是否愿意采用测土配方施肥技术	0.186	0.389
		有机肥料技术（GPI_8）	是否愿意采用有机肥料技术	0.915	0.279

（2）被解释变量

茶农的行为选择作为解释变量，用绿色生产行为（*GPB*）这一变量来反映。由于任意一种农业绿色生产技术的采纳均难以全面反映茶农绿色生产行为，因此，本研究通过调查样本茶农实际采纳农业绿色生产技术的数量来测度其绿色生产行为，赋值方式如下：茶农绿色生产技术采纳程度总分值0～2分为低采纳程度，赋值1；3～5分为中采纳程度，赋值2；6～8分为高采纳程度，赋值3。茶农行为选择测度及其统计特征描述见表5.4。

表5.4　茶农行为选择测度及描述性统计

被解释变量		变量定义	变量赋值	均值	标准差
行为选择	绿色生产行为（*GPB*）	茶农采纳绿色生产行为的程度	1=低采纳程度，2=中采纳程度，3=高采纳程度	1.833	0.818

（3）控制变量

在农业生产过程中，农户个体、家庭及生产等方面特征会影响农户选择实施绿色生产行为。Isin和Yildirim（2007）的研究发现，农户户主的受教育程度以及种植经验等因素会显著影响土耳其苹果种植户的绿色生产行为。农户户主的受教育程度越高，他学习和掌握绿色生产技术越容易，采纳绿色生产技术的积极性越高（罗岚等，2021）；农户户主的种植年限越长，他对绿色生产技术的认知程度越高，采纳绿色生产行为的概率越大（张复宏等，2017）。但程杰贤等（2020）的研究认为，种植年限对农户户主的生物防治技术采纳意愿有显著负向影响，且对其采纳行为影响不显著。王建华等（2015）的研究表明，农户家庭农业收入占比会影响其对农药新技术的采用，家庭农业收入占比越高，农业在家庭经济结构中占据的地位越重要，农户为了可持续发展越倾向于规范使用农药。梁流涛等（2016）对农户生产行为环境影响机制进行研究后发现，劳动力数量较多的农户家庭更倾向于采纳绿色生产技术，更倾向于用人工劳动来替代部分化学品的投入。何悦等（2021）也证实了非兼业程度和农业劳动力均会显著正向影响农户的绿色生产行为选择。汪烨等（2022）认为，风险偏好、地块规模对稻农有机肥施用行为具有积极的促进作用。其中，风险偏好型的农户更愿意承担使用新的绿色生产技术的风险以获取高收益，采纳绿色防控技术的可能性更大（张红丽等，2021）；土地细碎化已经成为阻碍绿色防控技术推广的主要因素之一（耿宇宁，2017）。因此，本书选取茶农受教育程度、风险偏好、茶叶劳动力、非兼业程度、茶叶种植年限、茶叶种植规模以及茶园集中程度作为控制变量。控制变量赋值及其统计特征描述见表5.5。

表 5.5 控制变量选取及描述性统计

控制变量	变量符号	变量赋值	均值	标准差
受教育程度	*education*	1=未上过学；2=小学；3=初中；4=高中或中专；5=大专及以上	3.353	1.074
风险偏好	*risk*	1=不喜欢冒险；2=一般；3=喜欢冒险	1.837	0.807
茶叶劳动力	*labor*	茶农家庭从事茶叶种植劳动力人数。单位：人	2.626	0.852
非兼业程度	*non-part-time*	茶叶收入/家庭总收入	0.656	0.271
茶叶种植年限	*year*	1=5 年及以下；2=6～10 年；3=11～15 年；4=16～20 年；5=20 年以上	3.993	0.965
茶叶种植规模	*scale*	茶农家庭茶叶种植面积。单位：公顷	1.928	5.202
茶园集中程度	*concent*	1=很分散；2=比较分散；3=一般；4=比较集中；5=非常集中	2.608	0.912

5.3 模型建立

根据前文提出的茶农绿色生产行为决策理论分析框架和研究假设，茶农绿色生产行为决策会受到来自内外部因素的共同影响，而茶农的行为态度、主观规范和知觉行为控制是无法被直接观测获得的潜在变量，因此，本研究选用结构方程模型（SEM）实证分析多主体治理对茶农绿色生产心理认知、行为意愿及行为选择的影响路径和内在机理。SEM 将因素分析和路径分析两种统计分析方法进行了融合，可用于验证模型中观察变量、潜在变量以及干扰或误差变量之间的关系，从而估计出解释变量对被解释变量的影响效应，包括总效应、直接效应和间接效应（吴明隆，2009）。多主体治理下茶农绿色生产行为决策的结构方程模型如图 5.2 所示。

其中，SEM 的观察变量有 35 个（GP_1—GP_5，MG_1—MG_4，OG_1—OG_4，CG_1—CG_3，AT_1—AT_3，SN_1—SN_4，PBC_1—PBC_4，GPI_1—GPI_8），SEM 的潜在变量有 8 个（GP、MG、OG、CG、AT、SN、PBC、GPI），GPB 为被解释变量。SEM 的数学表达式如下所示：

$$GP=\alpha_{11}GP_1+\alpha_{12}GP_2+\alpha_{13}GP_3+\alpha_{14}GP_4+\alpha_{15}GP_5+\varepsilon_1 \quad (5.1)$$

$$MG=\alpha_{21}MG_1+\alpha_{22}MG_2+\alpha_{23}MG_3+\alpha_{24}MG_4+\varepsilon_2 \quad (5.2)$$

$$OG=\alpha_{31}OG_1+\alpha_{32}OG_2+\alpha_{33}OG_3+\alpha_{34}OG_4+\varepsilon_3 \quad (5.3)$$

$$CG=\alpha_{41}CG_1+\alpha_{42}CG_2+\alpha_{43}CG_3+\varepsilon_4 \quad (5.4)$$

$$AT=\alpha_{51}AT_1+\alpha_{52}AT_2+\alpha_{53}AT_3+\beta_{51}GP+\beta_{52}MG+\beta_{53}OG+\beta_{54}CG+\varepsilon_5 \quad (5.5)$$

$$SN=\alpha_{61}SN_1+\alpha_{62}SN_2+\alpha_{63}SN_3+\alpha_{64}SN_4+\beta_{61}GP+\beta_{62}MG+\beta_{63}OG+\beta_{64}CG+\varepsilon_6 \quad (5.6)$$

$$PBC=\alpha_{71}PBC_1+\alpha_{72}PBC_2+\alpha_{73}PBC_3+\alpha_{74}PBC_4+\beta_{71}GP+\beta_{72}MG+\beta_{73}OG+\beta_{74}CG+\varepsilon_7 \tag{5.7}$$

$$GPI=\alpha_{81}GPI_1+\alpha_{82}GPI_2+\alpha_{83}GPI_3+\alpha_{84}GPI_4+\alpha_{85}GPI_5+\alpha_{86}GPI_6+\alpha_{87}GPI_7+\alpha_{88}GPI_8+\beta_{81}AT+\beta_{82}SN+\beta_{83}PBC+\varepsilon_8 \tag{5.8}$$

$$GPB=\beta_{91}GP+\beta_{92}MG+\beta_{93}OG+\beta_{94}CG+\beta_{95}PBC+\beta_{96}GPI+\varepsilon_9 \tag{5.9}$$

式中：α 代表观察变量（35 个）与潜在变量（8 个）之间的路径系数，共有 35 个；β 代表潜在变量与潜在变量之间、潜在变量与被解释变量之间的路径系数，共有 21 个；ε 代表残差项，共有 9 个。

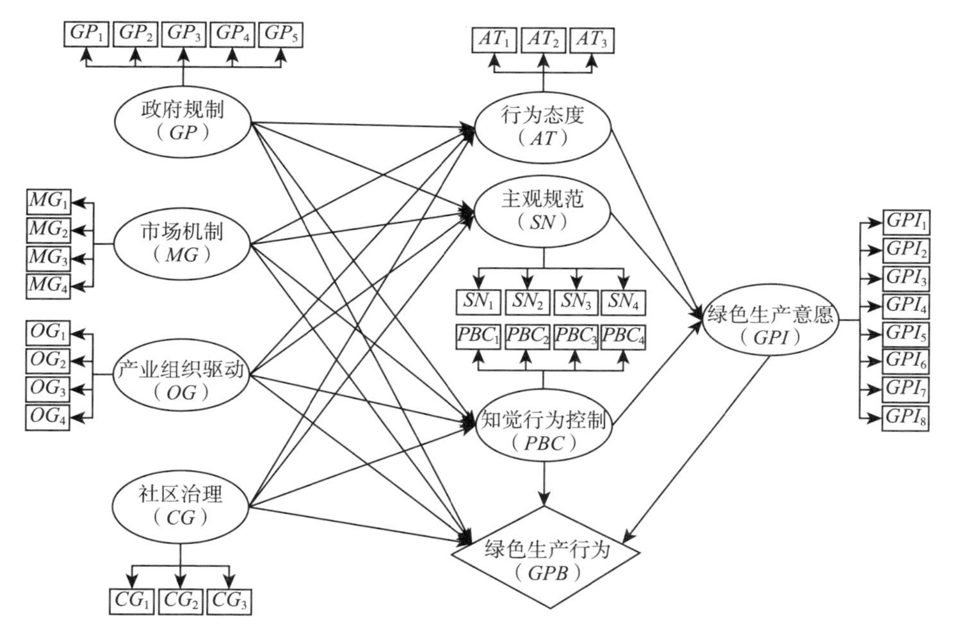

图 5.2 多主体治理下茶农绿色生产行为决策的结构方程模型

5.4 实证分析

5.4.1 样本代表性检验

为保证研究结论的可靠性和有效性，本研究利用 SPSS21.0 及 AMOS24.0 软件对茶农绿色生产行为决策的结构方程模型中各变量的信度和效度进行检验。

(1) 信度检验

从表 5.6 中可以看出，总体的 *Cronbach's* α 值为 0.951，各潜在变量的 *Cronbach's* α 值均在 0.614 与 0.927 之间，大于 0.6，说明研究所采用的样本

数据通过了信度检验，量表的内部具有较高的一致性。

（2）效度检验

使用KMO检验和Bartlett球形检验对8个潜在变量的测量模型进行效度检验，从表5.6中可以发现，总体的*KMO*值为0.938，Bartlett球形检验*P*值为0.000。模型中各潜在变量的*KMO*值在0.615～0.808，大于0.5的阈值条件，各潜在变量的Bartlett球形检验*P*值均为0.000，表明观察变量样本数据的效度较好。

表5.6 测量变量的信度和效度检验结果

潜在变量	测量题项数量/个	*Cronbach's* α 值	*KMO*值	Bartlett球形检验	
				近似卡方值	*P*值
政府规制	5	0.693	0.748	412.870	0.000
市场机制	4	0.614	0.649	440.564	0.000
产业组织驱动	4	0.927	0.784	2 232.337	0.000
社区治理	3	0.822	0.700	485.297	0.000
行为态度	3	0.867	0.713	702.349	0.000
主观规范	4	0.659	0.615	348.831	0.000
知觉行为控制	4	0.851	0.808	827.313	0.000
绿色生产意愿	8	0.688	0.736	479.731	0.000
总体	35	0.951	0.938		0.000

由上述分析可知，本研究中各潜在变量具有较好的信度和效度，因此，可运用结构方程模型对茶农绿色生产行为影响因素进行分析。

（3）模型适配度检验

利用AMOS24.0统计软件对上文建立的多主体治理下茶农绿色生产行为决策的结构方程模型进行适配度检验。依据修正指数对初始模型进行修正和检验，绝对适配度指数、增值适配度指数、简约适配度指数共11项指标均符合适配度检验标准，结果如表5.7所示。修正后模型的整体拟合度较好，说明实际调查数据与本研究建立的理论模型契合。

表5.7 茶农绿色生产行为决策模型整体适配度检验结果

适配度指数	检验指标	模型估计值	适配标准	检验结果
绝对适配度指数	*CMIN/DF*	2.860	<3	理想
	RMSEA	0.065	<0.08	理想
	GFI	0.901	>0.9	理想

（续）

适配度指数	检验指标	模型估计值	适配标准	检验结果
增值适配度指数	*NFI*	0.937	>0.9	理想
	RFI	0.914	>0.9	理想
	IFI	0.943	>0.9	理想
	TLI	0.927	>0.9	理想
	CFI	0.942	>0.9	理想
简约适配度指数	*PGFI*	0.682	>0.5	理想
	PNFI	0.735	>0.5	理想
	PCFI	0.778	>0.5	理想

5.4.2 模型估计结果

(1) 茶农绿色生产行为影响因素分析

对修正后的茶农绿色生产行为决策模型进行结构方程模型分析，模型参数估计结果见表 5.8。模型各参数的标准误均在合理范围之内，估计结果也通过了显著性检验。多主体治理下茶农绿色生产行为决策模型假设验证与路径系数如图 5.3 所示。

表 5.8 茶农绿色生产行为决策模型估计结果

	路径	非标准化估计系数	标准误（*S.E.*）	临界比值（*C.R.*）	*P* 值	标准化估计系数
结构方程	*GP*→*AT*	0.385	0.139	2.771	0.028	0.345^{**}
	GP→*SN*	0.424	0.146	2.895	0.036	0.414^{**}
	GP→*PBC*	0.051	0.031	1.636	0.107	0.062
	GP→*GPB*	0.691	0.153	4.517	0.003	0.676^{***}
	MG→*AT*	0.434	0.058	7.483	0.002	0.458^{***}
	MG→*SN*	0.497	0.088	5.646	0.001	0.521^{***}
	MG→*PBC*	0.331	0.102	3.242	0.045	0.314^{**}
	MG→*GPB*	0.796	0.168	4.736	0.004	0.686^{***}
	OG→*AT*	0.167	0.101	1.648	0.199	0.069
	OG→*SN*	0.502	0.155	3.237	0.035	0.418^{**}
	OG→*PBC*	0.120	0.068	1.764	0.178	0.060
	OG→*GPB*	0.057	0.078	0.73	0.466	0.046

（续）

	路径	非标准化估计系数	标准误（$S.E.$）	临界比值（$C.R.$）	P值	标准化估计系数
结构方程	$CG \rightarrow AT$	0.244	0.119	2.051	0.054	0.246*
	$CG \rightarrow SN$	0.371	0.111	3.346	0.032	0.368**
	$CG \rightarrow PBC$	0.143	0.076	1.880	0.179	0.124
	$CG \rightarrow GPB$	0.398	0.118	3.377	0.043	0.373**
	$AT \rightarrow GPI$	0.682	0.095	7.183	0.005	0.619***
	$SN \rightarrow GPI$	0.457	0.091	5.024	0.003	0.454***
	$PBC \rightarrow GPI$	0.411	0.088	4.670	0.015	0.409**
	$PBC \rightarrow GPB$	0.473	0.118	4.008	0.000	0.459***
	$GPI \rightarrow GPB$	−0.560	1.063	−0.527	0.598	−0.089
测量方程	$GP \rightarrow GP_1$	1.000				0.720
	$GP \rightarrow GP_2$	0.464	0.049	9.521	0.000	0.454***
	$GP \rightarrow GP_3$	0.143	0.020	7.288	0.000	0.356***
	$GP \rightarrow GP_4$	0.399	0.033	12.241	0.000	0.592***
	$GP \rightarrow GP_5$	0.864	0.053	16.284	0.000	0.779***
	$MG \rightarrow MG_4$	1.000				0.125
	$MG \rightarrow MG_3$	1.775	0.142	12.499	0.000	0.797***
	$MG \rightarrow MG_2$	2.009	0.161	12.476	0.000	0.602***
	$MG \rightarrow MG_1$	2.050	0.164	12.502	0.000	0.846***
	$OG \rightarrow OG_4$	1.000				0.590
	$OG \rightarrow OG_3$	2.057	0.138	14.879	0.000	0.996***
	$OG \rightarrow OG_2$	2.025	0.133	15.206	0.000	0.981***
	$OG \rightarrow OG_1$	1.857	0.128	14.472	0.000	0.899***
	$CG \rightarrow CG_3$	1.000				0.725
	$CG \rightarrow CG_2$	1.058	0.064	16.492	0.000	0.793***
	$CG \rightarrow CG_1$	0.837	0.049	16.972	0.000	0.670***
	$AT \rightarrow AT_1$	1.000				0.936
	$AT \rightarrow AT_2$	0.817	0.047	17.542	0.000	0.877***
	$AT \rightarrow AT_3$	0.862	0.047	18.449	0.000	0.909***
	$SN \rightarrow SN_1$	1.000				0.666
	$SN \rightarrow SN_2$	1.112	0.075	14.833	0.000	0.786***
	$SN \rightarrow SN_3$	0.827	0.070	11.760	0.000	0.558***

（续）

路径		非标准化估计系数	标准误（S.E.）	临界比值（C.R.）	P值	标准化估计系数
测量方程	$SN \rightarrow SN_4$	0.526	0.075	7.057	0.000	0.353***
	$PBC \rightarrow PBC_1$	1.000				0.795
	$PBC \rightarrow PBC_2$	0.925	0.066	13.978	0.000	0.671***
	$PBC \rightarrow PBC_3$	1.514	0.070	21.730	0.000	0.884***
	$PBC \rightarrow PBC_4$	1.589	0.079	20.176	0.000	0.839***
	$GPI \rightarrow GPI_1$	1.000				0.355
	$GPI \rightarrow GPI_2$	2.121	0.295	7.183	0.000	0.591***
	$GPI \rightarrow GPI_3$	1.995	0.310	6.439	0.000	0.594***
	$GPI \rightarrow GPI_4$	2.161	0.345	6.266	0.000	0.548***
	$GPI \rightarrow GPI_5$	2.031	0.321	6.328	0.000	0.567***
	$GPI \rightarrow GPI_6$	2.048	0.329	6.223	0.000	0.536***
	$GPI \rightarrow GPI_7$	1.564	0.260	6.028	0.000	0.495***
	$GPI \rightarrow GPI_8$	0.655	0.146	4.496	0.000	0.288***
控制变量	$education \rightarrow GBP$	0.527	0.125	4.219	0.002	0.498***
	$risk \rightarrow GBP$	0.104	0.034	3.081	0.027	0.108**
	$labor \rightarrow GBP$	−0.005	0.028	−0.175	0.861	−0.005
	$non-part-time \rightarrow GBP$	0.367	0.064	5.739	0.009	0.329***
	$year \rightarrow GBP$	0.031	0.024	1.307	0.191	0.039
	$scale \rightarrow GBP$	0.057	0.027	2.092	0.064	0.080*
	$concent \rightarrow GBP$	0.052	0.024	2.160	0.066	0.061*

注：***、**、*分别表示在1%、5%和10%的水平上显著。

通过验证分析多主体治理对茶农绿色生产行为的影响路径及内在机理，研究假设检验结论见表5.9。根据检验结论可知，假设5.1（c）、假设5.3、假设5.3（a）、假设5.3（c）、假设5.4（b）和假设5.9未通过显著性检验，假设不成立；其余假设均通过不同统计水平的显著性检验，假设成立。

①政府规制对茶农心理认知及绿色生产行为的影响。由表5.8可知，政府规制→行为态度、政府规制→主观规范及政府规制→绿色生产行为的路径系数分别为0.345、0.414、0.676，都在5%的统计水平上通过显著性检验，表明政府规制会显著正向促进茶农的行为态度、主观规范及绿色生产行为，假设5.1、假设5.1（a）、假设5.1（b）均成立。政府规制→知觉行为控制路径未通过显著性检验，说明茶农知觉行为控制并没有因为政府规制而得到增强，假

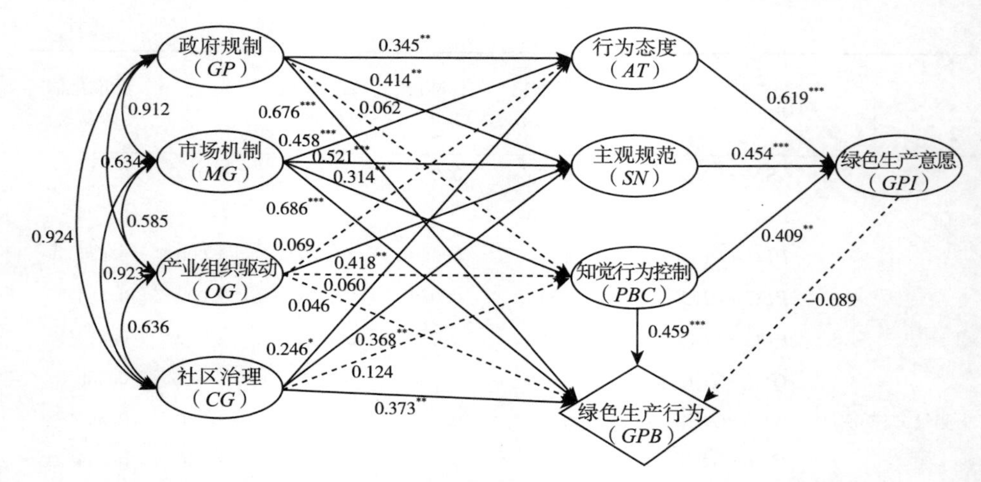

图 5.3　多主体治理下茶农绿色生产行为决策模型假设验证与路径系数

（注：实线路径表示通过检验，虚线路径表示未通过检验）

设 5.1（c）不成立，其可能原因可能是政府对茶农采纳绿色生产技术的补贴和信息供给有限，在实际调查中发现，仅有 21.6%的样本茶农表示采纳绿色生产技术有得到政府补贴，42.7%的样本茶农表示没有从政府有关部门获取农业绿色生产技术信息和培训，只有 29.6%的样本茶农表示只参加过 1 次政府有关部门提供的培训。另外，政府规制中的约束规制存在“相对性制度失灵”现象（李芬妮等，2019a），虽然政府出台了一些禁止茶农使用高毒农药约束政策，但并不能直接引导茶农选择实施绿色生产行为。以上原因导致政府规制对茶农的知觉行为控制的促进作用并不显著。

②市场机制对茶农心理认知及绿色生产行为的影响。市场机制→行为态度、市场机制→主观规范及市场机制→绿色生产行为的路径系数分别为 0.458、0.521、0.686，都在 1%的统计水平上通过显著性检验，市场机制→知觉行为控制的路径系数为 0.314，在 5%的统计水平上通过显著性检验，说明市场机制对茶农心理认知及绿色生产行为均具有显著正向促进作用，假设 5.2、假设 5.2（a）、假设 5.2（b）、假设 5.2（c）均成立。

表 5.9　研究假设检验结论

研究假设	假设内容	检验结论
假设 5.1：*GP*→*GPB*	政府规制显著正向影响茶农的绿色生产行为	成立
假设 5.1（a）：*GP*→*AT*	政府规制显著正向影响茶农的行为态度	成立
假设 5.1（b）：*GP*→*SN*	政府规制显著正向影响茶农的主观规范	成立
假设 5.1（c）：*GP*→*PBC*	政府规制显著正向影响茶农的知觉行为控制	不成立

（续）

研究假设	假设内容	检验结论
假设 5.2：*MG*→*GPB*	市场机制显著正向影响茶农的绿色生产行为	成立
假设 5.2（a）：*MG*→*AT*	市场机制显著正向影响茶农的行为态度	成立
假设 5.2（b）：*MG*→*SN*	市场机制显著正向影响茶农的主观规范	成立
假设 5.2（c）：*MG*→*PBC*	市场机制显著正向影响茶农的知觉行为控制	成立
假设 5.3：*OG*→*GPB*	产业组织驱动显著正向影响茶农的绿色生产行为	不成立
假设 5.3（a）：*OG*→*AT*	产业组织驱动显著正向影响茶农的行为态度	不成立
假设 5.3（b）：*OG*→*SN*	产业组织驱动显著正向影响茶农的主观规范	成立
假设 5.3（c）：*OG*→*PBC*	产业组织驱动显著正向影响茶农的知觉行为控制	不成立
假设 5.4：*CG*→*GPB*	社区治理显著正向影响茶农的绿色生产行为	成立
假设 5.4（a）：*CG*→*AT*	社区治理显著正向影响茶农的行为态度	成立
假设 5.4（b）：*CG*→*SN*	社区治理显著正向影响茶农的主观规范	不成立
假设 5.4（c）：*CG*→*PBC*	社区治理显著正向影响茶农的知觉行为控制	成立
假设 5.5：*AT*→*GPI*	行为态度显著正向影响茶农的绿色生产意愿	成立
假设 5.6：*SN*→*GPI*	主观规范显著正向影响茶农的绿色生产意愿	成立
假设 5.7：*PBC*→*GPI*	知觉行为控制显著正向影响茶农的绿色生产意愿	成立
假设 5.8：*PBC*→*GPB*	知觉行为控制显著正向影响茶农的绿色生产行为	成立
假设 5.9：*GPI*→*GPB*	茶农的绿色生产意愿显著正向影响其绿色生产行为	不成立

③产业组织驱动对茶农心理认知及绿色生产行为的影响。产业组织驱动→主观规范的路径系数为 0.418，在 5%的统计水平上通过显著性检验，表明产业组织驱动显著正向影响茶农的主观规范，假设 5.3（b）成立。而产业组织驱动→行为态度、产业组织驱动→知觉行为控制以及产业组织驱动→绿色生产行为这 3 条路径未通过显著性检验，说明茶农行为态度和知觉行为控制并没有因为产业组织驱动而得到增强，假设 5.3、假设 5.3（a）、假设 5.3（c）不成立，其可能原因是当前茶叶合作经济组织在茶叶种植过程中的作用逐渐弱化，“空壳社”现象较为明显，茶农从茶叶合作经济组织中获得的技术培训、信息提供和绿色农资购买等服务较为有限，造成产业组织驱动未能明显增强茶农行为态度和知觉行为控制，也未能对茶农采纳绿色生产行为起到激励约束作用。这一结果与何悦等（2021）、李昊等（2018）的研究结论一致。

④社区治理对茶农心理认知及绿色生产行为的影响。社区治理→行为态度的路径系数为 0.246，在 10%的统计水平上通过显著性检验，社区治理→主观规范、社区治理→绿色生产行为的路径系数分别为 0.368、0.373，都在 5%的

统计水平上通过显著性检验，表明社区治理能够显著正向促进茶农的行为态度、主观规范和绿色生产行为，假设 5.4、假设 5.4（a）、假设 5.4（b）均成立。社区治理→知觉行为控制路径未通过显著性检验，说明茶农知觉行为控制并没有因为社区治理而得到增强，假设 5.4（c）不成立，其可能原因是村级组织在进行农业绿色生产技术推广和信息服务方面的作用非常有限。在实际调查中，仅有 13.1%的茶农表示通过村委会组织的相关技术培训学习农业绿色生产技术，有 21.3%的茶农表示曾通过村委会渠道获取农业绿色生产技术信息，由此可以看出社区治理对茶农知觉行为控制的促进作用并不显著。

⑤茶农心理认知对绿色生产意愿的影响。行为态度→绿色生产意愿、主观规范→绿色生产意愿的路径系数分别为 0.619、0.454，都在 1%的统计水平上通过显著性检验，知觉行为控制→绿色生产意愿的路径系数为 0.409，在 5%的统计水平上通过显著性检验，表明茶农心理认知会显著正向影响绿色生产意愿，假设 5.5、假设 5.6、假设 5.7 均成立。

⑥茶农知觉行为控制、绿色生产意愿对绿色生产行为的影响。知觉行为控制→绿色生产行为的路径系数为 0.459，在 1%的统计水平上通过显著性检验，表明茶农知觉行为控制能够显著提高绿色生产行为采纳程度，假设 5.8 成立。绿色生产意愿→绿色生产行为路径未通过显著性检验，并且其路径系数为−0.089，表明茶农绿色生产意愿与其实际行为存在背离，假设 5.9 不成立。这与第 3 章对样本茶农绿色生产意愿与行为现状的分析结果一致，样本茶农对农业绿色生产技术的采纳意愿非常强烈，但实际采纳程度相对较低。在实际调查中发现，茶农由于受到政府支持力度小和补贴少、使用成本高和风险大、优质优价未能得到体现、技术实施难度大等内外部诸多因素的制约未能采纳农业绿色生产技术，茶农虽然有强烈的绿色生产意愿，但不一定会转化为实际行动。这一结果与余威震（2017）、许佳彬（2021）、石志恒和符越（2022）的研究结论一致。

⑦控制变量对茶农绿色生产行为的影响。从表 5.8 可以看出，样本茶农的受教育程度、风险偏好、非兼业程度、茶叶种植规模以及茶园集中程度均显著正向影响绿色生产行为，表明茶农的文化水平越高、风险偏好程度越高，非兼业程度越高，茶园规模越大及集中程度越高，越倾向于采纳绿色生产技术，选择实施绿色生产行为的可能性越大。但是，茶叶劳动力、茶叶种植年限未通过显著性检验。茶叶劳动力未通过显著性检验的可能原因是农业劳动力离农化、兼业化现象越来越明显，并且劳动力成本持续上涨，茶农往往会依靠自身家庭劳动力资源充足的优势，沿用传统茶叶种植方式，以降低劳动力投入成本，同时在农闲时期外出务工以获取更多的家庭经济收入，导致茶农家庭缺乏采纳绿色生产技术的积极性，这与耿宇宁等（2017）的研究结论一致。另外，在实际

调查中发现，71.33%的样本茶农家庭从事茶叶种植超过15年，种植年限越长的茶农，越容易具备惯性思维，越倾向于依靠自身经验进行茶叶种植，越不愿意尝试使用新的绿色生产技术，从而导致茶叶种植年限未通过显著性检验，这与程杰贤等（2020）的研究结论一致。

（2）多主体治理对茶农绿色生产行为影响效应分析

茶农绿色生产行为决策模型中各潜在变量间的直接效应、间接效应和总效应见表5.10。在该模型中，政府规制、市场机制、社区治理对茶农绿色生产行为采纳程度的影响总效应分别为0.676、0.830、0.373，产业组织驱动未能对茶农绿色生产行为采纳程度产生显著影响。由此可知，市场机制对茶农绿色生产行为采纳程度的影响最大，其次是政府规制，再次是社区治理，最后是产业组织驱动。也就是说，市场组织和政府部门是茶农绿色生产行为治理的最主要外部环境力量。茶树作为一种高效益的多年生经济作物，茶叶的优质、高产、稳产与茶树的立地条件、栽培技术和植保技术紧密相关，但其资产专用性强、生产成本高，而市场机制和政府规制可以在较大程度上有效降低茶农获取和使用绿色生产技术的成本与风险，使茶农从中获取较高的收益，从而促进茶农实施绿色生产行为的积极性。

从茶农绿色生产意愿的影响路径来看，政府规制和社区治理均通过行为态度和主观规范间接作用于茶农绿色生产意愿。其中，政府规制→行为态度→绿色生产意愿的间接效应为0.214，政府规制→主观规范→绿色生产意愿的间接效应为0.188，政府规制→绿色生产意愿的总效应为0.402；社区治理→行为态度→绿色生产意愿的间接效应为0.152，社区治理→主观规范→绿色生产意愿的间接效应为0.167，社区治理→绿色生产意愿的总效应为0.319。这说明政府规制和社区治理不仅会对茶农的行为态度产生潜移默化的作用，也能通过主观规范影响茶农绿色生产行为意向，进而有效促进茶农绿色生产意愿的产生。市场机制通过行为态度、主观规范和知觉行为控制间接作用于茶农绿色生产意愿，其中市场机制→行为态度→绿色生产意愿的间接效应为0.284，市场机制→主观规范→绿色生产意愿的间接效应为0.237，市场机制→知觉行为控制→绿色生产意愿的间接效应为0.128，市场机制→绿色生产意愿的总效应为0.649。这说明市场组织能够通过市场激励、市场约束和市场服务等手段有效影响茶农绿色生产心理认知，从而激发茶农绿色生产意愿。产业组织驱动只通过主观规范间接作用于茶农绿色生产意愿，产业组织驱动→主观规范→绿色生产意愿的间接效应和总效应均为0.190，说明产业组织驱动通过主观规范这一中介变量对茶农绿色生产意愿产生影响。由此可知，市场机制对茶农绿色生产意愿的影响最大，其次是政府规制，再次是社区治理，最后是产业组织驱动。

从茶农绿色生产行为的影响路径来看，政府规制和社区治理均能够显著直接促进茶农绿色生产行为采纳程度的提升。其中，政府规制→绿色生产行为的直接效应为0.676，社区治理→绿色生产行为的直接效应为0.373。市场机制对茶农绿色生产行为采纳程度不仅存在显著的直接效应，还存在显著的间接效应，即市场机制除了直接对茶农绿色生产行为采纳程度产生影响外，还通过知觉行为控制间接作用于茶农绿色生产行为。市场机制→知觉行为控制→绿色生产行为的间接效应为0.144，市场机制→绿色生产行为的直接效应为0.686，总效应为0.830。产业组织驱动对茶农绿色生产行为采纳程度的影响不显著，其直接影响效应仅为0.046。绿色生产意愿对茶农绿色生产行为的影响也不显著，其直接影响效应为−0.089，说明茶农的绿色生产意愿与行为发生了背离，其绿色生产意愿不能有效地向实际行为转变，这一观点与李明月和陈凯（2020）的研究结论一致。

表5.10 茶农绿色生产行为决策模型变量间的直接效应、间接效应和总效应

	影响路径	直接效应	间接效应	总效应
绿色生产意愿影响路径	政府规制→行为态度→绿色生产意愿	—	0.214	—
	政府规制→主观规范→绿色生产意愿	—	0.188	—
	政府规制→绿色生产意愿	—	0.402	0.402
	市场机制→行为态度→绿色生产意愿	—	0.284	—
	市场机制→主观规范→绿色生产意愿	—	0.237	—
	市场机制→知觉行为控制→绿色生产意愿	—	0.128	—
	市场机制→绿色生产意愿	—	0.649	0.649
	产业组织驱动→主观规范→绿色生产意愿	—	0.190	—
	产业组织驱动→绿色生产意愿	—	0.190	0.190
	社区治理→行为态度→绿色生产意愿	—	0.152	—
	社区治理→主观规范→绿色生产意愿	—	0.167	—
	社区治理→绿色生产意愿	—	0.319	0.319
绿色生产行为影响路径	政府规制→绿色生产行为	0.676	—	0.676
	市场机制→知觉行为控制→绿色生产行为	—	0.144	0.144
	市场机制→绿色生产行为	0.686	0.144	0.830
	产业组织驱动→绿色生产行为	0.046	—	0.046
	社区治理→绿色生产行为	0.373	—	0.373
	绿色生产意愿→绿色生产行为	−0.089	—	−0.089

注：总效应是模型中与该潜在变量有关的直接效应和间接效应之和，间接效应是该路径所有直接效应的路径系数的乘积。

5.4.3 多主体协同治理的调节效应分析

（1）多主体协同治理调节效应模型构建

意愿可以影响行为，但是意愿并非一定会转化为相应的行为。郭清卉（2021）、石志恒和符越（2022）在实地调查中发现，在推行绿色生产过程中农户意愿与行为出现了背离现象。农户作为理性经济人，其农业生产经营行为是一种在理性支配下的经济行为，以利益最大化作为决策重要依据。然而，农户由于自身知识能力和信息不对称的局限性，风险承担和控制能力较弱，而且农业绿色生产注入了技术、人才、信息、机械设备等各种现代生产要素，这对传统农户而言门槛较高（沈兴兴，2021），从而导致部分农户会出现意愿与行为不一致的情况。尽管当前政府有关部门已通过出台绿色农业补贴政策、建立农产品质量安全监管体系、现代农业科技创新推广体系和农业社会化服务体系等多种途径来缓解农户绿色生产意愿与行为的背离（余威震等，2017），但目前中国农业生产经营仍然以小农户为主体，其在做出选择实施绿色生产行为决策时除受自身禀赋影响外，还会受到各种外部环境力量影响（许佳彬，2021）。这些外部环境力量主要来自政府部门、市场组织、产业组织和社区组织等利益主体，他们对农户绿色生产行为的协同治理水平和协同治理效应在一定程度上影响着农户绿色生产意愿向实际行为的转化。一般而言，多主体协同治理的协同度越高，多主体协同治理在引导和规范茶农实施绿色生产行为方面发挥的作用越有效。因此，本研究将验证多主体协同治理在茶农绿色生产意愿对其行为的影响机理中是否具有显著的调节效应。多主体协同治理在茶农绿色生产意愿对其行为的影响机理中的调节效应模型如图 5.4 所示。同时，本书提出以下假设：

假设 5.8：多主体协同治理对于茶农绿色生产意愿对其绿色生产行为实施的影响具有调节效应。

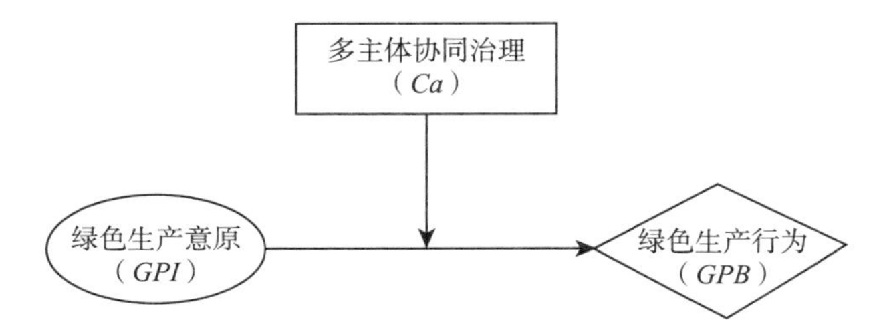

图 5.4 多主体协同治理在茶农绿色生产意愿对其行为的影响机理中的调节效应模型

（2）多主体协同治理调节效应分析

本研究利用调节效应模型检验多主体协同治理调节茶农绿色生产意愿对绿

色生产行为的影响，所以需要事先构造多主体协同治理协同度与绿色生产意愿的交互项，然后再检验该交互项的显著性。对于调节变量多主体协同治理协同度的测度，借鉴宁德鹏（2017）的研究，利用第4章关于茶农绿色生产行为多主体协同治理协同度测度结果作为调节变量数据。解释变量绿色生产意愿是潜在变量，其测量题项有8个，但调节变量多主体协同治理协同度只有1个测量题项。因此，首先，对绿色生产意愿量表进行因子载荷分析，提取最大因子载荷量的题项；其次，构造该题项与多主体协同治理协同度的交互项作为变量；最后，利用调节效应模型检验多主体协同治理在茶农绿色生产意愿对其绿色生产行为的调节效应。

利用AMOS24.0统计软件对上文建立的多主体协同治理调节效应模型进行适配度检验，检验结果如表5.11所示。从模型适配度检验结果可知，*CMIN/DF*=2.014，*RMSEA*=0.048，*GFI*=0.932，*NFI*=0.971，*RFI*=0.953，*IFI*=0.985，*TLI*=0.976，*CFI*=0.985，*PGFI*=0.584，*PNFI*=0.600，*PCFI*=0.609。模型各项拟合指标均符合适配度检验标准，说明多主体协同治理调节效应模型整体拟合效果较好。基于此，进一步对主体协同治理调节效应模型进行检验分析，模型估计结果见表5.12。

表5.11　多主体协同治理调节效应模型适配度检验结果

适配度指数	检验指标	模型估计值	适配标准	检验结果
绝对适配度指数	*CMIN/DF*	2.014	<3	理想
	RMSEA	0.048	<0.08	理想
	GFI	0.932	>0.9	理想
增值适配度指数	*NFI*	0.971	>0.9	理想
	RFI	0.953	>0.9	理想
	IFI	0.985	>0.9	理想
	TLI	0.976	>0.9	理想
	CFI	0.985	>0.9	理想
简约适配度指数	*PGFI*	0.584	>0.5	理想
	PNFI	0.600	>0.5	理想
	PCFI	0.609	>0.5	理想

由表5.12可以看出，多主体协同治理对茶农绿色生产意愿和绿色生产行为均有显著影响；绿色生产意愿与多主体协同治理的交互项显著影响茶农绿色生产行为，路径系数为0.094，表明多主体协同治理对于茶农绿色生产意愿对其行为的影响具有显著的正向调节效应。由此可见，提高多主体协同治理协同

度，可以实现茶农绿色生产意愿向实际行为转变，即多主体协同治理能力和水平越高，茶农绿色生产意愿对绿色生产行为的影响就越强。因此，假设5.8成立。从图5.5中，可以更清晰地看出各变量之间的影响程度以及多主体协同治理调节效应模型的路径系数。

表5.12　多主体协同治理调节效应模型估计结果

路径	标准化估计系数	标准误（S.E.）	临界比值（C.R.）	P值
$Ca \rightarrow GPI$	0.809***	0.07	5.278	0.000
$Ca \rightarrow GPB$	0.398***	0.418	4.932	0.000
$GPI \rightarrow GPB$	0.643***	1.861	3.910	0.000
$GPI \times Ca \rightarrow GPB$	0.094***	0.232	2.323	0.000

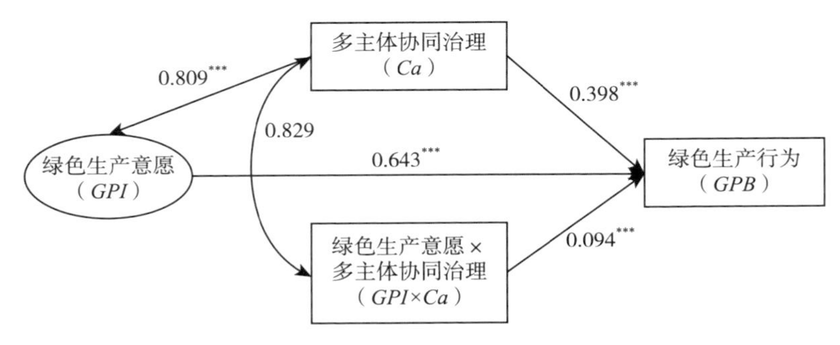

图5.5　多主体协同治理调节效应模型的路径系数

5.5　本章小结

本章将政府规制、市场机制、产业组织驱动、社区治理等外部环境变量引入TPB框架并对其进行扩展，构建了“外部环境—心理认知—行为意愿—行为选择”的茶农绿色生产行为决策的理论分析框架，并采用结构方程模型实证分析了多主体治理对茶农绿色生产行为的影响路径和内在逻辑，揭示了多主体治理通过影响茶农心理认知进而影响绿色生产意愿及行为选择的作用机制。研究结论如下：

①政府规制对茶农行为态度、主观规范及绿色生产行为具有积极的促进作用，但对茶农知觉行为控制的促进作用不显著，茶农知觉行为控制并没有因为政府规制而得到增强；市场机制对茶农绿色生产心理认知及绿色生产行为均产生积极的促进作用；产业组织驱动仅对茶农主观规范具有显著正向促进作用，但茶农行为态度和知觉行为控制并没有因为产业组织驱动而得到增强；社区治

理对茶农行为态度、主观规范和绿色生产行为也具有积极的促进作用，但对茶农知觉行为控制的促进作用并不显著。增强茶农的行为态度、主观规范、知觉行为控制均能够显著提高其绿色生产意愿，茶农知觉行为控制也能对绿色生产行为产生显著正向作用。绿色生产意愿→绿色生产行为这条路径未通过显著性检验，验证了茶农绿色生产意愿与其实际生产行为确实存在背离现象。

②从多主体治理对茶农绿色生产行为产生的影响效应来看，市场机制对茶农绿色生产行为采纳程度的影响最大，其次是政府规制，再次是社区治理，最后是产业组织驱动。由此可见，市场组织和政府部门是茶农绿色生产行为治理的最主要外部环境力量。从茶农绿色生产行为的影响路径来看，政府规制和社区治理会显著直接影响茶农绿色生产行为采纳程度；市场机制除了直接对茶农绿色生产行为采纳程度产生影响外，还通过知觉行为控制间接作用于绿色生产行为；产业组织驱动对茶农绿色生产行为采纳程度影响不显著。

③多主体协同治理的调节效应分析表明，多主体协同治理对茶农绿色生产意愿向绿色生产行为转化具有显著的正向调节效应。这表明，加强政府部门、市场组织、产业组织和社区组织等多主体的协同治理，能够有效破解茶农绿色生产意愿与其实际生产行为背离的困境。

6 多主体协同治理对茶农绿色生产行为效应影响的实证分析

第5章实证分析表明农业绿色生产技术的推广和应用离不开政府、市场、产业及社区的支持和引导。除此之外，改善农户福利也是推广和应用农业绿色生产技术的先决条件和重要目标，因此，要保证茶农的绿色生产行为是一个持续性的行为，就得保证茶农采纳绿色生产行为能够获得较高的福利水平。茶农作为农业绿色生产技术的终端需求者与最终使用者，在采纳绿色生产行为之后是否实现了经济收入增长和生态环境改善双重福利目标？茶农绿色生产影响经济效应和生态效应的作用机制如何？不同绿色生产技术和不同资源禀赋条件下茶农采纳绿色生产行为效应是否存在异质性？对上述问题的回答不仅关系到茶农是否会持续采纳绿色生产行为，而且直接关系到化肥和农药减量化行动的实施效果。因此，本章从实证角度估计多主体治理下茶农绿色生产行为对经济收入和生态环境的影响效应，并深入分析不同绿色生产技术和不同资源禀赋条件下茶农采纳绿色生产行为对其经济效应和生态效应影响的差异性，以期对茶农绿色生产行为实施分类治理提供参考依据。

6.1 文献综述

随着学术界对农户绿色生产行为研究的深入，学者们对绿色生产行为采纳的经济效应和生态效应也展开了比较丰富的研究，对农户采纳绿色生产行为能够提升生态效应的观点已达成共识，但对其经济效应仍存在分歧，多数学者认为农户采纳绿色生产行为能够促进经济效应提升。罗小娟等（2013）的研究表明，测土配方施肥技术确实能够起到降低化肥施用量和提高水稻产量的双重作用，测土配方施肥技术采用率每增加1%，化肥施用量降低0.09%，而水稻单产提高0.04%。耿宇宁等（2018）、秦诗乐和吕新业（2020）分别以陕西省猕猴桃种植户、中国南方水稻种植户为例建立联立方程式模型，证实了农户采纳绿色防控技术具有显著的经济效应和生态效应。赵连阁和蔡书凯（2013）

的研究表明，晚稻种植 IPM 技术不仅能够显著降低农户农药施用成本，而且能显著提高农户水稻产量。侯晓康等（2019）的研究发现，农户采用测土配方施肥技术可使年均农业收入提高 8%。陈雪婷等（2020）基于江苏、湖北两省 608 份农户调查数据，采用内生转换回归模型证实了农户采纳稻虾共作模式可以显著增加亩均净收入，增加幅度为 44.55%。王若男等（2021）基于质量经济学视角，运用内生转换回归模型实证分析了农户绿色生产技术采纳具有增收效应，可以使农户家庭总收入提升 18.37%、家庭纯收入提升 27.93%。余威震和罗小锋（2022）的研究认为，农业社会化服务能够通过改变农户传统施药观念与提升种植管理水平来改善农户福利，表现为在反事实假设下，实际采用农业社会化服务的农户若不采用该服务，其家庭人均年收入将下降 3.78%。但也有学者认为农户采纳绿色生产行为由于具有成本高、风险大、周期长、见效慢等特点（徐志刚等，2018），无法显著促进经济效应的提升（Martey et al.，2020）。例如，Cunguara 和 Darnhofe（2011）利用倾向得分匹配法进行实证检验，发现农户采纳改良的农业技术对收入无显著影响。储成兵（2015）的研究结果表明，水稻产量会随 IPM 技术采纳密度的提高而逐渐降低。由此可见，现有文献关于农户采纳绿色生产行为经济效应的研究并未达成一致观点，有必要进一步对其影响效应进行更深入的研究。

尽管已有研究为茶农采纳绿色生产行为效应研究提供了丰富的理论基础，但仍存在以下可拓展之处：

①既有研究多侧重从单一农业绿色生产技术的角度探究其对农户福利的影响，但在农业生产过程中，可能存在采用多种农业绿色生产技术的情况，若将多种技术的效用剥离分析，可能影响对农户绿色生产技术采纳行为综合效应的估计结果（张康洁，2021）。因此，从实际采纳情况出发，分析农户绿色生产技术采纳程度对经济收入和生态环境的影响效应更具现实意义。

②现有研究对农户采纳绿色生产行为的效应评价较为单一，大多只从经济效应或生态效应进行单一的效应分析，缺乏对经济和生态的双重效应评价（秦诗乐和吕新业，2020）。

③既有研究在评估农户采纳绿色生产行为所带来的效应时，较少考虑因样本选择偏差而产生的内生性问题（胡海和庄天慧，2020），导致估计结果可能存在偏差（余威震和罗小锋，2022）。

④已有关于农户采纳绿色生产行为效应的研究大多是针对粮食、蔬菜、水果等作物，较少关注绿色生产技术在茶叶种植中的应用及其效应。

要推广农业绿色生产技术，转变茶叶传统生产方式，实现茶产业绿色可持续发展，茶农的行为选择是关键的一环，因为茶农作为农业绿色生产技术扩散的终端需求者与最终使用者，其行为选择直接关系到绿色生产技术的推广与应用效果。茶农对绿色生产行为采纳的决策依据是该行为能产生相应的期望效用最大化。为了优化茶农对绿色生产行为采纳决策，应提高茶农的福利水平。然而，现有文献鲜有从经济和生态的双重视角实证检验多主体治理下茶农绿色生产行为对其经济收入和生态环境的影响效应。那么，在多主体治理下，茶农采纳绿色生产行为的效应如何，是否能真正起到改善农户福利水平的作用？不同绿色生产技术和不同资源禀赋条件下茶农采纳绿色生产行为效应是否存在异质性？对上述问题的研究不仅有利于从根本上引导和规范茶农的绿色生产行为，实现茶农福利水平的持续有效改善，还可为农业绿色生产技术在茶叶产区更大范围推广应用提供政策依据，同时为政府部门制定科学的茶产业绿色发展政策提供参考依据。

6.2　理论分析与研究假设

6.2.1　理论分析

农户作为理性经济人，其采纳绿色生产行为是一个多阶段的过程，不仅包括是否采纳和采纳程度，还涉及采纳后行为效应的评估（陈雪婷等，2020），需进一步探究采纳行为的结果变量。因此，在研究茶农绿色生产行为采纳决策时也应该考虑行为采纳所产生的效应，行为采纳决策诱因与其效应是不可割裂的，绿色生产行为采纳的经济效应和生态效应也是激励茶农持续进行绿色生产的重要动力。茶农采纳绿色生产行为面临一定的技术风险和市场风险，其采纳决策不仅只有是否采纳的差异，还存在采纳程度上的区别，由此，有必要将茶农绿色生产行为采纳决策细分为是否采纳和采纳程度两个阶段。多主体治理下茶农绿色生产行为选择是一个复杂的决策过程，除受茶农个体特征、家庭特征和生产经营特征等内在因素的影响外，政府规制、市场机制、产业组织驱动和社区治理等外在因素也发挥着重要的作用。在多主体治理下，作为理性个体，茶农绿色生产行为采纳决策还取决于其对绿色生产效用的权衡（邝佛缘等，2022），即根据采纳绿色生产行为所带来的福利水平的变化选择最佳方案，使其期望效用实现最大化，这种效用主要体现在茶农采纳绿色生产行为的经济效应和生态效应。理论上讲，多主体治理会影响茶农采纳绿色生产行为的经济价值和生态价值预期。如果茶农采纳了绿色生产行为而且能产生良好的经济效应，将强化绿色生产的动机，使其绿色生产行为得以持续；同样，如果茶农采纳了绿色生产行为能够产生良好的生态效应，有利于增强绿色生产的行为感知和个人规范，进而使其绿色生产行为能够得以持续。因此，在经济和生态双重效应作用的影响下，茶农绿色生产行为采纳决策将发生改变，若茶农进行绿色生产会带来经济收入的增加和生态环境的改善等效应，则存在持续采纳绿色生产行为的动力，这将有利于提升茶叶质量安全。

因此，本章将多主体治理下茶农绿色生产行为采纳决策与其经济效应和生态效应纳入“多主体治理—是否采纳—采纳程度—行为效应”分析框架（图 6.1），多维动态研究分析茶农绿色生产行为采纳决策及其效应的影响机理，以期形成一个完整的茶农采纳绿色生产行为效应的分析路径。具体而言，首先，选取 Heckman 两阶段模型拟合茶农采纳绿色生产技术的两步行为，即茶农绿色生产行为采纳决策和茶农绿色生产行为采纳程度，对比分析两者之间的区别及联系；其次，采用内生转换回归（ESR）模型，引入工具变量，克服茶农绿色生产行为采纳决策与其效应之间存在的内生性问题，构建反事实假设情景，评估多主体治理下茶农采纳绿色生产行为对其经济收入和生态环境的平均处理效应；最后，探讨不同绿色生产技术和不同资源禀赋条件下茶农采纳绿色生产行为效应的异质性。

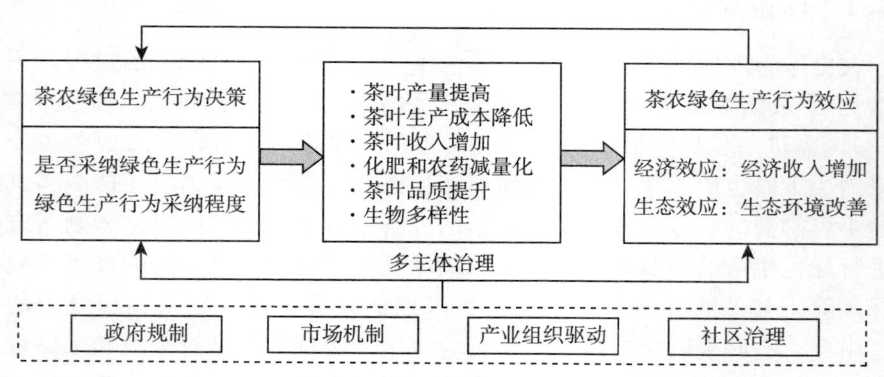

图 6.1　多主体治理下茶农采纳绿色生产行为对其效应的影响机理

6.2.2　研究假设的提出

（1）茶农绿色生产行为采纳对经济效应和生态效应的影响

在茶叶种植过程中，绿色生产技术应用于茶叶种植的各个环节。其中，从施药环节来看，可以采用生物农药、绿色防控技术（包含生态调控技术、生物防治技术、理化诱控技术和科学用药技术）等绿色施药技术；从施肥环节来看，可以采用绿肥间作技术、测土配方施肥技术和有机肥料技术等绿色施肥技术。绿色施药技术和绿色施肥技术之间存在互补效应，为降低化肥和农药过量使用的潜在危害和实现茶叶综合效益，茶农可能会采用一种或多种绿色生产技术。茶农采纳绿色生产行为不仅可能带来茶叶产量提高、茶叶生产成本降低、茶叶收入增加等经济效应，进而对茶农经济收入产生影响，同时还可能实现茶园化肥和农药减量化、茶叶品质提升、茶园生物多样性等生态效应，从而对茶园生态环境产生影响。采用多种绿色生产技术会产生聚力效应或叠加效应（Tambo and Mockshell，2018），当茶农绿色生产行为采纳程度提高时，其经济收入也会增加，生态环境也会得到更大程度的改善，即产生更高的经济效应和生态效应。因此，本书提出以下研究假设：

假设6.1：茶农采纳绿色生产行为能够显著改善经济效应。

假设6.2：茶农采纳绿色生产行为能够显著改善生态效应。

（2）不同条件下茶农采纳绿色生产行为对经济效应和生态效应的异质性影响

在多主体治理下，农业绿色生产技术存在不同属性，会影响农户的技术选择偏向（郑旭媛等，2018），进而对农户的经济效应和生态效应产生不同影响。陈梅英等（2021）的研究表明，由于有机肥和生物农药对劳动力、技术、资金的约束各不相同，会给茶农带来不同的收入效应；王若男等（2021）的研究结果显示，采纳测土配方施肥技术、病虫害绿色防控技术和节水灌溉技术分别使农户家庭收入提升2.88%、3.20%和20.78%。另外，在多主体治理下，农户的收入水平、经营规模、兼业化程度等禀赋的不同，会导致农户对农业绿色生产技术的认知产生差异，同时农户获取农业绿色生产技术的交易成本也有所差别，对技术消化、吸收和实际应用能力也可能不同，从而导致采纳绿色生产行为所带来的效应也可能存在区别。例如，张康洁（2021）的研究表明，农业绿色生产对于不同收入水平农户的增收效应存在异质性，主要是由于采纳实施农业绿色生产技术需要较高的资金成本投入，导致农户在技术采纳上可能存在差异性。如果农户家庭收入水平较高，资源禀赋能力较强，将有较高的支付能力采纳实施农业绿色生产技术，进而提高预期福利水平；而收入水平较低的农户家庭，其资源禀赋能力较弱，可能因资金有限而减弱绿色生产技术采纳实施程度，从而降低预期福利水平。王若男等（2021）的研究也证实了绿色生产技术采纳对不同收入来源和不同经营规模的农户的增收效应的影响存在异质性，主要表现为：农业兼业户采纳绿色生产技术的增收效应要高于非农业兼业户，小经营规模农户采纳绿色生产技术的收入提升程度要高于大经营规模农户。宋浩楠等（2022）的研究结果显示，在规模农户兼业程度和人地禀赋存在差异的情景下，以农业为主、人地适配的规模农户采纳测土配方施肥技术对化肥使用效率的改进效应存在显著异质性。因此，本书提出以下研究假设：

假设6.3：不同绿色生产技术采纳对茶农的经济效应和生态效应存在显著

差异。

假设 6.4：绿色生产行为采纳对不同资源禀赋茶农的经济效应和生态效应存在显著差异。

6.3 模型构建

由于茶农绿色生产行为采纳决策存在一定程度的“自选择”问题，同时还存在个人风险偏好、要素禀赋等不可观测变量（即潜在变量），这些因素同时对茶农绿色生产行为采纳决策及其效应产生影响。如果忽视农户“自选择”问题，可能得到有偏估计（邝佛缘等，2022）。为处理“自选择”等内生性问题，学术界常使用工具变量（IV）法和倾向得分匹配（PSM）法进行处理。然而，IV 法虽能解决由遗漏变量产生的估计偏差，却未考虑处理效应的异质性问题（侯晓康等，2019）；PSM 法虽然能消除由可观测变量（即观察变量）造成的内生性问题和选择性偏误，但无法消除由不可观测变量造成的内生性问题和选择性偏误（王若男等，2021）。相较而言，内生转换回归（ESR）模型可以很好地消除由可观测变量和不可观测变量的异质性产生的样本选择性偏误问题（Falco，2011；冯晓龙等，2017），同时能够分别估计影响选择绿色生产行为农户和未选择绿色生产行为农户经济效应和生态效应的关键因素。因此，本研究采用 ESR 模型分析多主体治理下茶农绿色生产行为对其效应的影响，运用反事实分析框架，通过将真实情景与反事实假设情景下采纳绿色生产行为茶农（处理组）和未采纳绿色生产行为茶农（控制组）的效应水平期望值进行比较，评估多主体治理下茶农绿色生产行为对其经济效应和生态效应的总体影响。

6.3.1 茶农绿色生产行为采纳决策模型构建

根据前文理论分析，茶农绿色生产行为采纳决策分为两个阶段：第一阶段为茶农是否采纳绿色生产行为的决策，第二阶段为茶农绿色生产行为采纳程度的决策。若忽略是否采纳与采纳程度这两种决策的差别，可能会导致估计偏差（陈雪婷，2020）。Heckman 两阶段模型常作为两阶段决策的研究方法。

首先，构建茶农是否采纳绿色生产行为决策模型，采用二元 Probit 模型来分析。茶农的行为决策符合理性经济人假设，在多主体治理下，农户会采纳绿色生产行为以实现效用最大化。假设 T_i^* 为茶农 i 采纳绿色生产行为的潜在效应，茶农是否采纳绿色生产行为主要取决于采纳绿色生产行为的效应 T_{i1}^* 与不采纳绿色生产行为的效应 T_{i0}^* 之差，如果 $T_i^*=T_{i1}^*-T_{i0}^*>0$，那么茶农就会采纳绿色生产行为。由于$T_i^*$不能被直接观测，但可以被表示为可观测的外生变量函数形式，因此第一阶段茶农是否采纳绿色生产行为的决策模型数学表达式可表示为

$$T_i^* = aZ_i + \psi_i \tag{6.1}$$

$$T_i = \begin{cases} 1, & 若\ T_i^* > 0 \\ 0, & 若\ T_i^* \leqslant 0 \end{cases}$$

式中：T_i^*表示茶农i采纳绿色生产行为的不可观测变量（即潜在变量）；T_i是茶农i采纳绿色生产行为的可观测变量（即观察变量），$T_i=1$表示采纳绿色生产行为（处理组），$T_i=0$表示不采纳绿色生产行为（控制组）；Z_i表示茶农采纳绿色生产行为的影响因素，主要包括政府规制、市场机制、产业组织驱动以及社区治理等核心变量，户主个体特征、家庭特征、生产特征等控制变量，以及地区虚拟变量和工具变量等；a为待估系数；ψ_i为随机干扰项。

鉴于OLS估计可能产生样本选择性偏误，因此将式（6.1）中估计出的逆米尔斯比率λ与其他解释变量一起纳入第二阶段回归模型，此时，λ作为该阶段的选择偏差校正项。第二阶段茶农绿色生产行为采纳程度决策模型数学表达式可表示为：

$$y_i = \zeta X_i + \lambda\xi + \varepsilon_i \tag{6.2}$$

式中：y_i为茶农i的绿色生产行为采纳程度；X_i为影响茶农i的绿色生产行为采纳程度的因素；λ为逆米尔斯比率；ζ、ξ为待估系数，若ξ通过了显著性检验，确实说明存在样本选择性偏误；ε_i为随机干扰项。

6.3.2 茶农采纳绿色生产行为效应模型构建

首先，构建茶农采纳绿色生产行为对其效应影响的结果模型，用于分析多主体治理下茶农采纳绿色生产行为对其经济收入和生态环境的影响效应：

$$Y_{i1} = \gamma_1 X_{i1} + \varepsilon_{i1} \tag{6.3}$$

$$Y_{i0} = \gamma_0 X_{i0} + \varepsilon_{i0} \tag{6.4}$$

式中：Y_{i1}和Y_{i0}分别为采纳绿色生产行为和未采纳绿色生产行为的效应水平；X_{i1}和X_{i0}代表行为效应的影响因素，式（6.1）中的Z_i除了包含与X_{i1}和X_{i0}相同的变量外，还比X_{i1}和X_{i0}至少多出1个工具变量以便识别模型；ε_{i1}和ε_{i0}为随机干扰项。

其次，采用ESR模型来分析多主体治理下茶农绿色生产行为对其效应的影响。根据式（6.1）计算出逆米尔斯比率λ，然后将其代入结果模型中，用来修正由不可观测变量带来的样本选择性偏误。修正后的结果模型数学表达式如下：

$$Y_{i1} = \gamma_1 X_{i1} + \sigma_{\psi_1}\lambda_{i1} + \varepsilon'_{i1} \tag{6.5}$$

$$Y_{i0}=\gamma_0 X_{i0}+\sigma_{\psi_0}\lambda_{i0}+\varepsilon'_{i0} \quad (6.6)$$

式中：$\sigma_{\psi_1}\lambda_{i1}$和$\sigma_{\psi_0}\lambda_{i0}$为样本选择偏差的纠正项，$\varepsilon'_{i1}$和$\varepsilon'_{i0}$为随机扰动项。$\sigma_{\psi_1}=\mathrm{cov}(\psi_i,\ \varepsilon_{i1})$，$\sigma_{\psi_0}=\mathrm{cov}(\psi_i,\ \varepsilon_{i0})$，是通过式（6.1）估计得出的，$\psi_i$是式（6.1）中的随机扰动项。

最后，构建反事实假设情景，同时分析在此情景下采纳绿色生产行为茶农和未采纳绿色生产行为茶农的经济效应和生态效应。运用估计系数通过比较真实情景与反事实假设情景下茶农采纳绿色生产行为与未采纳绿色生产行为的效应水平，估计其采纳绿色生产行为的平均处理效应。

茶农i采纳绿色生产行为的效应水平期望值为

$$E(Y_{i1}\mid T_i=1;\ X_i)=\gamma_1 X_{i1}+\sigma_{\psi_1}\lambda_{i1} \quad (6.7)$$

茶农i未采纳绿色生产行为的效应水平期望值为

$$E(Y_{i0}\mid T_i=0;\ X_i)=\gamma_0 X_{i0}+\sigma_{\psi_0}\lambda_{i0} \quad (6.8)$$

基于反事实分析框架，茶农i采纳绿色生产行为在未采纳绿色生产行为时以及茶农i未采纳绿色生产行为在采纳绿色生产行为时两种反事实情景下的效应水平期望值分别为

$$E(Y_{i0}\mid T_i=1;\ X_i)=\gamma_0 X_{i1}+\sigma_{\psi_0}\lambda_{i1} \quad (6.9)$$

$$E(Y_{i1}\mid T_i=0;\ X_i)=\gamma_1 X_{i0}+\sigma_{\psi_1}\lambda_{i0} \quad (6.10)$$

采纳绿色生产行为茶农（处理组）的平均处理效应（ATT）为式（6.7）与式（6.9）之差：

$$ATT=E(Y_{i1}\mid T_i=1)-E(Y_{i0}\mid T_i=1)=X_{i1}(\gamma_1-\gamma_0)+\lambda_{i1}(\sigma_{\psi_1}-\sigma_{\psi_0}) \quad (6.11)$$

未采纳绿色生产行为茶农（控制组）的平均处理效应（ATU）为式（6.10）与式（6.8）之差：

$$ATU=E(Y_{i1}\mid T_i=0)-E(Y_{i0}\mid T_i=0)=X_{i0}(\gamma_1-\gamma_0)+\lambda_{i0}(\sigma_{\psi_1}-\sigma_{\psi_0}) \quad (6.12)$$

利用处理组平均处理效应（ATT）和控制组平均处理效应（ATU）分析茶农采纳绿色生产行为与茶农未采纳绿色生产行为的效应水平差异。

6.4 变量选取及描述性统计

6.4.1 变量选取和测量

(1) 被解释变量

根据上述模型设定，被解释变量包含茶农绿色生产行为采纳决策及其效应两类变量（表 6.1）。

①茶农绿色生产行为采纳决策。在 Heckman 两阶段模型中，被解释变量

为茶农绿色生产行为是否采纳和采纳程度。对于茶农是否采纳绿色生产行为的衡量，借鉴陈梅英等（2021）、余威震和罗小锋（2022）的做法，选取茶农采纳绿色施肥技术和绿色施药技术中任意两种及以上作为茶农采纳绿色生产行为并赋值为1，茶农未采纳绿色生产行为赋值为0。对于茶农绿色生产行为采纳程度的衡量，借鉴秦诗乐和吕新业（2020）的做法，采用第3章关于茶农绿色生产技术采纳程度的测度方式，即茶农绿色生产技术采纳程度总分值在0～2分划分为低采纳程度，赋值为1；3～5分为中采纳程度，赋值为2；6～8分为高采纳程度，赋值为3。

②茶农绿色生产行为采纳效应。在ESR模型中，被解释变量为茶农绿色生产行为采纳效应，包括经济效应和生态效应。经济效应为经济收入变量，借鉴黄晓慧（2019）、胡海和庄天慧（2020）、邝佛缘等（2022）的做法，选取茶园单位面积收入来衡量；生态效应为生态环境变量，借鉴黄晓慧等（2019）的做法，选取茶农对利用农业绿色生产技术改善茶园生态环境效果的主观评价来衡量，通过询问茶农对采纳农业绿色生产技术后茶园生态环境改善效果的评价情况来测度，采用里克特五级量表，1＝效果不好，2＝效果不太好，3＝效果一般，4＝效果比较好，5＝效果特别好。

（2）核心解释变量

本研究中的核心解释变量为多主体治理，主要包括政府规制、市场机制、产业组织驱动以及社区治理4个指标变量，这些指标变量的衡量参见第4章中治理主体参与度表征指标的选取。为了减少解释变量过多可能对模型估计结果造成的影响，利用各项指标熵权分别计算出加权平均值作为政府规制、市场机制、产业组织驱动以及社区治理四个指标变量相应的赋值。

（3）控制变量

控制变量主要包括茶农个体特征、家庭特征、生产特征和地区虚拟变量。茶农个体特征、家庭特征和生产特征等变量的衡量参见第5章。为消除地区差异对被解释变量产生影响，本研究引入地区虚拟变量（安溪县、武夷山市、福鼎市），以控制不同县（市）间的差异。

（4）工具变量

为保证ESR模型的可识别性，应加入能够影响茶农绿色生产行为采纳决策但不会影响其行为效应的工具变量。借鉴胡海和庄天慧（2020）、邝佛缘等（2022）的做法，选取茶农家庭到最近农业技术推广站的距离作为工具变量。选取该变量作为工具变量的原因是，茶农家庭到最近农业技术推广站的距离是客观存在的，距离的远近会直接影响茶农学习和获取农业绿色生产技术，进而影响其绿色生产行为采纳决策，但不会对茶农的茶园单位面积收入和茶园生态环境改善效果产生直接影响。

表 6.1 变量定义和赋值

变量类型		变量名称	变量定义和赋值
被解释变量	茶农绿色生产行为采纳决策	是否采纳绿色生产行为	是否采纳了2种及以上农业绿色生产技术：0=否；1=是
		绿色生产行为采纳程度	绿色生产技术采纳程度：1=低采纳程度；2=中采纳程度；3=高采纳程度
	茶农绿色生产行为采纳效应	茶园单位面积收入（经济效应）	茶叶总收入/茶叶种植面积。单位：万元/亩
		茶园生态环境改善效果（生态效应）	对采纳农业绿色生产技术后茶园生态环境改善效果的评价：1=效果不好；2=效果不太好；3=效果一般；4=效果比较好；5=效果特别好
核心解释变量	多主体治理	政府规制	根据政府规制指标的熵权计算加权平均值
		市场机制	根据市场机制指标的熵权计算加权平均值
		产业组织驱动	根据产业组织驱动指标的熵权计算加权平均值
		社区治理	根据社区治理指标的熵权计算加权平均值
控制变量	个体特征	受教育程度	户主受教育程度：1=未上过学；2=小学；3=初中；4=高中或中专；5=大专及以上
		风险偏好	1=不喜欢冒险；2=一般；3=喜欢冒险
	家庭特征	茶叶劳动力	茶农家庭从事茶叶种植的劳动力人数。单位：人
		非兼业程度	茶叶收入/家庭总收入
	生产特征	茶叶种植经验	茶叶种植年限：1=5年及以下；2=6～10年；3=11～15年；4=16～20年；5=21年及以上
		茶叶种植规模	茶农家庭茶叶种植面积。单位：公顷
		茶园集中程度	1=很分散；2=比较分散；3=一般；4=比较集中；5=非常集中
	地区虚拟变量	安溪县	被调查者是否来自安溪县：0=否；1=是
		武夷山市	被调查者是否来自武夷山市：0=否；1=是
		福鼎市	被调查者是否来自福鼎市：0=否；1=是
工具变量		到农技推广站的距离	茶农家庭到最近农业技术推广站的距离。单位：千米

6.4.2 变量描述性统计分析

茶农绿色生产行为采纳决策模型及其效应模型变量的描述性统计及均值差

异如表 6.2 所示。由表 6.2 可知，在被调查的 872 户样本茶农中，有 690 户茶农采纳了绿色生产行为，占总体样本的 79.13%。总体样本茶农的茶园单位面积收入平均值为 1.266 万元/亩，采纳绿色生产行为茶农（处理组）的茶园单位面积收入平均值为 1.375 万元/亩，高于未采纳绿色生产行为茶农（控制组）的茶园单位面积收入平均值（0.850 万元/亩），且均值差异性通过了 1%统计水平的显著性检验，说明茶农采纳绿色生产行为可以提高茶园单位面积收入，增加茶农经济收入，进而提高茶农的经济效益。总体样本茶农采纳农业绿色生产技术后茶园生态环境改善效果的评价均值水平为 4.417，而采纳绿色生产行为茶农的评价水平明显高于未采纳绿色生产行为茶农，并且均值差异也通过了 1%统计水平的显著性检验，说明茶农采纳绿色生产行为可以改善茶园生态环境，进而提高茶农绿色生产行为的生态效应。

表 6.2 变量描述性统计及均值差异

变量		总体样本（N=872）		处理组（N_1=690）		控制组（N_2=182）		均值差异（t 检验）
		均值	标准差	均值	标准差	均值	标准差	
被解释变量	是否采纳绿色生产行为	0.791	0.407	1.000	0.000	0.000	0.000	—
	绿色生产行为采纳程度	1.833	0.818	2.052	0.042	1.000	0.000	—
	茶园单位面积收入	1.266	1.537	1.375	1.701	0.850	0.382	0.525***
	茶园生态环境改善效果	4.417	0.551	4.542	0.029	3.245	0.024	1.297***
解释变量	政府规制	1.405	0.409	1.514	0.020	0.989	0.027	0.525***
	市场机制	2.527	0.385	2.622	0.019	2.166	0.031	0.456***
	产业组织驱动	0.383	0.425	0.480	0.023	0.016	0.010	0.464***
	社区治理	3.354	0.569	3.496	0.028	2.814	0.042	0.682***
控制变量	受教育程度	3.353	1.074	3.557	0.055	2.582	0.098	0.975***
	风险偏好	1.837	0.807	2.023	0.042	1.132	0.039	0.891***
	茶叶劳动力	2.626	0.852	2.597	0.868	2.725	0.776	−0.128**
	非兼业程度	0.656	0.271	0.722	0.280	0.639	0.222	0.829***
	茶叶种植经验	3.993	0.965	3.945	0.054	4.176	0.085	−0.231**
	茶叶种植规模	1.928	5.202	2.261	5.802	0.664	0.291	1.597***
	茶园集中程度	2.608	0.912	2.690	0.049	2.297	0.086	0.393***
地区虚拟变量	安溪县	0.358	0.480	0.362	0.026	0.341	0.050	0.021
	武夷山市	0.294	0.456	0.316	0.025	0.209	0.043	0.107**
	福鼎市	0.349	0.477	0.322	0.025	0.451	0.052	−0.129**

（续）

变量		总体样本（N=872）		处理组（N_1=690）		控制组（N_2=182）		均值差异（t 检验）
		均值	标准差	均值	标准差	均值	标准差	
工具变量	到农技推广站的距离	14.064	9.880	13.104	10.074	17.703	8.181	−4.599***

注：***、**、*分别表示在1%、5%和10%的水平上显著。

另外，在个体特征方面，采纳绿色生产行为茶农的个体禀赋能力更强，主要表现在受教育程度更高，更具冒险精神。在家庭特征方面，采纳绿色生产行为茶农家庭中的茶叶劳动力人数较少，但其非兼业程度较高，表明茶叶收入在其家庭经济结构中占据更加重要的地位。在生产特征方面，采纳绿色生产行为茶农的茶叶种植年限略低于未采纳绿色生产行为茶农，但茶叶种植规模显著高于未采纳绿色生产行为茶农，且其茶园集中程度更高。此外，采纳绿色生产行为茶农家庭到农技推广站的距离比未采纳绿色生产行为茶农家庭到农技推广站的距离近，且差异性通过了1%的显著性水平检验，表明到农技推广站的距离会在一定程度上影响茶农的绿色生产行为采纳。

总体而言，处理组和控制组在茶叶绿色生产效应上的差异初步验证了茶农采纳绿色生产行为可以改善其福利水平，但由于两组茶农在某些禀赋上也存在显著差异。因此，只有排除茶农特征变量差异的影响，才能明确茶农采纳绿色生产行为对其经济收入和生态环境的影响效应。

6.5 结果与分析

6.5.1 茶农绿色生产行为采纳决策模型估计结果

利用Stata 14.0统计软件运行Heckman两阶段模型来估计多主体治理对茶农绿色生产行为采纳决策及其采纳程度的影响，模型估计结果见表6.3。Heckman两阶段模型中，逆米尔斯比率λ估计值在1%的水平上通过显著性检验，表明确实存在样本选择性偏误，即茶农是否采纳绿色生产行为决策与采纳程度决策存在关联，验证了使用Heckman两阶段模型对茶农绿色生产行为采纳决策模型估计的必要性。此外，$Wald\ chi^2$检验值在1%的水平上显著，说明模型整体显著。

在茶农绿色生产行为采纳决策模型估计结果中，政府规制、市场机制、社区治理均正向显著影响茶农绿色生产行为采纳决策和采纳程度，这与第5章的研究结论相符。主要原因是：政府部门通过引导、激励和约束等治理措施对茶农绿色生产行为采纳决策产生影响，政府规制作用程度越大，茶农采纳绿色生产行为的可能性越大，采纳程度也会越高；市场组织利用优质优价激励、质量检测约束以及信息宣传服务等治理手段对茶农绿色生产行为进行规范和引导，市场机制作用程度越大，茶农采纳绿色生产行为的可能性越大，采纳程度也会越高；社区组织通过村委会制定治理准则并自上而下监督、社区内部茶农之间相互监督等方式直接约束茶农绿色生产行为，或者通过邻里示范效应引导茶农进行绿色生产，社区治理作用程度越大，茶农采纳绿色生产行为的可能性越大，采纳程度也会越高。

同时，茶农绿色生产行为采纳决策和采纳程度也受到茶农受教育程度、风险偏好、非兼业程度、茶叶种植规模以及茶园集中程度等因素不同程度的显著影响，这也与第 5 章的研究结论相符。在茶农个体特征方面，户主受教育程度越高、风险偏好程度越高的茶农对农业绿色生产技术的学习能力越强，接受程度也越高，采纳绿色生产行为的可能性也越大，采纳程度也会越高；在家庭特征方面，非兼业程度通过了 1%的显著性检验，非兼业程度越高，表明茶农家庭经济收入来源越依赖茶叶种植，茶农越倾向于采纳多种农业绿色生产技术以提高茶叶收入；在生产特征方面，茶叶种植规模和茶园集中程度对茶农采纳绿色生产行为具有显著正向影响，说明茶叶种植规模越大，并且茶园地块越集中，茶农采纳绿色生产行为的可能性越大，采纳程度也会越高，主要原因可能是茶农进行茶叶规模化、集中化种植时，期望通过采纳多种绿色生产技术来降低每亩茶园农资投入成本，从而实现规模效益（胡海和庄天慧，2020）。在地区虚拟变量方面，相较于安溪县而言，武夷山市和福鼎市茶农采纳绿色生产行为更为明显。在工具变量方面，到农技推广站的距离对茶农绿色生产行为采纳决策具有显著负向影响，茶农家庭距离最近农业技术推广站越远，茶农学习和获取农业绿色生产技术的时间和成本越多，茶农采纳绿色生产技术的积极性越低。

表 6.3 茶农绿色生产行为采纳决策模型估计结果

变量		Heckman 两阶段模型			
		是否采纳绿色生产行为		绿色生产行为采纳程度	
		系数	标准差	系数	标准差
解释变量	政府规制	1.904***	0.582	1.157***	0.329
	市场机制	1.616***	0.542	1.079***	0.199
	产业组织驱动	0.353	0.434	−0.309	0.292
	社区治理	0.370**	0.342	0.327**	0.217

（续）

变量		Heckman两阶段模型			
		是否采纳绿色生产行为		绿色生产行为采纳程度	
		系数	标准差	系数	标准差
控制变量	受教育程度	0.173**	0.130	0.132**	0.133
	风险偏好	0.380**	0.215	0.382***	0.111
	茶叶劳动力	0.070	0.153	0.030	0.089
	非兼业程度	0.186**	0.124	0.148**	0.176
	茶叶种植经验	0.038	0.123	0.036	0.073
	茶叶种植规模	0.182**	0.174	0.252***	0.090
	茶园集中程度	0.364**	0.147	0.459***	0.135
地区虚拟变量	武夷山市	1.108***	0.341	0.466**	0.217
	福鼎市	0.342**	0.362	0.368*	0.199
工具变量	到农技推广站的距离	−0.032***	0.012	—	—
常数项		−6.913***	1.403		
λ		—	—	−1.082***	0.363
Wald chi^2		429.547***			

注：①***、**、*分别表示在1%、5%和10%的水平上显著。
②地区虚拟变量中，以安溪县为控制组。

6.5.2 茶农绿色生产行为效应模型估计结果

（1）茶农绿色生产行为效应模型检验

基于ESR模型，利用Stata 14.0统计软件对茶农绿色生产行为采纳决策模型及其效应模型进行估计，结果如表6.4所示。从表中可知，经济效应模型和生态效应模型的拟合优度 *Wald chi*^{2} 检验值分别在1%和5%的统计水平上通过检验，说明模型总体显著。两个模型的独立性LR检验也分别在1%和5%的统计水平上拒绝了决策模型与结果模型相互独立的原假设，表明茶农绿色生产行为采纳决策与经济效应和生态效应存在选择效应，分别对其进行估计的结果有偏。

从表6.4中可以看到对处理组（采纳绿色生产行为茶农）与控制组（未采纳绿色生产行为茶农）经济效应影响因素的估计结果，以及对处理组（采纳绿色生产行为茶农）与控制组（未采纳绿色生产行为茶农）生态效应影响因素的估计结果。ρ_{ψ_1}、ρ_{ψ_0} 分别是茶农绿色生产行为采纳决策模型与处理组

（采纳绿色生产行为茶农）、控制组（未采纳绿色生产行为茶农）的效应模型误差项的相关系数，这两个系数的估计值至少有一个在1%的统计水平上显著且不为零，表明茶农绿色生产行为采纳决策与其效应之间存在样本选择性偏误，茶农选择是否采纳绿色生产行为并不是随机产生的，而是茶农基于采纳绿色生产行为前后自身效应变化后做出的“自选择”，如果不进行修正，将得到有偏的估计结果（陈雪婷，2020）。这表明选择ESR模型具有一定的可适性。此外，在经济效应模型估计结果中，ρ_{ψ_1}的估计值为正，表明处理组茶农的茶园单位面积收入高于样本中茶农的平均茶叶产出水平；ρ_{ψ_0}的估计值为负，表明控制组茶农的茶园单位面积收入低于样本中茶农的平均茶叶产出水平。

表6.4　茶农绿色生产行为效应模型估计结果

变量		ESR模型							
		经济效应				生态效应			
		处理组		控制组		处理组		控制组	
		系数	标准差	系数	标准差	系数	标准差	系数	标准差
解释变量	政府规制	1.070***	0.364	0.205*	0.122	0.254**	0.142	−0.331	0.557
	市场机制	0.553***	0.216	0.505**	0.243	0.373***	0.14	0.552	0.412
	产业组织驱动	0.632**	0.331	−0.069	0.087	0.634***	0.086	0.425	1.118
	社区治理	0.134	0.255	0.057	0.069	0.203**	0.101	0.845***	0.326
控制变量	受教育程度	0.162*	0.096	−0.006	0.028	0.035	0.036	0.078	0.137
	风险偏好	0.117	0.130	−0.062	0.06	0.069	0.050	−0.008	0.275
	茶叶劳动力	0.236**	0.105	0.167*	0.031	0.086**	0.040	0.003	0.156
	非兼业程度	0.171***	0.091	0.107*	0.029	0.054	0.035	−0.041	0.142
	茶叶种植经验	0.024	0.086	−0.006	0.028	−0.044	0.034	−0.177	0.135
	茶叶种植规模	0.133	0.109	−0.153***	0.032	0.316***	0.162	0.011	0.042
	茶园集中程度	0.089	0.096	−0.042	0.031	0.138**	0.075	−0.126	0.144
地区虚拟变量	武夷山市	1.063***	0.260	0.493***	0.072	−0.002	0.103	−0.244	0.369
	福鼎市	0.346*	0.246	0.359***	0.071	0.005	0.098	−0.336	0.353
常数项		−1.239	0.949	0.132	0.276	1.179***	0.376	−0.100	1.386
$\ln\sigma_{\psi_0}$		—	—	−1.080***	0.111	—	—	−0.085	0.210
ρ_{ψ_0}		—	—	−1.803***	0.223	—	—	0.555	0.539
$\ln\sigma_{\psi_1}$		−0.388***	0.039	—	—	−0.314***	0.052	—	—
ρ_{ψ_1}		0.122***	0.126	—	—	−1.413***	0.219	—	—

（续）

变量	ESR模型							
	经济效应				生态效应			
	处理组		控制组		处理组		控制组	
	系数	标准差	系数	标准差	系数	标准差	系数	标准差
Wald chi^2	318.10***				27.18**			
LR	21.270***				8.370**			
Log *likelihood*	−812.476				−636.759			

注：①***、**、*分别表示在1%、5%和10%的水平上显著。
②地区虚拟变量中，以安溪县为控制组。

（2）茶农绿色生产行为对经济效应影响分析

从表6.4中茶农绿色生产行为经济效应影响因素的估计结果可以看出，处理组茶农和控制组茶农在经济效应影响因素上具有明显差异，说明茶农采纳绿色行为具有明显的“自选择”特征。政府规制和市场机制对处理组茶农和控制组茶农的茶园单位面积收入均具有显著正向影响，而且对处理组茶农的茶园单位面积收入的影响更为显著，这表明政府规制和市场机制不仅会促进茶农采纳绿色生产行为，而且可以显著增加茶农的经济收入。控制组茶农虽然未采纳绿色生产行为，但是政府规制和市场机制会规范其生产行为，使其在茶叶生产中会更加注重茶叶质量安全，减少化肥和农药的施用量，不仅降低农资投入成本，而且可以一定程度上提高茶叶品质，从而提高茶园单位面积收入。产业组织驱动在5%的统计水平上对处理组茶农的茶园单位面积收入有正向显著影响，而对控制组茶农的茶园单位面积收入的影响不显著，这说明产业组织在农业绿色生产技术的推广和应用中起到了一定作用，并能显著增加处理组茶农的经济收入。

在茶农特征方面，受教育程度在10%的统计水平上对处理组茶农的茶园单位面积收入具有正向显著影响，茶农的受教育程度越高，越愿意接受和使用绿色生产技术，以提高茶叶绿色生产效益。在家庭特征方面，茶叶劳动力人数和非兼业程度对处理组茶农和控制组茶农的茶园单位面积收入均具有正向显著影响，与控制组茶农相比，处理组茶农家庭中从事茶叶种植劳动力人数和非兼业程度对茶园单位面积收入的影响更大，其原因是：一方面，在茶叶绿色生产过程中投入的劳动力越多，茶园单位面积收入越高；另一方面，非兼业程度反映了茶农家庭对茶叶收入的依赖程度，茶叶收入在家庭总收入中的占比越高，表明茶农家庭对茶叶收入的依赖程度越高，其提高茶叶绿色生产水平的内在动力越强，投入到茶叶种植的绿色农资越多，进而提高茶叶质量安全和品质，从而显著提高茶园单位面积收入。在生产特征方面，茶叶种植规模对控制组茶农的茶园单位面积收入具有显著的负向影响，说明未采纳绿色生产行为的茶农茶叶种植规模越大，茶园单位面积收入越低，其可能的主要原因是：控制组茶农往往采用化肥和农药高投入的传统茶叶生产方式，虽然能够带来茶叶产量的增加，但是茶叶品质并不高，茶叶价格较低，从而导致茶园单位面积收入也相应较低。在地区虚拟变量方面，与安溪县茶农相比，武夷山市和福鼎市茶农（包括处理组和控制组）的茶园单位面积收入较高，其主要原因是：近年来安溪县铁观音茶叶市场行情较为低迷，茶叶单价总体不高，而武夷山市主产的岩茶和福鼎市主产的白茶均深受市场上消费者的喜爱，茶叶单价整体较高。

(3) 茶农绿色生产行为对生态效应影响分析

在茶农绿色生产行为生态效应影响因素的估计结果中，处理组茶农和控制组茶农同样具有明显差异。政府规制、市场机制、产业组织驱动和社区治理对处理组茶农的茶园生态环境改善效果均具有显著正向影响，这表明多主体治理会显著降低采纳绿色生产行为茶农的茶园化肥和农药施用量，进而改善茶农的茶园生态环境。而仅有社区治理这一因素会对控制组茶农的茶园生态环境改善效果产生显著正向影响，其可能的原因是：控制组茶农与周围采纳绿色生产行为的邻居之间经常交流茶叶种植经验，在邻里示范效应影响下，部分茶农会参考周围邻居的经验，减少化肥和农药的施用量。控制变量中，茶叶劳动力在5%的统计水平上对处理组茶农的茶园生态环境改善效果具有正向显著影响，意味着茶农家庭劳动力数量越充足，在茶叶种植过程中能够投入的劳动力越多，此时茶农越会倾向于用人工劳动来替代部分化学品的投入，例如采用人工除草、人工治理虫害替代化学农药投入，采用农家肥、种植绿肥替代化肥投入等，这有利于茶园生态环境的改善。茶叶种植规模和茶园集中程度分别在1%和5%的统计水平上对处理组茶农的茶园生态环境改善效果具有正向显著影响，说明规模化、集中化生产的茶农不仅更倾向于采纳绿色生产行为，而且施用化肥、农药的数量越少，因此，茶叶种植规模越大、越集中的茶农，其采纳绿色生产行为的生态效应越明显。

6.5.3 茶农采纳绿色生产行为对经济收入和生态环境影响的平均处理效应

在ESR模型估计的基础上，进一步估计茶农采纳绿色生产行为对其经济收入和生态环境影响的平均处理效应，结果如表6.5所示。在多主体治理下，茶农采纳绿色生产行为对经济收入和生态环境均具有正向的平均处理效应，且均在1%的统计水平上显著，说明茶农采纳绿色生产行为显著提高了茶园单位面积收入和改善了茶园生态环境，具有良好的经济效应和生态效应。

在经济收入的平均处理效应方面，具体表现为：在反事实假设下，处理组（实际采纳绿色生产行为的茶农）若未采纳绿色生产行为，其茶园单位面积收入将由 1.375 万元下降至 0.646 万元，下降了 0.729 万元，下降幅度为 53.02%；控制组（实际未采纳绿色生产行为的茶农）若采纳绿色生产行为，其茶园单位面积收入将由 0.850 万元增加至 1.237 万元，增加了 0.387 万元，增加幅度为 45.53%。这说明当前市场条件下，茶农采纳绿色生产行为能够有效改善其经济效应，因此假设 6.1 得到验证。

在生态环境的平均处理效应方面，具体表现为：在反事实假设下，实际采纳绿色生产行为的茶农若未采纳，其茶园生态环境改善效果将由 4.542 下降至 3.137，下降了 1.405，下降幅度为 39.93%；实际未采纳绿色生产行为的茶农若采纳，其茶园生态环境改善效果将由 3.245 上升至 4.324，上升了 1.079，上升幅度为 33.25%。这说明茶农采纳绿色生产行为能够有效改善其生态效应，因此假设 6.2 也得到验证。

表 6.5　茶农采纳绿色生产行为对经济收入和生态环境影响的平均处理效应

项目		经济效应		生态效应	
		茶园单位面积收入/万元		茶园生态环境改善效果	
		处理组	控制组	处理组	控制组
反事实假设	采纳	1.375	1.237	4.542	4.324
	未采纳	0.646	0.85	3.137	3.245
ATT		0.729***	—	1.405***	—
ATU		—	0.387***	—	1.079***
变化率/%		53.02	45.53	30.93	33.25

注：①*ATT* 表示处理组（采纳绿色生产行为的茶农）对应的平均处理效应，*ATU* 表示控制组（未采纳绿色生产行为的茶农）对应的平均处理效应。

② *** 表示在 1%的水平上显著。

6.5.4　茶农采纳绿色生产行为效应的异质性分析

（1）不同绿色生产技术采纳对茶农经济效应和生态效应的异质性分析

从第 3 章对茶农绿色施药行为和绿色施肥行为的描述性统计分析结果可以看出，生物农药和有机肥料分别是茶农在施药环节和施肥环节采纳使用比例较高的两种绿色生产技术。因此，以是否采纳生物农药技术、是否采纳有机肥料技术为解释变量，进一步使用 ESR 模型，在反事实分析框架下分别考察这两种绿色生产技术对茶农经济收入和生态环境的平均处理效应差异，结果如

表 6.6 所示。

由表 6.6 可知，在多主体治理下，生物农药和有机肥料对茶农经济收入和生态环境影响的平均处理效应均在 1%的统计水平上显著为正，表明不同绿色生产技术采纳对茶农的经济效应和生态效应存在显著差异，假设 6.3 得到验证。具体而言，在经济收入的平均处理效应方面，在反事实假设下，生物农药采纳组（实际采纳生物农药的茶农）若未采纳生物农药，其茶园单位面积收入将由 1.558 万元下降至 0.835 万元，下降了 0.723 万元，下降幅度为 46.41%；生物农药未采纳组（实际未采纳生物农药的茶农）若采纳生物农药，其茶园单位面积收入将由 0.985 万元增加至 1.323 万元，增加了 0.338 万元，增加幅度为 34.31%。有机肥料采纳组（实际采纳有机肥料的茶农）若未采纳有机肥料，其茶园单位面积收入将由 1.406 万元下降至 0.791 万元，下降了 0.615 万元，下降幅度为 43.74%；有机肥料未采纳组（实际未采纳有机肥料的茶农）若采纳有机肥料，其茶园单位面积收入将由 0.983 万元增加至 1.330 万元，增加了 0.347 万元，增加幅度为 35.30%。可见，茶农采纳生物农药和有机肥料均能够显著提高其经济收入，而且有机肥料对经济收入的提高幅度大于生物农药。

表 6.6　不同绿色生产技术采纳对茶农经济收入和生态环境影响的平均处理效应

项目		经济效应				生态效应			
		茶园单位面积收入/万元				茶园生态环境改善效果			
		生物农药		有机肥料		生物农药		有机肥料	
		采纳组	未采纳组	采纳组	未采纳组	采纳组	未采纳组	采纳组	未采纳组
反事实假设	采纳	1.558	1.323	1.406	1.330	4.678	4.136	4.558	4.054
	未采纳	0.835	0.985	0.791	0.983	3.547	3.167	3.332	3.132
ATT		0.723***	—	0.615***	—	1.131***	—	1.226***	—
ATU		—	0.338***	—	0.347***	—	0.969***	—	0.922***
变化率/%		46.41	34.31	43.74	35.3	24.18	30.6	26.9	29.44
样本占比/%		49.08	50.92	66.97	33.03	49.08	50.92	66.97	33.03

注：*** 表示在 1%的水平上显著。

在生态环境的平均处理效应方面，具体表现为：在反事实假设下，生物农药采纳组（实际采纳生物农药的茶农）若未采纳生物农药，其茶园生态环境改善效果将由 4.678 下降至 3.547，下降了 1.131，下降幅度为 24.18%；生物农药未采纳组（实际未采纳生物农药的茶农）若采纳生物农药，其茶园生态环境改善效果将由 3.167 上升至 4.136，上升了 0.969，上升幅度为 30.60%；

有机肥料采纳组（实际采纳有机肥料的茶农）若未采纳有机肥料，其茶园生态环境改善效果将由 4.558 下降至 3.332，下降了 1.226，下降幅度为 26.90%；有机肥料未采纳组（实际未采纳有机肥料的茶农）若采纳有机肥料，其茶园生态环境改善效果将由 3.132 上升至 4.054，上升了 0.922，上升幅度为 29.44%。由此可见，茶农采纳生物农药和有机肥料也都能够显著提高其生态环境，而且生物农药对茶园生态环境的改善效果比有机肥料更明显。

（2）绿色生产行为采纳对不同资源禀赋茶农经济效应和生态效应的异质性分析

上述分析已证实多主体治理下绿色生产行为采纳会显著改善茶农福利水平。但是考虑到茶农的资源禀赋条件不同，采纳绿色生产行为的经济效应和生态效应也可能存在不同，本研究根据收入水平、经营规模以及兼业化程度等资源禀赋条件对茶农进行样本划分，进一步考察不同资源禀赋条件下茶农采纳绿色生产行为效应是否存在异质性。收入水平以“是否超过总体样本茶农家庭总收入的中位数”为划分标准，将样本茶农划分为高收入组和低收入组；经营规模的划分借鉴余威震和罗小锋（2022）的做法，以“茶叶种植规模是否大于10 亩”为划分标准，将样本茶农划分为小规模组和大规模组；兼业化程度的划分方法借鉴陈晓红和汪朝霞（2007）、王若男等（2021）的做法，将茶叶收入大于非茶叶收入的茶农划分为茶叶兼业组，将非茶叶收入大于茶叶收入的茶农划分为非茶叶兼业组。绿色生产行为采纳对不同资源禀赋茶农经济收入和生态环境影响的平均处理效应测度结果如表 6.7 所示。由表 6.7 可知，多主体治理下绿色生产行为采纳对不同资源禀赋茶农经济收入和生态环境影响的平均处理效应均在 1%统计水平上显著为正，表明绿色生产行为采纳对不同资源禀赋茶农的经济效应和生态效应存在显著差异，假设 6.4 得到验证。

表 6.7 绿色生产行为采纳对不同资源禀赋茶农经济收入和生态环境影响的平均处理效应

效应类型	不同资源禀赋类型		样本比例/%	绿色生产行为		ATT	变化率/%
				采纳	未采纳		
经济效应	收入水平	低收入组	57.80	0.779	0.455	0.324***	41.59
		高收入组	42.20	1.969	1.316	0.653***	33.16
	经营规模	小规模组	40.37	0.977	0.613	0.364***	37.26
		大规模组	59.63	1.565	1.222	0.343***	21.92
	兼业程度	非茶叶兼业组	36.47	0.632	0.539	0.093***	14.72
		茶叶兼业组	63.53	1.671	1.059	0.612***	36.62

（续）

效应类型	不同资源禀赋类型		样本比例/%	绿色生产行为		ATT	变化率/%
				采纳	未采纳		
生态效应	收入水平	低收入组	57.80	4.384	3.182	1.202***	27.42
		高收入组	42.20	4.699	3.273	1.426***	30.35
	经营规模	小规模组	40.37	4.36	3.256	1.104***	25.32
		大规模组	59.63	4.628	3.306	1.322***	28.57
	兼业程度	非茶叶兼业组	36.47	4.265	3.266	0.999***	23.42
		茶叶兼业组	63.53	4.652	3.386	1.266***	27.21

首先，绿色生产行为采纳分别使低收入组和高收入组茶农的茶园单位面积收入提高41.59%和33.16%，绿色生产行为采纳对低收入组茶农的经济效应强于高收入组茶农，能显著提高低收入水平茶农的茶叶收入。其原因是：低收入组茶农资本禀赋较弱，采纳绿色生产技术之后，茶叶品质提升带来的溢价效应更为明显，会显著提高茶园单位面积收入；对于高收入组茶农而言，茶园前期绿色生产要素投入较多，茶叶品质溢价已被较大程度释放，即使继续投入更多绿色生产要素，茶园单位面积收入也不会有较大幅度的提升，其收益较多来源于规模效益或政策补贴。其次，绿色生产行为采纳分别使小规模组和大规模组茶农的茶园单位面积收入提高37.26%和21.92%，小规模组茶农采纳绿色生产行为的经济效应明显高于大规模组茶农，这与余威震和罗小锋（2022）的研究结论相一致。其原因是：大规模组茶农一般是专业大户或新型经营主体，他们多采用规模经营，这虽然能够带来规模经济效应，最大限度发挥绿色生产的技术效应，但是绿色生产行为采纳的经济效应存在最优规模，当经营规模超过最优规模后，绿色生产行为采纳的经济效应会出现边际递减。最后，绿色生产行为采纳分别使非茶叶兼业组和茶叶兼业组茶农的茶园单位面积收入提高14.72%和36.62%，茶叶兼业组茶农采纳绿色生产行为的经济效应明显高于非茶叶兼业组茶农，这与王若男等（2021）的研究结论相一致。主要原因是：茶叶兼业组茶农家庭收入主要依赖于茶叶种植，会在绿色生产技术的采纳和科学规范的使用上投入更多的时间和精力，因此绿色生产行为采纳带来的茶叶收入增加在茶农家庭总收入中的贡献度较高；而非茶叶兼业组茶农家庭收入主要来源于外出务工、工资性等非茶叶收入，即便是采纳了绿色生产技术，也可能因为无法花费太多时间和精力管理茶园而使茶叶收入的增加在家庭总收入中的贡献度逐渐弱化。

在生态效应方面，绿色生产行为采纳分别使低收入组和高收入组茶农的茶园生态环境改善效果提高27.42%和30.35%，绿色生产行为采纳对高收入组茶农的生态效应强于低收入组茶农，能显著改善高收入水平茶农的茶园生态环境效果。其原因可能是：高收入组茶农资本禀赋较强，茶园绿色生产要素投入相对较多且能够持续投入，化肥和农药施用量大幅度减少，甚至不施用化肥和农药，从而对茶园生态环境的改善效果更为明显。绿色生产行为采纳分别使小规模组和大规模组茶农的茶园生态环境改善效果提高 25.32%和 28.57%，大规模组茶农采纳绿色生产行为的生态效应明显高于小规模组茶农。这表明种植规模越大，采用绿色生产技术的生态效应越明显，因此，茶叶种植规模越大的茶农，其绿色生产行为对生态环境改善效果越好。绿色生产行为采纳分别使非茶叶兼业组和茶叶兼业组茶农的茶园生态环境改善效果提高 23.42%和 27.21%，茶叶兼业组茶农采纳绿色生产行为的生态效应明显高于非茶叶兼业组茶农。主要原因是：非茶叶兼业组茶农家庭的主要收入来源于非茶叶收入，对茶叶绿色生产重视程度不够，导致茶园生态环境改善效果不如茶叶兼业组茶农明显。

6.6 本章小结

本章构建了“多主体治理—是否采纳—采纳程度—行为效应”理论分析框架，采用内生转换回归（ESR）模型实证分析多主体治理下茶农采纳绿色生产行为对其效应的影响，并构建反事实分析框架，评估多主体治理下茶农绿色生产行为采纳对其经济收入和生态环境的平均处理效应。研究表明：

①通过对处理组和控制组茶农的茶园单位面积收入和茶农对茶园生态环境改善效果的主观评价均值水平进行描述性统计分析及均值差异 t 检验，处理组茶农的茶园单位面积收入和茶园生态环境改善效果评价均显著高于控制组茶农，初步验证了茶农采纳绿色生产行为可以改善其经济效应和生态效应。

②政府规制和市场机制对处理组茶农的茶园单位面积收入的影响比对控制组茶农更加明显；产业组织驱动显著影响处理组茶农的茶园单位面积收入，而对控制组茶农的影响不显著；社区治理未能显著提升处理组和控制组茶农的茶园单位面积收入。政府规制、市场机制、产业组织驱动和社区治理会显著改善处理组茶农的茶园生态环境，同时仅有社区治理对控制组茶农的茶园生态环境改善效果具有显著正向影响。

③从茶农采纳绿色生产行为对经济收入和生态环境影响的平均处理效应分析结果可知，实际未采纳绿色生产行为的茶农若采纳绿色生产行为，其茶园单位面积收入将由 0.850 万元增加至 1.237 万元，增加了 0.387 万元，增加幅度为 45.53%；其茶园生态环境改善效果将由 3.245 上升至 4.324，上升了 1.079，上升幅度为 33.25%。这说明多主体治理下茶农采纳绿色生产行为能

够有效改善其经济效应和生态效应。

④对不同绿色生产技术和不同资源禀赋条件下茶农采纳绿色生产行为效应的异质性分析结果表明：茶农采纳生物农药和有机肥料均能够显著提高其经济效应和生态效应，其中有机肥料对经济效应的提高幅度大于生物农药，而生物农药对生态效应的改善效果比有机肥料更明显；多主体治理下绿色生产行为采纳对不同资源禀赋茶农经济收入和生态环境影响的平均处理效应均显著为正且存在异质性，绿色生产行为采纳对经营规模小、收入水平低或收入主要来源于茶叶收入的茶农的经济效应影响更加明显，对经营规模大、收入水平高或收入主要来源于茶叶收入的茶农的生态效应影响更明显。

7 茶农绿色生产行为多主体协同治理模式构建与实现路径

通过第 5 章、第 6 章对多主体治理下茶农绿色生产行为采纳决策及行为效应分析可知，茶农选择实施绿色生产行为具有良好的经济效应和生态效应，但部分茶农的绿色生产意愿与其实际行为却存在背离。根据多主体协同治理的调节效应分析结果可知，多主体协同治理对于茶农绿色生产意愿对其行为的影响具有显著正向调节效应，因此，增强多主体协同治理效应可以有效促进茶农绿色生产意愿向绿色生产行为转变。然而，当前研究区域茶农绿色生产行为多主体协同治理模式尚未形成，各主体在治理中的协同程度未达到最优协同状态。因而，本章将多主体协同治理理论和 SFIC 模型引入茶农绿色生产行为治理领域，通过治理主体设计、治理结构设计和治理机制设计来构建以政府部门为主导、多元主体参与的新的茶农绿色生产行为多主体协同治理模式，并进一步优化多主体协同治理茶农绿色生产行为实现路径。

7.1 协同治理的一个理论框架：SFIC 模型

7.1.1 SFIC 模型简介

SFIC 模型是 Ansell 和 Gash（2007）对来自不同国家和不同政策领域的 137 个协同治理案例的普遍性和特殊性进行不断地概括和验证，最终提出的可以用于解释一般协同治理实践的新模型。SFIC 模型由初始条件（starting conditions）、催化领导（facilitative leadership）、制度设计（institutional design）、协同过程（collaborative process）和协同结果（outcomes）5 个部分组成，如图 7.1 所示。其中，协同过程在模型中处于核心地位，而初始条件、催化领导和制度设计是协同过程的影响因素和前提条件，四个因素的相互作用对协同结果的最终输出会产生重要影响。

（1）初始条件

初始条件是各主体达成协同治理的能力和意愿以及初始环境状况（孙大鹏，2022），是影响各主体有效参与协同治理的重要因素，也是各主体达成协

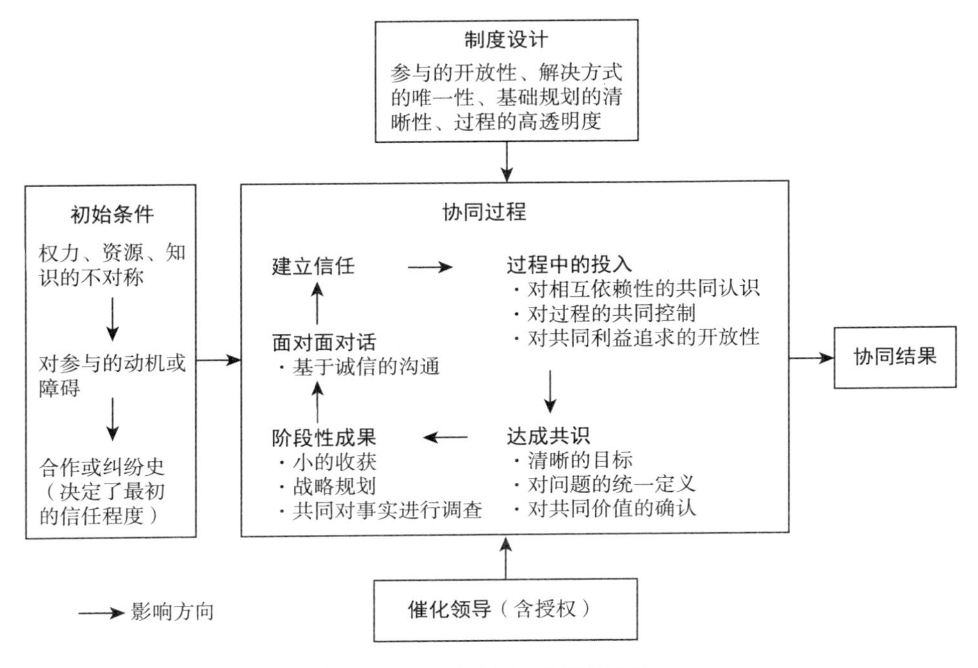

图 7.1　SFIC 协同治理模型框架

（资料来源：ANSELL C，GASH A，2007. Collaborative governance in theory and practice [J]. Journal of public administration research and theory (18)：543-571.）

同治理共识的前提。该部分设定了各治理主体在权力、资源、知识的不对称，进行协同治理的动机或障碍，以及合作或纠纷史三个方面的起始水平，这些初始条件可能促成各主体形成协同治理，也可能阻碍各主体协同治理（田培杰，2013）。

（2）催化领导

催化领导为协同治理提供必要的调节和中介作用（孙大鹏，2022），是沟通协同过程、团结各治理主体的必要因素，也是保障各治理主体有效协同治理的重要领导力量（何玲玲，2020）。该部分包含政府部门向各治理主体进行授权，对制定和维护明晰的行为规则、建立信任、促进对话及寻求共同利益具有至关重要的作用（田培杰，2013）。

（3）制度设计

制度设计设定了各主体参与协同治理的基本规则（孙大鹏，2022），强调协同过程的合法性与规范性，为各主体参与协同过程提供制度保障。该部分包括确保协同过程对各主体参与的开放性、制定清晰的行为准则、明确各主体的角色和职责以及提高协同过程的透明度（田培杰，2013）。

（4）协同过程

协同过程对最终产出的协同结果影响最大。该部分包括面对面对话、建立信任、过程中的投入、达成共识和阶段性成果五个部分（田培杰，2013）。协同治理的过程可以被视为一个非线性的循环过程（孙大鹏，2022）：各治理主体基于诚信开展面对面的对话交流，建立彼此信任；进而在协同治理过程中进行投入，包括信息共享、发挥各治理主体的功能和作用以实现共同决策和协同治理，以此加深各治理主体间的认识并就治理目标达成共识，共同朝着旨在取得阶段性成果的目标而努力；经过多次协同过程的循环，最终实现整体性目标，协同过程循环结束时将产出最终的协同结果。

7.1.2 SFIC模型在茶农绿色生产行为多主体协同治理中的适用性检视

SFIC模型作为协同治理研究中一个基础性、经典性的分析模型，打破协同治理理论在特定领域“种类”研究的局限性（何玲玲，2020），充分考虑了抽象性与现实性的结合，具有高度的抽象性和广泛的适用性（田培杰，2013）。因此，本研究将SFIC模型作为构建茶农绿色生产行为多主体协同治理模式的理论模型。

①SFIC模型与本研究的理论研究框架的吻合度较高。首先，该模型与本研究的理论研究框架的主要基础理论——多主体协同治理理论具有十分密切的联系。在目的方面，Ansell和Gash（2007）构建协同治理模型的最终目的主要是识别出影响协同治理高效运行的制约条件，这与多主体协同治理理论的出发点是高度契合的；在内容方面，SFIC模型中的变量因素包括各治理主体的权力、资源、信任、合作、对话、领导力、制度等，这些也都是多主体协同治理理论关注的重要内容。SFIC模型中多种变量因素的相互关系能很好地运用到茶农绿色生产行为多主体协同治理中。其次，Ansell和Gash（2007）认为，协同治理是由多元主体与多种关系构成的复杂治理过程，需要多元主体的介入，各治理主体为寻求共同目标进行面对面沟通协调，进而达成阶段性的成果。在茶农绿色生产行为治理中，由于政府部门、市场组织、产业组织、社区组织等多元主体在权力、资源、知识方面存在差异性和不对称性，影响到各治理主体的积极性和参与度，进而影响初始条件下各治理主体的信任程度以及彼此之间的合作关系或者纠纷的产生。面对协同过程中的信任和利益碰撞，各治理主体之间的协调互动是复杂和循环往复的。因此，SFIC模型能很好地应对茶农绿色生产行为治理中各主体的协同过程，也能很好地应用到茶农绿色生产行为的实际治理中。

②SFIC模型中政府授权相关利益主体参与治理、共同承担责任的理念与我国农产品质量安全监管体制的改革方向相一致。长期以来，我国实行以政府

为主体的农产品质量安全监管体制，政府一直是农产品质量安全监管中最重要的角色。人们习惯把农产品质量安全问题归咎于政府监管不力，而忽视了政府监管资源的有限性与农产品质量安全监管的日常性、复杂性之间的矛盾。仅依靠传统单一的政府规制模式和有限的监管资源，越来越难以实现对数量庞大的农产品生产经营主体的生产行为的监管。鉴于我国农产品质量安全仍存在一些问题和短板，2022 年 2 月农业农村部印发《“十四五”全国农产品质量安全提升规划》，明确提出推动农产品质量安全社会共治，充分发挥第三方社会组织的优势，推动农产品质量安全监管向多方主体参与、多种要素发挥作用的协同联动综合治理转变。2022 年 9 月修订的《中华人民共和国农产品质量安全法》明确要求建立科学、严格的监督管理制度，构建协同、高效的农产品质量安全社会共治体系。可见，社会共治作为未来我国农产品质量安全监管的改革方向，让市场组织、产业组织、社区组织、消费者、行业协会、新闻媒体和第三方检测机构等多元主体参与到农产品质量安全监管中，实现责任分担，这与 SFIC 模型提倡的政府赋权多元主体参与协同治理的理念不谋而合。因此，SF-IC 模型能够为茶农绿色生产行为多主体协同治理提供理论指导。

7.2 茶农绿色生产行为多主体协同治理模式构建

在茶农绿色生产行为治理过程中，传统单一的政府规制模式、市场模式、产业组织模式抑或社区自治模式存在调控失灵，仅依靠各自的力量和资源难以达到治理的最优效果，并且茶农群体本身存在资源约束、知识素养不高、在获取和使用茶叶绿色生产技术方面具有局限性等问题，需要政府部门、市场组织、产业组织、社区组织等多元主体加以协调，共同构建一个多元主体高效协同互动的茶农绿色生产行为治理模式，充分发挥各治理主体的功能和优势，引导和规范茶农绿色生产行为。然而，当前福建省茶农绿色生产行为多主体协同治理模式尚未形成，各主体在治理中的协同程度未达到最优协同状态，各主体之间的力量及地位存在差距且关系网络呈现“碎片化”，各自为政，缺乏沟通与协调，相互之间未能形成有效合力，未能充分发挥提升茶农绿色生产行为多主体协同治理的目标导向作用。因此，需要对当前茶农绿色生产行为治理模式进行重构，包括对治理主体、治理结构以及治理机制的重新设计。

7.2.1 治理主体设计

政府通过引导、激励和约束等规制措施对茶农生产行为进行调节，促进茶农采用绿色生产技术。然而，茶农从事茶叶种植存在小规模分散经营特征，政府规制存在低效率、高成本的问题，并且茶农非绿色生产具有突发性、隐秘性、不可预知性，依靠传统单一的政府规制模式和有限的监管资源越来越难以实现对茶农生产行为的监管。在这种背景下，政府已无法独自包揽茶农绿色生产行为治理，需要改变传统的政府单一主体的治理模式，吸纳市场组织、产业组织、社区组织等多元主体积极参与，构建以政府部门为主导、多元主体参与的茶农绿色生产行为多主体协同治理体系，发挥各主体的资源优势。茶农绿色生产行为多主体协同治理，就是要将政府部门、市场组织、产业组织、社区组织和茶农纳入同一协同治理系统，在治理过程中发挥各治理主体的优势，各治理主体共同参与制定茶农绿色生产行为治理规则与策略，通过平等协商、通力协作，借助彼此的资源来共同解决茶农绿色生产行为治理问题。

在茶农绿色生产行为多主体协同治理模式的主体设计结构中，政府部门作为治理的责任主体，发挥着主导作用，为茶农绿色生产行为治理提供制度设计、政策供给及宏观调控；市场组织、产业组织、社区组织等主体不仅是政府规制力量的良好补充，还是茶农绿色生产行为治理的重要参与力量，其参与程度决定着多主体协同治理主体设计的运行效率。实现这一主体设计的关键是要明确各治理主体的角色定位与职能分工，通过制度设计和机制创新寻求资源、权力对等，提升各主体参与协同治理的意愿。

（1）政府部门：茶农绿色生产行为治理的主导者

多主体协同治理要求政府进行角色转变。政府角色转变并不意味着要退出公共事务治理领域或者让渡本应承担的公共责任，而是要求政府转变解决社会公共问题的传统职能，由“统揽”向“主导”转变，即通过制度设计与政策供给，实现参与茶农绿色生产行为治理。政府这一角色转变具体包括以下几个方面：首先，参与地位转变为与市场组织、产业组织和社区组织等社会组织平等协商的参与主体；其次，参与方式转变为沟通、协商、合作等柔性方式；最后，权力运行转变为共同分担或分享治理职能的网络化运行方式。具体而言，政府在多主体协同治理主体设计中应发挥“主导者”职能，主要表现为在多主体协同治理模式的架构体系设计上和各治理主体的行为准则制定上发挥主导作用，在统筹兼顾各主体利益的前提下，合理运用法律、政策、经济等多种调控手段为公共事务的治理和公共物品的供应提供支持。

第5章、第6章的研究结果表明，政府规制不仅会促进茶农采纳绿色生产行为，而且可以显著提高茶农的福利水平。政府部门作为茶农绿色生产行为多主体协同治理的主导者，其作用体现在以下三个方面：

①聚合政府职能主导茶农绿色生产行为治理的顶层设计与政策制定，对其他治理主体进行权责划分、适当放权，授权其他主体承担茶农绿色生产行为治理的部分职能，构建利益共享和责任共担的协同治理机制，保障茶农绿色生产行为多主体协同治理过程的有序性。

②发挥好政府在茶农绿色生产行为治理过程中的宏观调控作用，充分调动市场组织、产业组织和社区组织协同参与茶农绿色生产行为治理的主观能动性。

③关注其他治理主体和茶农的利益诉求，为茶农绿色生产行为治理提供必要的政策、资金以及培训指导等支持，同时在整个治理过程中起到监督制衡的作用。

(2) 市场组织：茶农绿色生产行为治理的重要参与者

市场经济环境下，市场是购买农业生产要素和销售农产品的重要渠道，会影响农户的资源配置效率，进而对农户绿色生产行为采纳决策产生影响。以优质优价为代表的激励性市场机制能满足农户的预期收益（王常伟和顾海英，2013），以质量检测为代表的约束性市场机制能对农户绿色生产提出质量要求（代云云和徐翔，2012），以信息宣传为代表的引导性市场机制能为农户提供农业绿色生产技术信息。基于上述影响，农户在农业生产中采纳绿色生产行为的可能性会更高。可见，市场机制通过激励性、约束性或引导性等措施对农户生产行为进行规范和干预，是缓解绿色农产品信息不对称和防止农户投机行为的重要手段（罗小锋等，2020）。此外，市场环境是否稳定、农产品标准是否完善也会影响农户采纳农业绿色生产技术的积极性（龙冬平，2015；周应恒和胡凌啸，2016）。规范化与标准化的市场环境有助于甄别出普通农产品和优质农产品，避免农户因信息不对称而采取道德风险行为（余威震等，2019）。然而，由于当前我国农产品市场价值体系和农产品质量标准化体系仍不完善，绿色农产品市场监管机制仍不健全，从而引发“柠檬市场”（即信息不对称的市场）效应，市场机制的激励作用难以充分发挥（罗岚等，2021）。因此，在政府规制主导的背景下，还应完善农产品质量安全市场监管体系，严格规范农资销售市场，完善农产品市场准入制度和农产品质量标准化体系，搭建优质优价的农产品市场机制（罗岚等，2021），充分发挥农产品收购商和农资经销商等市场主体协同参与农户绿色生产行为治理的替代作用或互补作用，促进政府部门和市场组织两种力量协调配合，以解决目前我国绿色农产品市场存在的“柠檬市场”效应（刘迪等，2019）。

由第5章、第6章研究结果可知，市场机制不但会促进茶农采纳绿色生产行为，而且可以显著提高茶农的福利水平。市场组织参与茶农绿色生产行为治理，一方面是出于经济动机，茶叶收购商不仅能获得符合质量安全的高品质茶叶产品，满足消费者对于健康绿色产品的追求，从而获取更大的经济利益，还有助于建立优质优价市场机制，提高茶叶质量安全信息的透明度，实现茶叶优质优价，给茶农带来高收益预期，农资经销商向茶农提供绿色农资也能够获得更高的利润；另一方面是出于责任动机，既能提升茶叶品牌形象，获得茶农乃至更广大消费者的信赖，又能响应政府政策号召，推动茶产业绿色发展政策的有效实施。市场组织作为茶农绿色生产行为多主体协同治理的重要参与主体之一，可以向茶农提供资金、人才、技术、信息等茶叶绿色生产要素支持，通过利用优质优价激励、质量检测约束以及信息宣传服务等手段规范和激励茶农实施绿色生产行为。

（3）产业组织：茶农绿色生产行为治理的重要服务者

合作社、农业企业等产业组织作为联结农户与市场的重要纽带，具有技术、信息、资金、社会网络等资源禀赋优势，在推动农业绿色发展方面发挥重要作用，是农业绿色生产的主要示范者，也是引导农户进行绿色生产的重要推广者（张康洁等，2021）。在农业生产经营过程中，产业组织积极与农户建立紧密利益联结关系，形成了“公司或合作社＋农户”“公司＋合作社或基地＋农户”“公司＋社会化服务组织＋家庭农场”等不同类型的产业组织模式。这些产业组织模式以正式的或非正式的契约为载体，实现技术、资金、土地与其他农业生产要素的整合和使用（刘杰等，2022），改变了传统的农业生产经营方式，增强了农业生产规模化、集约化、现代化、绿色化的程度，同时也对推动农户采纳绿色生产行为产生了积极影响。既有研究表明，加入合作社等产业组织治理因素会对农户采纳绿色生产行为产生显著影响（褚彩虹等，2012；Abwbaw and Haile，2013）；产业组织具有进行绿色生产的示范性和指导性，可以在一定程度上对农户生产行为施加规范压力（龚继红等，2019）；农户与合作社或农业企业等产业组织建立利益联结关系，将个人利益与产业组织发展挂钩，会倒逼农户进行绿色生产（张康洁等，2021）。

由第5章、第6章的研究结果可知，产业组织驱动对茶农绿色生产行为的规范作用不明显，但能显著提高采纳绿色生产技术的茶农的经济收入，这表明当前茶叶产业组织未能充分发挥在茶农绿色生产行为治理的中介作用和社会化服务等功能价值，导致其在茶叶绿色生产过程中的治理作用较为有限。因此，应加强茶叶产业组织建设，积极引导和鼓励茶农加入产业组织，建立紧密型产业组织模式，通过实施绿色农资供应、绿色技术指导与培训、生产质量监督、溢价收购等一系列贯穿茶叶生产产前、产中、产后的契约安排，充分发挥产业组织作为茶农绿色生产行为治理的重要服务者与关键补充者的作用。

（4）社区组织：茶农绿色生产行为治理的重要辅助者

党的十九届四中全会公报提出要“构建基层社会治理新格局”。在倡导社区自治的乡村治理体系下，政府对农户的直接治理逐渐转变为社区治理，将更多规制权赋予社区，政府对农户的直接规制作用减弱，表明其规制作用路径已发生变化（于艳丽等，2019a），同时政府的规制成本也逐步向社区转移（Herbert，2000）。已有文献表明，基层社区治理能够有效规范农户行为

(Mutshewa，2010)，在农村食品安全风险治理中，发挥社区监督生产者行为的作用具有重要优势（Bailey and Garforth，2014），特别是村委会在农村食品安全风险治理方面具有巨大潜力（吴林海等，2016）。李芬妮等（2019a）的研究结果表明，农村社区非正式制度中的价值导向、惩戒监督和传递内化可促进农户采纳绿色生产行为，价值导向与正式制度的约束规制具有互补关系，惩戒监督与正式制度的激励规制也存在互补效应（李芬妮等，2019b）。在农户绿色生产行为治理过程中，社区向农户提供生产性服务能够提高农业绿色生产率（李翠霞等，2021），而且社区提供绿色生产服务比实施严格的监督措施更能提高农户绿色生产持续水平（徐蕾和李桦，2022）。徐志刚等（2016）的研究认为，农户之间的相互监督会影响农户的声誉诉求，进而显著促进其亲环境行为选择，特别在农村熟人社会中，农户非常看重声誉和面子（桂华和欧阳静，2012），因此以周围农户互相监督为主的社区治理形式对农户行为有显著影响（唐林等，2019），社区中农户的相互监督会约束农户的绿色生产行为。此外，邻里示范效应对农户选择实施绿色生产行为也具有显著影响（李明月等，2020）。由此可见，社区组织在推动农户绿色生产治理方面发挥着重要辅助作用。

由第5章、第6章的研究结果可知，社区治理对茶农绿色生产行为具有显著正向促进作用，并且能够显著降低茶农的化肥和农药施用量，这表明社区组织在茶农绿色生产行为治理中发挥重要角色作用，是茶农绿色生产行为多主体协同治理的重要辅助者与直接受益者。在茶农绿色生产行为多主体协同治理中，多方规范形成具有社区监督和社区服务功能的社区监管制度，充分发挥社区自我服务、自我管理、自我教育等主观能动性作用。具体而言，要赋予社区居民委员会或村委会对茶农绿色生产行为治理的监督与服务功能，协助政府部门或者其派出机构监督茶农绿色生产行为，为茶农开展各种形式的茶叶绿色生产宣传与引导活动。另外，也要充分发挥社区中茶农互相监督、邻里示范效应对茶农绿色生产行为强制治理措施的补充作用，鼓励农户之间形成互相监督，从而分散政府规制的压力，促使茶农接受并持续采纳绿色生产行为。

7.2.2 治理结构设计

（1）多主体协同治理的网络结构

在多主体协同治理模式的制度框架下，所有参与主体基于一致利益目标，共同分担或分享治理职能，通过网络治理结构的构建并以集体行动来共同解决问题。在治理结构中，每一个治理主体都被看作相对独立的“节点”，各主体在集体行动中不断地寻找彼此最佳的位置与状态（刘波等，2019），从而逐步构建起边界清晰、关系明确的网状组织结构。各治理主体在该网络框架下进行动态协同，通过对话、协商明确各自的资源优势和职能定位，协同有序参与公共事务治理，从而产生高效的协同治理效应。多主体协同治理模式的网络结构具有如下特征：

①政府部门在多主体协同治理模式的网络结构中扮演构建者、管理者和协调者的角色。在治理结构中，各主体是治理规则与制度体系的承载者，他们扮演不同角色，通过各自在网络结构中的位置和起到的作用来维护自身利益（杨华锋，2014）。政府部门由于掌握公共权力、分配公共资源、承担公共治理目标而成为网络化治理结构的核心主体，不仅承担构建、管理、维护网络的职责，还承担协调其他治理主体关系的职能，为各治理主体提供沟通、交流、协商和建立彼此信任的一个通道（郑扬波，2010）。

②多主体协同治理模式的网络结构实现权力结构的多元化。在治理结构中，政府部门不再是唯一的权力中心，各主体实现平等赋权、权力上下互动而非单一主体的“命令＋执行”的单向运行，通过资源相互依赖而展开主动合作与利益共存（郑扬波，2010），使得网络结构中的治理主体协同合作更具有自主性和灵活性。

③多主体协同治理模式的网络结构强调主体的平等治理地位。在治理结构中，各治理主体之间没有层级关系，突出“平等参与”与“责任共担”，在彼此信任的前提下协商合作，实现不同治理主体间沟通交流的畅通、有效和持续（李静，2016）。

为适应多主体协同治理的主体设计，必须重构茶农绿色生产行为多主体协同治理模式的治理结构，以多维协同治理网络结构替代单向一维治理模式的组织结构，通过多元主体与多维网络的匹配，实现茶农绿色生产行为治理模式的创新。在多主体协同治理模式的组织架构内，政府部门与市场组织、产业组织、社区组织之间形成了网络化治理结构，实现平等赋权，在共同价值取向及利益目标的驱动下，通过多维交流构建相互合作、相互信任的协调机制，形成有序参与、良性互动、理性制衡的茶农绿色生产行为多主体协同治理结构。

（2）治理主体间的关系建构

多主体协同治理作为一种全新的治理模式，实现了政府部门、市场组织、产业组织、社区组织对茶农绿色生产行为治理的多元参与。要想切实发挥各治理主体的功能作用，除了明确各自的角色定位与职能分工，还需进一步厘清各主体之间的关系，对茶农绿色生产行为多主体协同治理模式的组织结构内部各主体之间的关系进行建构。茶农绿色生产行为多主体协同治理模式的组织网络结构如图 7.2 所示。

①政府部门与其他治理主体的关系建构。政府规制是影响茶农绿色生产行为的直接方式，但由于我国茶农存在小规模分散经营特征，政府规制成本较高

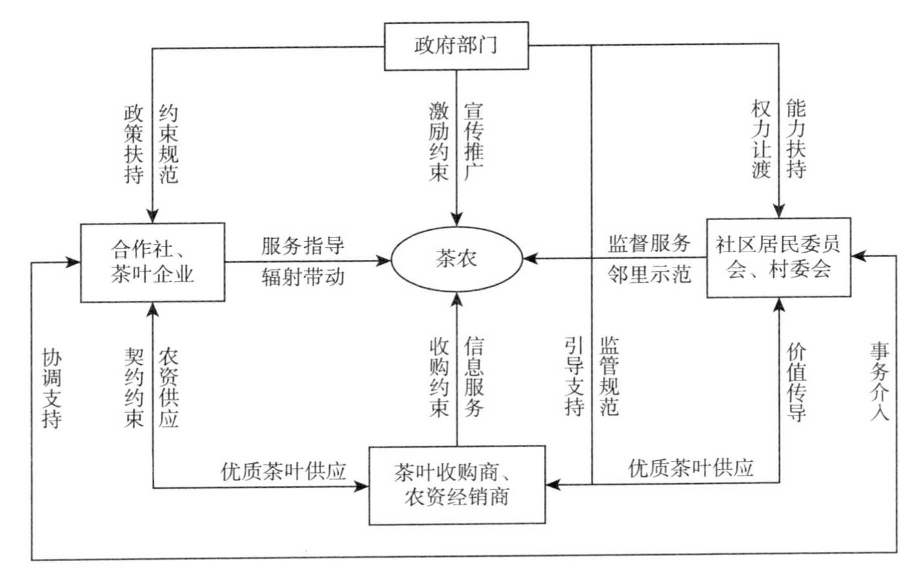

图 7.2 茶农绿色生产行为多主体协同治理模式的组织网络结构

(Lichtenberg，2013)。当市场组织、产业组织、社区组织参与茶农绿色生产行为治理并成为重要治理主体之后，政府通过赋权使他们分担原本属于政府的部分职责，在一定程度上可以减少政府规制所耗费的资源和成本，此时政府部门的定位转变为治理体系的构建者和监管政策的供给者，其主要职责是发挥政府部门在茶农绿色生产行为多主体协同治理结构中的主导作用，建立由市场组织、产业组织、社区组织等多元主体共同参与的协同治理体系。同时，通过相关制度和机制的有效供给，推动治理主体在茶农绿色生产行为治理过程中实现资源共享及职责共担。

A. 政府部门与市场组织之间的关系建构。研究表明，一方面，市场机制在一定程度上发挥了政府规制的替代作用；另一方面，市场机制的发挥也要借助政府规制的力量（罗岚等，2021)。政府部门要构建健康的茶叶市场环境，充分发挥市场在资源配置效率方面的优势，积极引导茶叶收购商、农资经销商等市场主体形成绿色营销理念，以市场需求推动茶农生产方式的转变。因此，政府部门应加快茶叶质量标准体系、绿色有机茶叶产品市场准入制度、茶叶质量安全监管及追溯制度建设，引导和鼓励茶叶收购商在茶叶收购环节实施严格质量安全检测，从源头上确保茶叶质量安全。同时，完善农产品市场体系，建立优质优价的市场机制，建立绿色农产品信息公开平台，缓解茶叶市场上的信息不对称，确保采纳绿色生产行为的茶农所生产的绿色有机茶叶能够获得消费者认可。此外，还应严格规范农资销售市场，对农资经销商进行有关农业绿色生产技术和知识的培训，使他们成为农业绿色生产技术和知识的传播渠道，间接引导茶农实施绿色生产行为。

B. 政府部门与产业组织之间的关系建构。研究表明，合作社、农业企业等产业组织是政府在农业扶持政策中重要的合作伙伴，通过发挥产业组织的治理作用，不仅可以有效降低政府规制成本，还可以通过为农户提供绿色投入品、技术指导、溢价收购等制度安排，对农户生产行为进行引导和监督，从而提高农户绿色生产行为规范效率（陈梅英等，2020）。政府通过提供互补性的制度供给与政策支持，加快构建现代农业产业组织体系，提高产业组织的协调能力，弥补产业组织的缺陷，降低其交易成本（刘帅等，2020），为茶叶合作社、茶叶企业等产业组织参与茶农绿色生产行为治理提供有利的政策环境。同时，政府应继续加大对茶叶合作社、茶叶龙头企业等产业组织的培育力度，提高茶叶标准化生产水平和社会化服务水平，通过设计农业绿色补贴项目等方式为茶叶产业组织提供土地流转、资金融通、技术示范和产品推介等方面的支持，激发和调动产业组织带动茶农采纳绿色生产的示范作用。此外，政府应当加强农产品质量安全信用体系建设，健全茶叶生产经营主体信用档案，利用声誉机制规范和约束产业组织的生产经营行为。

C. 政府部门与社区组织之间的关系建构。社区治理是国家治理整体格局中最微小却最重要的构成单元。研究表明，政府部门与社区组织的协同治理更能实现社区资源的优化配置（刘波等，2019），政府部门通过空间让渡、资源引导以及能力扶持培育和激发社区内生动力，有效降低治理成本（渠鲲飞和左停，2019）。于艳丽等（2019）的研究结果显示，社区治理在一定程度上能够补充政府的规制作用，同时社区治理内生潜力的发挥也需要政府的引导和激励。李芬妮等（2019a）也认为，在环境规制相对缺乏或作用较弱的情况下，社区治理可以充当环境规制的替代机制。政府部门应健全社区监管体系，强化社区组织在茶农绿色生产行为治理中的重要辅助作用，通过权力让渡和能力扶持调动社区组织参与茶农绿色生产行为治理的积极性，发挥村委会监督和周围茶农相互监督对政府规制措施的补充作用（徐蕾和李桦，2022），分散政府规制压力。

②市场组织、产业组织、社区组织的关系建构。

A. 市场组织与产业组织之间的关系建构。市场是茶叶流通的最后环节，市场检测成为茶叶质量安全的最后一道防线。通过市场契约约束来缓解农产品信息不对称，有助于规范产业组织的绿色生产行为（朱哲毅等，2021）。在治理网络中，市场组织将通过契约性茶叶收购约束，以自身市场行为的规范来确保茶叶质量安全。茶叶收购商通过制定严格的茶叶质量收购标准，根据茶叶的感官特性（形态、嫩度、色泽、香气、滋味等）、理化品质、质量安全等级等确定产品的质量及收购价格。茶叶收购商对茶叶提出质量安全等方面的收购标准，会促使茶叶合作社、茶叶企业等产业组织建立配套的组织约束，并根据茶叶质量安全标准与规范统一组织茶叶安全生产，为茶农提供技术培训服务和技术应用示范，把茶叶绿色生产有关信息及时准确传递给茶农，规范茶农的化肥和农药投入行为，保障茶叶生产过程的规范化和茶叶品质的优质化。

B. 市场组织与社区组织之间的关系建构。社区组织在农户绿色生产行为治理中发挥着价值导向、惩戒监督和传递内化等非正式制度的作用（李芬妮等，2019a），借助社区治理可以有效实现优质优价的市场机制（于艳丽，2020）。在有茶叶质量安全检测环节的市场环境下，应侧重发挥村委会监督和政策宣传、周围农户相互监督和邻里示范对茶农非绿色生产行为的监督和约束作用，改变茶农的生产风险和收入风险认知（巩前文等，2010），避免茶农因过量施用化肥和农药等不恰当、不规范生产行为而导致经济风险。另外，社区组织也应承担着将市场优质优价的交易机制、茶叶质量安全标准与规范、绿色农资等信息传递给茶农的桥梁作用，有助于降低茶农的信息搜寻、技术学习等成本，进而提高茶农采纳实施绿色生产技术的可能性。

C. 产业组织与社区组织之间的关系建构。茶叶合作社、茶叶企业等产业组织开展茶叶绿色生产示范推广离不开当地社区的协调和支持，通过产业组织与农村社区组织互动关系的建设可以更好地发挥产业组织驱动和社区治理在茶农绿色生产行为协同治理的作用。农村社区组织是“公司或合作社＋农户”“公司＋合作社或基地＋农户”“公司＋社会化服务组织＋家庭农场”等各种产业组织模式得以建立的基础，产业组织与社区组织之间的关系交错复杂。依赖农村社区茶农建立起来的茶叶产业组织模式可以促使茶农对产业组织实施的茶叶绿色生产约束形成认同感，社区监督机制的渗透有利于产业组织的茶叶绿色生产示范推广在农村社区环境下实施。同时，茶叶合作社、茶叶企业等产业组织介入社区组织有关事务的管理协调，例如为社区茶产业发展提供绿色生产技术培训和指导、引导更多茶农加入产业组织提高组织化程度等，有助于推动当地社区茶产业绿色发展。

综上所述，在网络化治理结构中，政府部门、市场组织、产业组织、社区组织等多元主体在平等协商的基础上都能够充分参与茶农绿色生产行为治理，形成制衡的权力中心，各治理主体之间还在网络内部通过交流互动合作，借助彼此的优势资源和职能作用实现协同治理目标。

7.2.3 治理机制设计

（1）多主体协同治理机制

由 SFIC 模型可知，协同治理受到各参与主体的权力、资源、知识、动机、信任等多种要素驱动，在协同治理过程中各主体要平等对话、建立信任、达成共识、共同投入和产出阶段性成果，并以赋权、制度等为支撑与保障（张学昌，2022）。各协同主体要有序参与、良性互动、理性制衡、有力监督，确保协同治理顺利运行（杨华锋，2014），从而实现最优协同治理效果和最大公共利益。然而，在多主体协同治理过程中，各治理主体作为理性经济人，会因利益诉求、目标和动机的不同而陷入反复博弈的困境，这可能促使各治理主体的决策行为表现出非理性的情况，从而导致协同治理的低效和社会资源的浪费（李辉和任晓春，2010）。这就需要一种有约束力的制度安排，促使各治理主体能够在利益博弈中寻求新的动态平衡，并在此基础上达成协同合作共识。多主体协同治理作为一种制度安排，具有传统治理所不具备的优势，例如治理主体优势、治理成本优势、治理效率优势以及制度安排优势（李礼和孙翊锋，2016），是新时代下解决农产品质量安全和生态环境问题的必然选择。

多主体协同治理机制是在公共事务协同治理过程中所采用的一种权力运行和制度安排形式，反映了各治理主体在协同治理运行中的权力结构和参与治理的方式。具体而言，多主体协同治理机制是指多元治理主体基于理性选择而达成一系列有约束力的契约，能够在平等的主体地位下自由地表达利益诉求，以协商方式对各治理主体进行科学、合理的角色定位与职能分工，发挥各自的优势和职责，以达成治理主体的集体行动，从而实现治理决策的制定与实施。多主体协同治理机制的形成需要明确两点：一方面，多主体协同治理机制存在的前提是协同治理事务中各个部分或构成要素的存在。例如，各治理主体由于在权力、资源、知识方面存在差异性和不对称性，影响彼此的信任和合作关系，从而产生利益冲突，于是就要考虑如何协调各构成部分之间的关系；另一方面，协调各构成部分之间的关系需要一种具体的运行方式。多主体协同治理机制就是对治理主体的内部结构以及运作模式进行调整和优化，以一定的运行方式促使各构成部分形成联结关系，使各主体在功能和职责上互相取长补短，实现协同治理。

（2）茶农绿色生产行为多主体协同治理机制设计

长期以来，我国茶叶产区在茶农绿色生产行为治理中已经形成了政府规制、市场机制、产业组织驱动和社区治理四种不同的制度安排。在茶农绿色生产行为治理中，政府部门并不能拥有完全信息，而且出于理性经济人的利己动机，其对茶农非绿色生产问题实施的规制行为也可能会偏离公共利益最大化目标（李礼和孙翊锋，2016）。另外，由于茶农非绿色生产具有负外部性，而茶农绿色生产行为治理则具有正外部性，依据外部性理论，基于市场逻辑来解决茶农非绿色生产问题会产生无效率或不公正现象，因此，单独依靠市场机制难以实现茶农绿色生产行为的最佳治理。由于茶农绿色生产行为治理过程中出现

“政府失灵”和“市场失灵”，迫切需要产业组织、社区组织等社会力量介入治理过程，发挥其专业性、自治性和志愿性等优势作用，作为政府规制和市场机制之外的良好补充。然而，由于产业组织、社区组织等社会组织自身独立性与自治权缺失（李静，2016），在茶农绿色生产行为治理中也会产生“失灵”的困境。传统茶农绿色生产行为治理过程中出现的各种“失灵”，表明单一的政府规制模式、市场模式、产业组织模式抑或社区自治模式均无法达成善治。因此，从多主体协同治理视角来考量如何有效解决茶叶产区出现茶农非绿色生产导致茶叶质量安全和茶园生态环境问题，实现茶农绿色生产行为多主体协同治理，是实现茶产业绿色可持续发展的应然逻辑。

构建茶农绿色生产行为多主体协同治理机制框架，要求将政府部门、市场组织、产业组织以及社区组织等多元主体纳入茶农绿色生产行为治理体系，明确各治理主体在茶农绿色生产行为治理中的功能及定位，有效寻求各治理主体的平等协商、功能联动、优势互补、制度约束、协作竞争，形成多主体协同共治局面，使协同治理效应达到最优状态。茶农绿色生产行为多主体协同治理实现的关键在于构建政府部门、市场组织、产业组织以及社区组织等各治理主体之间长期稳定的协同治理机制，但各治理主体之间的利益博弈导致该协同治理机制难以自动产生，这就有赖于茶农绿色生产行为多主体协同治理中信任合作机制、沟通协调机制以及信息传导机制的建立，最终实现治理主体多元化、治理方式协同化、治理目标一体化、治理效能最大化。这样既可以降低政府对茶农绿色生产行为治理的成本，避免传统单一的政府规制模式、市场模式、产业组织模式抑或社区自治模式所带来的治理低效或失效问题，从而提升茶农绿色生产行为治理有效性；也可以充分调动并发挥好多元治理主体的各自优势，有效整合多主体治理能力，解决茶叶生产过程中的“搭便车”、逃避责任等问题，实现共同利益。

①信任合作机制。信任是政府部门、市场组织、产业组织以及社区组织等多元主体整合资源、实现茶农绿色生产行为多主体协同治理的前提和基础，持久稳定的信任关系有助于强化治理主体的协同意愿（欧黎明和朱秦，2009）。由于受到资金、能力、人力、资源等方面的约束，每一个治理主体均无法独自解决茶叶质量安全问题，特别是在各主体利益诉求不一致的情况下，茶农绿色生产行为治理过程中产生的不确定性与风险将造成集体行动的困境，此时，信任就成为治理主体之间维系协同合作关系的黏合剂。在茶农绿色生产行为多主体协同治理模式的网络结构中，各治理主体能否通过协同合作摆脱集体行动的困境，在很大程度上取决于彼此间信任关系的建立。只有在政府部门、市场组织、产业组织以及社区组织之间建立起真正的信任，茶农绿色生产行为多主体协同治理模式才能有序运行并发挥实质性作用。茶农绿色生产行为多主体协同

治理模式的信任合作机制设计可以从以下几个方面入手：

A. 综合运用伦理准则、道德规范以及法律法规等手段，软硬结合，以规范和约束各治理主体的治理行为，增强其公信力和影响力。

B. 进一步推进社会信用制度建设，依法对市场组织、产业组织以及社区组织等主体在茶农绿色生产行为多主体协同治理过程中的失信行为进行惩罚，对诚实守信行为进行奖励。同时，建立科学、合理的信用评价体系，对政府部门、市场组织、产业组织以及社区组织等治理主体开展全面客观的信用评价，通过声誉机制规范和约束治理主体的行为。

C. 要保持制度和政策的连续性，通过营造连续、稳定的制度政策环境增强市场组织、产业组织以及社区组织等主体的信任感，扩大治理主体之间的信任累积效应，使治理主体之间“信任增进—关系跃升—协同合作”的信任合作关系得以建立并持续发挥效用，从而推进茶农绿色生产行为多主体协同治理网络的有效运转。

②沟通协调机制。现阶段，在茶农绿色生产行为治理过程中，政府部门、市场组织、产业组织以及社区组织等治理主体在参与动力、利益诉求、资源禀赋等方面存在不同程度的差异性，可能会采取利己行为以追求自身利益最大化，从而导致利益冲突。因此，有必要在各治理主体之间建立一种沟通协调机制，规范和解决主体间的竞争、冲突等问题，并不断加强彼此间的互动关系，以保障茶农绿色生产行为多主体协同治理模式的长效运行。具体而言，沟通协调机制不仅包括对治理主体之间利益冲突或矛盾的协调，还包括对治理主体在协同治理网络结构中合作关系的协调。

A. 在茶农绿色生产行为多主体协同治理系统中，政府部门要建立能够让参与茶农绿色生产行为治理的各主体表达利益诉求的畅通渠道，使各主体之间能够充分了解各方的利益诉求，通过目标指引、利益融合，引导各治理主体达成共同利益价值取向与行动共识，树立茶产业绿色可持续发展协同治理目标，并建立相对稳定的协同治理契约框架（李礼和孙翊锋，2016），进而实现茶农绿色生产行为多主体协同治理。

B. 政府部门要搭建开放的对话沟通平台，倡导各治理主体采用对话、谈判及协商等形式解决利益纠纷和参与公共事务决策，减少或消除茶农绿色生产行为多主体协同治理中各主体因非对称信息而产生的机会主义行为，增进治理主体之间的沟通效率和协同信任（何玲玲和梁影，2020）。

C. 发挥政府在治理网络结构中的“主导者”作用，成立涵盖政府部门、市场组织、产业组织、社区组织等治理主体的茶产业绿色发展联动协调机构，通过线下常态化工作协调会、线上网络沟通平台等多种渠道充分交流、互动、协商、筹划，促进有效的集体行动，维系网络协同合作关系并形成治理合力。

③信息传导机制。协同治理网络结构中各治理主体充分地进行信息交流和信息共享是保障多主体协同治理茶农绿色生产行为的基本条件。茶农绿色生产行为多主体协同治理网络的构建，不仅要实现跨政府部门的信息整合、共享与传导，也要在政府部门、市场组织、产业组织、社区组织以及茶农之间实现信息畅通。然而，在当前的治理网络结构中，由于政府部门、市场组织、产业组织、社区组织以及茶农各自占有的信息数量和质量存在较大差异，信息不对称现象较为普遍，尚未形成信息共享与资源整合，不利于多主体协同治理以及茶农采纳绿色生产行为。因此，要通过信息传导机制的设计促进各方信息资源的整合、畅通协同治理网络的信息传递和共享，从而保障各治理主体之间的协同合作。

A. 要建立健全信息公开及披露制度，利用云计算、大数据、物联网和互联网等新一代信息技术搭建协同治理信息平台，加强对茶农绿色生产行为多主体协同治理中相关信息的收集、整理、分析与传播，根据治理主体类型精准推送信息，确保各治理主体能够方便、快捷地获取茶农绿色生产行为治理的信息资源，提高协同治理决策的合理性和精准性。同时，要加强信息的开放利用，通过公示、听证会、媒体等多种渠道及时、准确地向社会公开茶农绿色生产行为治理的有关信息，包括茶叶质量安全信息、茶产业绿色发展有关的政策信息、茶叶病虫害防治信息、农业绿色生产技术信息、绿色农资信息等，保证信息的全方位共享和高效利用。

B. 要建立统一的茶叶质量安全溯源管理平台，利用区块链、一物一码、物联网等新兴技术对茶叶的种植、采收、加工、包装、运输、仓储等环节进行数据采集跟踪，特别是要对茶园进行实时可视化监控，全面追溯记录每个茶叶产品源头的生态信息、地块信息、种植信息以及采制信息。这不仅可以实现茶叶全程质量安全监控及产品的有效溯源，还可以实现茶叶质量安全信息资源的共享，消减茶农绿色生产行为治理过程中的不确定性，有效保障茶叶质量安全认证、检测的权威性。

7.3 多主体协同治理下茶农绿色生产行为实现路径

7.3.1 宣传引导

(1) 强化多元主体参与协同治理的意识和能力

首先，政府要改变其传统的单一行政治理理念和方式，转变职能，通过制度设计与政策供给，积极引导市场组织、产业组织和社区组织等多主体协同参与茶农绿色生产行为治理，确立多主体协同治理格局。其次，通过加强沟通协商、宣传引导等方式，在多元治理主体中强化茶产业绿色可持续发展的共同治理目标，在共同价值取向及利益目标的驱动下树立协同治理的意识。再次，政府要在茶农绿色生产行为治理过程中简政放权，赋予各主体相应的治理权力，使各主体共同分担或分享治理职能，激发其参与茶农绿色生产行为治理活力，实现政府与其他治理主体的良性互动。最后，还应加强市场组织、产业组织和社区组织等主体参与茶农绿色生产行为协同治理的能力建设。例如，对茶叶收购商和农资经销商进行有关农业绿色生产技术和知识的培训，使他们成为农业绿色生产技术和知识传播的重要渠道；加强茶叶产业组织体系建设，提升其社会化服务能力；通过专题业务培训，提高社区组织的自我监督、自我教育、自我管理能力。

（2）构建多主体多渠道的农业绿色生产技术推广体系

积极调动多元主体协同参与茶农绿色生产行为治理过程中的宣传培训，拓宽茶农技术信息获取渠道，构建多主体多渠道的农业绿色生产技术推广体系，加强农业绿色生产技术和知识的推广，增强茶农绿色生产认知程度。首先，政府要进一步合理布局基层农业技术推广机构，建立健全绿色防控技术、农药和化肥减量增效技术推广政策体系，通过农技服务组织、当地典型示范户、农民讲师团、科技特派员等的活动加速绿色生产技术信息的扩散传播，消除茶农采纳绿色生产行为的障碍。其次，当地农资经销商要发挥在宣传农资市场管理法规和政策、推广农业绿色生产技术方面的作用，通过农资经销商的宣传和推荐促使茶农采纳绿色生产行为。再次，合作社、龙头企业等产业组织要发挥社会化服务职能，为茶农提供技术培训指导和技术应用示范，把茶叶绿色生产有关信息和技术及时准确传递给茶农，改变茶农依赖经验进行茶叶种植的传统方式。最后，村委会及社区居民委员会要在绿色生产知识宣传中发挥作用，加强有关茶产业绿色发展等有关政策及重要性的宣传推广，定期邀请专家开展病虫害绿色防治、茶园土壤改良及肥水管理、生态茶园建设等方面的培训活动，推广茶叶绿色生产知识及有关技术，降低茶农采纳绿色生产行为的信息搜寻成本、学习成本和时间成本，提高茶农对茶叶质量安全的关注度以及对绿色生产技术的认知度和采纳程度。另外，茶农示范户要发挥模范带头作用，引领和带动其他茶农采纳绿色生产行为。

7.3.2 激励扶持

（1）激励多元主体参与协同治理的积极性

当前茶叶质量安全问题依然存在且多主体治理未能有效发挥作用，原因之一就是参与茶农绿色生产行为治理主体的动力不足。因此，政府部门作为茶农绿色生产行为治理的主导者，在统筹兼顾各主体利益的前提下，合理运用法律、政策、经济等多种手段，为市场组织、产业组织和社区组织等多元主体协同参与茶农绿色生产行为治理提供必要的政策、资金、技术、信息等方面的支持，激发其内在动力，提高各主体协同参与茶农绿色生产行为治理的积极性和参与度。例如，利用减免税收、财政贴息、补偿金等政策工具，引导茶叶收购商加强茶叶质量安全检查；鼓励农资经销商向茶农销售绿色农资和宣传农业绿色生产技术；加大对合作社、龙头企业等茶叶产业组织在绿色生产技术示范、推广和应用方面的扶持力度，充分发挥其辐射带动茶农参与绿色生产的优势；对组织落实茶产业绿色发展有关政策效果显著的村委会和个人进行表彰，并向所在社区提供有关优惠政策和茶叶扶持项目。

(2) 建立完善的茶叶优质优价市场机制

优质优价不仅能促使茶农采纳绿色生产行为，也在保障茶叶质量安全方面发挥重要作用。建立完善的茶叶优质优价市场机制，有助于提高茶叶质量安全信息的透明度，帮助茶农增加茶叶收入，从而激励茶农采纳绿色生产行为。首先，鼓励有条件的茶叶合作社、企业和茶农对其所生产的茶叶进行有机产品、绿色食品和地理标志农产品等认证，畅通优质优价的市场信号传递。其次，茶叶收购商通过制定严格的茶叶质量收购标准建立茶叶产品优质优价的市场甄别机制，在茶叶进入市场之前，进行质量安全检测和品质分级，并建立差异化的市场价格体系，有利于市场快速区分普通茶叶与有机食品茶叶、绿色食品茶叶、达标合格农产品茶叶的差别，从而倒逼茶农选择实施绿色生产行为，同时为茶农开展可持续性绿色生产提供动力。

(3) 完善以绿色生产为导向的农业补贴机制

政府应建立以绿色生产为导向的农业补贴机制，充分发挥政策资金的激励扶持作用，降低茶农采纳绿色生产技术的边际成本，提高茶农绿色生产技术采纳程度，发挥多种技术采纳的叠加福利效应，引导茶农采纳绿色生产行为。首先，扩大农业绿色补贴范围，将茶叶主产区从事茶叶绿色生产的茶农作为优先直接补贴扶持对象，解决其绿色农资和设备持续投入不足的困境。其次，加大农业绿色生产政策性补贴力度，提高对茶农购买使用有机肥料、生物农药等高效无毒农资以及病虫害物理防控设备的补贴力度，降低绿色生产技术使用成本，增强未采纳绿色生产技术茶农的采纳意愿和动力。最后，优化农业补贴机制设计，根据茶农资源禀赋条件和地区差异制定针对性补贴策略，激励具有不同特征和不同地区的茶农积极采纳绿色生产行为，进而实现分群组目标激励的效果。实证分析结果显示，收入水平、经营规模以及兼业化程度等资源禀赋因素对茶农采纳绿色生产行为及经济效应或生态效应具有显著的正向影响，因此可加大对经营规模大、以茶叶收入为家庭主要经济来源的茶农的绿色生产补贴支持。同时，要注意地区差异，根据当地经济发展、茶产业发展等实际情况因地制宜地制定农业绿色补贴政策。

7.3.3 约束监督

(1) 充分发挥多元主体协同参与约束监督作用

当前，依靠传统单一的政府监管机制和有限的监管资源越来越难以实现对数量庞大的茶农生产行为进行约束监督。因此，通过发挥市场组织、产业组织和社区组织等多元主体在茶农绿色生产行为约束监督中的互补或替代作用，可以有效弥补政府部门对茶农绿色生产行为监管的不足，减轻政府监管压力以及转移政府监管成本。首先，加大政府对茶农绿色生产行为的监管力度，采取农业投入品监管、种植过程监控、市场抽检等措施，持续组织开展茶叶中农药残留超标专项整治行动，严厉打击茶园违法使用禁限用农药行为，实行茶叶质量安全例行监测与监督抽查"两检合一"，以此增加茶农因进行非绿色生产而产生的额外成本和惩罚损失，督促其选择实施绿色生产行为。其次，强化茶叶收购商对茶农绿色生产行为的市场规制作用，加强茶叶收购商在终端茶叶产品销售质量检测，通过与茶农签订茶叶质量收购标准，促使茶农自觉遵守与茶叶收购商约定的茶叶质量要求。再次，合作社、龙头企业等茶叶产业组织作为政府监管茶农绿色生产行为的补充力量，在一定程度上会影响茶农绿色生产行为采纳决策。然而，当前茶叶产业组织特别是合作社在茶叶生产过程中的作用逐渐弱化，因此，加强产业组织建设，不断创新完善产业组织与茶农的利益联结机制，通过产业组织的正式制度和非正式制度来规范和约束茶农绿色生产行为。最后，注重政府监管与社区监督的协调配合，政府有关部门可以将茶农绿色生产行为的部分规制权赋予社区，完善社区监督实施机制，确保社区监督在规制茶农绿色生产行为中发挥实际作用。同时，要建立茶农监督奖惩机制，依靠周围茶农对茶叶绿色生产的监督作用来提高茶农绿色生产行为规制效率。另外，也要发挥邻里示范对茶农绿色生产行为约束监督机制的补充作用。

(2) 加大茶叶质量安全标准及可追溯制度执行力度

当前，国家和地方均在不断健全完善有关茶叶质量安全标准体系，出台了《食品安全国家标准　茶叶》(GB 31608—2023)、《食品安全国家标准　食品中污染物限量》(GB 2762—2022)、《食品安全国家标准　食品中农药最大残留限量》(GB 2763—2021)、《农产品质量安全追溯操作规程　通则》(NY/T 1761—2009)、《茶叶产地环境技术条件》(NY/T 853—2004)、《有机茶》(NY 5196—2002)，以及不同种类茶叶的国家产品标准和国家地理标志产品标准等一系列国家标准、行业标准和地方标准，形成了较为完善的茶叶质量安全标准体系。然而，在实地调研中发现，茶农对于这些标准的了解程度较低，导致这些标准在实际中难以对茶农绿色生产行为的规范和约束发挥应有作用。因此，政府有关部门要大力宣传推广茶叶质量安全标准，同时也要借助市场组织、产业组织和社区组织等多主体力量协同推广执行，规范茶农茶叶生产行为，特别是在化肥、农药等投入品使用环节上要严格执行国家相关强制性标准，在生产源头把好茶叶质量安全关。

另外，福建省已建成农产品质量安全追溯监管信息平台，安溪县、武夷山市和福鼎市等地方也建设了专门的茶叶质量可追溯系统，完善了相应的可追溯制度。然而，在实地调研中也发现，茶农个体加入茶叶质量可追溯系统的比例较低，不利于对茶农茶叶种植全流程进行质量管控和追溯。因此，要进一步完善茶叶质量可追溯体系建设，整合全省各地茶叶质量可追溯系统，构建统一的茶叶质量安全溯源管理平台，通过制度约束和政策激励引导更多茶农加入茶叶质量可追溯系统，为市场组织、产业组织、社区组织和茶农提供包括茶园地块划分、农资投入品来源与使用情况、茶园农事操作记录、茶叶加工记录、产品检测记录、茶叶交易记录等方面的信息管理服务，实现“生产有记录、过程留痕迹、销售有凭证、质量能追溯、产品可召回”的茶叶质量安全生产管理模式，确保茶农茶叶生产全过程的质量安全。

7.4 本章小结

由于茶农绿色生产行为治理具有一定的公共性质，涉及多方参与主体与受益客体，为了更好地提高茶农绿色生产行为治理成效，需要建立一个由政府部门、市场组织、产业组织、社区组织等多主体协同互动的茶农绿色生产行为治理机制框架，将市场组织、产业组织、社区组织等主体引入茶农绿色生产行为治理，通过发挥其社会属性和功能来弥合政府部门在治理方式和治理行为等方面的衔接缝隙，促进当前的茶农绿色生产行为治理由“单向一维治理”模式向“多维协同治理”模式转变。这有助于解决当前茶叶质量安全和茶园环境问题，使茶叶业更适应乡村振兴战略的发展要求。

8 研究结论、不足与展望

8.1 研究结论

本研究在农户行为理论、计划行为理论、外部性理论和多主体协同治理理论等多维理论体系的指导下，基于“多主体协同治理—绿色认知—行为意愿—行为选择—行为效应—路径优化”的行为逻辑构建多主体协同治理对茶农绿色生产行为选择及其效应影响的理论研究框架，利用福建省茶叶主产区872份样本茶农微观调研数据，在对研究区域样本茶农绿色生产认知、意愿及行为现状进行多维度、多层面统计分析和对茶农绿色生产行为多主体协同治理协同度进行测度的基础上，运用相关计量经济模型及方法，从理论分析与实证检验两个方面研究多主体协同治理对茶农绿色生产行为选择及其效应的影响机理和内在逻辑。同时，将多主体协同治理理论和SFIC模型引入茶农绿色生产行为治理领域，构建茶农绿色生产行为多主体协同治理模式，指出优化多主体协同治理茶农绿色生产行为的实现路径。本研究得出以下主要研究结论：

①福建省茶农对茶叶质量安全关注度较高，对过量施肥、施药给茶叶带来的危害有较清楚的认知，但不同区域茶农的绿色生产认知水平存在差异，其中武夷山市茶农绿色生产认知程度整体上高于安溪县和福鼎市，茶农对科学用药技术、有机肥料技术、生物农药、生态调控这4项技术的采纳意愿最为强烈。由于不同区域地方政府在农业绿色生产技术宣传推广政策方面具有不同的偏好和差异性，导致不同区域茶农对绿色生产技术的采纳意愿表现出差异性。虽然茶农对绿色施药技术和绿色施肥技术等绿色生产技术表现出了较高的采纳意愿，但实际采纳程度整体上并不高，说明茶农对绿色生产技术的采纳行为与意愿存在背离。优质优价是茶农采纳农业绿色生产技术时考虑的首要因素，政府供给是推动茶农采纳农业绿色生产技术的重要主体因素，产业组织和社区组织等社会主体对茶农采纳农业绿色生产技术也发挥重要影响。

②治理主体参与度子系统有序度的提升是推动福建省茶农绿色生产行为多主体协同治理系统协同发展的主要动力，治理机制保障度子系统对治理系统协

同发展有较大影响，但是治理客体发展度、治理目标导向度以及治理环境促进度 3 个子系统有序度较低，是制约茶农绿色生产行为多主体协同治理系统协同度提升的“短板”。武夷山市茶农绿色生产行为多主体协同治理协同度高于安溪县和福鼎市，但均处于一般协同形态，表明福建省茶农绿色生产行为多主体协同治理系统尚未实现高效运行，各治理主体及治理要素之间的协同程度未达到最优协同状态，各主体之间的力量及地位仍存在一定差距，相互之间未能形成有效合力，未能充分发挥茶农绿色生产行为协同治理目标导向力作用。治理主体参与度、治理客体发展度、治理机制保障度、治理目标导向度以及治理环境促进度等五个维度均会对茶农绿色生产行为多主体协同治理效应的提升起到显著正向影响，各维度所包含的测度指标基本上显著正向影响茶农绿色生产行为多主体协同治理有序度，进而影响多主体协同治理效应的提升，但各测度指标之间的影响程度存在差异性。

③从茶农绿色生产行为的影响路径来看，政府规制和社区治理会显著直接影响茶农绿色生产行为采纳程度；市场机制除了直接对茶农绿色生产行为采纳程度产生影响外，还通过知觉行为控制间接作用于绿色生产行为；产业组织驱动对茶农绿色生产行为采纳程度的影响不显著。从多主体治理对茶农绿色生产行为产生的影响效应来看，市场机制对茶农绿色生产行为采纳程度的影响最大，其次是政府规制，再次是社区治理，最后是产业组织驱动。由此可见，市场主体和政府部门是茶农绿色生产行为治理的最主要外部环境力量。茶农绿色生产意愿与其实际行为确实存在背离现象，而多主体协同治理协同度对茶农绿色生产意愿向绿色生产行为转化具有显著的调节效应。这表明加强政府部门、市场组织、产业组织和社区组织等多主体的协同治理能够有效破解茶农绿色生产意愿与其实际生产行为背离的困境。

④政府规制和市场机制对处理组茶农的茶园单位面积收入的影响比控制组茶农更加明显；产业组织驱动显著影响处理组茶农的茶园单位面积收入，而对控制组茶农的影响不显著；社区治理未能显著提升处理组和控制组茶农的茶园单位面积收入。政府规制、市场机制、产业组织驱动和社区治理会显著改善处理组茶农的茶园生态环境，同时仅有社区治理会对控制组茶农的茶园生态环境改善效果具有显著正向影响。从茶农采纳绿色生产行为对经济收入和生态环境影响的平均处理效应分析结果可知，实际未采纳绿色生产行为的茶农若采纳绿色生产行为，其茶园单位面积收入和茶园生态环境改善效果将得到大幅度增加，这说明多主体治理下茶农采纳绿色生产行为能够有效改善其经济效应和生态效应。另外，不同绿色生产技术和不同资源禀赋条件下茶农采纳绿色生产行为的效应存在显著异质性。有机肥料对经济效应的提高幅度大于生物农药，而生物农药对生态效应的改善效果比有机肥料更明显；经营规模小、收入水平低

或收入主要来源于茶叶收入的茶农采纳绿色生产行为的经济效应更加明显，而经营规模大、收入水平高或收入主要来源于茶叶收入的茶农采纳绿色生产行为的生态效应更好。

⑤目前福建省茶农绿色生产行为多主体协同治理模式尚未形成，仅依靠政府部门、市场组织、社区组织、产业组织等治理主体各自的力量和资源难以达到治理的最优效果，需要对当前传统单一的政府规制模式、市场模式、产业组织模式抑或社区自治模式进行重构，将政府部门、市场组织、社区组织、产业组织和茶农纳入统一协同治理系统，建立一个多主体平等协商、高效协同互动的茶农绿色生产行为协同治理模式。在该模式中，要明确各治理主体的角色定位与职能分工，发挥政府在茶农绿色生产行为治理中提供制度设计、政策供给及宏观调控、监督制衡的主导治理主体地位，发挥市场组织在优质优价激励、质量检测约束以及信息宣传服务等方面的重要参与主体作用，发挥产业组织在绿色农资供应、绿色技术指导与培训、生产质量监督、溢价收购等方面的重要服务作用，发挥社区组织在监督与服务、邻里示范等方面的重要辅助治理作用。此外，还需进一步厘清各主体之间的关系，对茶农绿色生产行为多主体协同治理模式的组织结构内部主体间的关系进行建构，形成制衡共生的权力中心；茶农绿色生产行为多主体协同治理的实现有赖于信任合作、沟通协调以及信息传导等机制的建立。

⑥茶农绿色生产行为协同治理目标的达成还需要进一步优化多主体协同治理。茶农绿色生产行为的实现路径，包括宣传引导、激励扶持和约束监督。在宣传引导方面，一方面，要强化多元主体参与协同治理的意识和能力，政府要转变职能，通过制度设计与政策供给，积极引导市场组织、产业组织和社区组织等多主体协同参与茶农绿色生产行为治理，在多元治理主体中强化茶产业绿色可持续发展的共同治理目标，同时要加强市场组织、产业组织和社区组织等主体参与茶农绿色生产行为协同治理的能力建设；另一方面，要构建多主体多渠道的农业绿色生产技术推广体系。进一步合理布局基层农业技术推广机构，建立健全绿色防控技术和化肥减量增效技术推广政策体系，发挥当地农资经销商在宣传农资市场管理法规和政策、推广农业绿色生产技术方面的作用，发挥合作社、龙头企业等产业组织的社会化服务功能，发挥村委会及茶农示范户在绿色生产知识宣传中的作用。在激励扶持方面，首先，要激励多元主体参与协同治理的积极性，政府合理运用法律、政策、经济等多种调控手段为市场组织、产业组织和社区组织等主体协同参与茶农绿色生产行为治理提供必要的政策、资金、技术、信息等方面的支持，激发其内在动力，提高各主体协同参与茶农绿色生产行为治理的积极性和参与度；其次，要建立完善的茶叶优质优价市场机制，通过制定严格的茶叶质量收购标准建立茶叶产品优质优价的市场甄

别机制，在茶叶进入市场之前，进行质量安全检测和品质分级，并建立差异化的市场价格体系；最后，要完善以绿色生产为导向的农业补贴机制，扩大农业绿色补贴范围，将茶叶主产区从事茶叶绿色生产的茶农作为优先直接补贴扶持对象，加大农业绿色生产政策性补贴力度，提高对购买使用有机肥料、生物农药等高效无毒农资以及病虫害物理防控设备的茶农补贴力度，优化农业补贴机制设计，根据茶农资源禀赋条件和地区差异制定针对性补贴策略。在约束监督方面，一方面，要充分发挥多元主体协同参与约束监督作用，通过发挥市场组织、产业组织和社区组织等多元主体在茶农绿色生产行为约束监督中的互补或替代作用，弥补政府部门对茶农绿色生产行为监管的不足，减轻政府监管压力以及转移政府监管成本；另一方面，要加大茶叶质量安全标准及可追溯制度执行力度，大力宣传推广茶叶质量安全标准，借助市场组织、产业组织和社区组织等多主体力量协同推广执行，规范茶农的茶叶生产行为，同时要进一步完善茶叶质量可追溯体系建设，整合全省各地茶叶质量可追溯系统，构建统一的茶叶质量安全溯源管理平台，通过制度约束和政策激励引导更多茶农加入茶叶质量可追溯系统。

8.2 研究不足与展望

虽然本研究在研究视角和内容上进行了一定的创新，在研究中力求严谨，但因个人时间、精力和理论水平有限，难免存在一些不足，有待今后补充完善和深入探究。

①由于时间和经费限制以及受新冠疫情影响，本研究只选取了福建省泉州市安溪县、南平市武夷山市、宁德市福鼎市的 16 个乡镇（街道）48 个行政村 872 户茶农作为调研对象，所获得的数据虽然能在一定程度上反映全省茶农绿色生产行为总体情况，但由于福建省与其他省份的地理区位、自然环境、市场环境、政策环境、茶产业发展情况等条件有所不同，而且茶叶种植品种和技术也存在一定差别，调研区域的茶农绿色生产行为相应存在差异，所得出的研究结论及建议措施难以实现更大范围的推广。因此，在后续研究中可以进一步扩大调研区域，增加其他主要产茶省份的调研样本量，提高研究结果的可信程度和应用广度。

②本研究以从事茶叶种植和生产的农户作为调研对象，包括茶农个体、家庭农场、专业大户、合作社社员以及其他类型茶叶新型生产经营主体，范围较为广泛。但是在现实中，不同类型茶农的自身资源禀赋存在异质性，其绿色生产行为也存在差异，而本研究在对茶农绿色生产行为选择及其效应的影响机理研究中未能将其分别进行验证分析，所得结论较为笼统。因此，今后可以尝试

分别对不同类型茶农绿色生产行为选择及其效应的影响机理进行比较分析，以验证本研究结论是否仍然成立。

③茶农绿色生产行为选择及其治理模式是一个动态变化的过程，本研究只以 2021 年调查获取的截面数据来研究茶农绿色生产行为，难以对多主体协同治理在茶农绿色生产行为动态变化过程中的影响机理做出判断和验证。因此，在未来的研究中，可以选取具有典型代表性的茶叶主产区建立茶农绿色生产行为固定观察点，对茶农绿色生产行为有关数据进行持续调查收集，积累形成面板数据，以清晰刻画多主体协同治理对茶农绿色生产行为的动态影响路径以及多主体协同治理模式的演变过程。

附录　茶农绿色生产行为调查问卷

亲爱的茶农朋友：

您好！为了解茶农绿色生产行为的真实情况，我们开展这次问卷调查。我们向您保证本问卷不会损害您的任何利益，请您放心并如实填写。本调查仅用于科学研究并对外保密。请您在相应的选项中打“√”，在有横线的地方填写具体情况。感谢您的支持与帮助！

一、家庭基本情况

1. 家庭成员基本情况：

家庭成员	性别	年龄	受教育程度	健康状况	职业
户主（必填）					
成员 1					
成员 2					
成员 3					

注：①受教育程度：1＝未上过学；2＝小学；3＝初中；4＝高中或中专；5＝大专；6＝本科及以上。

②健康状况：1＝良好；2＝一般；3＝患病（但仍可劳动）；4＝重病\残疾（无法劳动）。

③职业：1＝纯务农；2＝务农为主、农闲务工；3＝务工为主、兼顾务农；4＝长期外出务工；5＝在机关或事业单位工作（公务员、教师、医生等）；6＝学生；7＝其他。

2. 您的家庭总人口____人，家庭成员患病____人，患有重病\残疾____人，劳动力____人，其中从事茶叶种植和生产的劳动力____人，是否缺劳动力？____（1＝是；2＝否）。

3. 您的家庭成员中是否有村干部？____（1＝是；2＝否）。

4. 您家的亲戚或关系较好的朋友从事的职业或工作（可多选）：____。

A. 村干部　　B. 茶叶经纪人

C. 镇以上政府人员　　D. 茶叶企业管理人员

E. 合作社管理人员　　F. 农技推广人员

G. 农资销售商　　H. 无

5. 您家自有茶园____亩，租赁茶园____亩，茶园地块数量____块，2021

年生产毛茶总产量____千克。

6. 您家茶园的土地质量：____。

A. 非常不好　B. 比较不好　C. 一般　D. 比较好

E. 非常好

7. 您家茶园的集中程度：____。

A. 很分散　B. 比较分散　C. 一般　D. 比较集中

E. 非常集中

8. 您家从事茶叶种植和生产的年限是：____。

A. 5 年及以下　B. 6～10 年　C. 11～15 年　D. 16～20 年

E. 21 年及以上

9. 您的家庭主要收入来源是（多选）：____。

A. 茶叶收入

B. 畜牧养殖收入

C. 经济作物（蔬菜、花卉、水果）收入

D. 外出务工收入

E. 机关或事业单位的工资收入

F. 政府补贴

G. 其他收入

10. 2021 年您的家庭总收入是____万元，其中茶叶收入____万元，其他农业收入____万元。

11. 您的居住地到最近农业技术推广站的距离有____千米。

12. 您家的住房面积为____米^2，住房类型：____（1＝土木房；2＝砖瓦房；3＝砖混房）。

13. 您家拥有以下哪些茶叶生产机械工具（多选）：____。

A. 土地翻耕机　B. 修剪机

C. 采茶机　D. 运输交通工具

E. 摇青机（综合做青机）　F. 杀青机

G. 平板机　H. 速包机（揉捻机）

I. 烘干机（干燥机）　J. 包装机

K. 除湿机　L. 空调

M. 其他（若有，请填写）____

14. 您家可用于支配的现金和储蓄：____。

A. 很少　B. 较少　C. 一般　D. 较充足

E. 很充足

15. 您家现在缺乏资金需要帮助时，资金主要来源于（多选）：____。

A. 银行　B. 民间借贷
C. 亲戚朋友　D. 政府或社会援助
E. 合作社　F. 其他（若有，请填写）____

16. 您家现在从银行、信用社等金融机构获得贷款的机会是：____。
A. 非常不容易　B. 不容易　C. 一般　D. 容易
E. 非常容易

17. 您家现在从其他人获得无偿借款的机会是：____。
A. 非常不容易　B. 不容易　C. 一般　D. 容易
E. 非常容易

18. 您对邻居及周围人的信任程度：____。
A. 完全不信任　B. 不太信任　C. 一般　D. 比较信任
E. 非常信任

19. 您接受过何种茶叶技术培训（多选）：____。
A. 无　B. 茶叶种植栽培
C. 茶园病虫害防治　D. 茶园肥水管理
E. 茶园生态环境管理　F. 茶叶加工
G. 茶叶绿色生产有关技术　H. 茶园土壤改良
I. 其他（若有，请填写）____

20. 你家获得茶叶生产技术支持的途径（多选，若无获得任何技术支持的途径，则只选择 H. 无）：____。
A. 政府培训　B. 合作社　C. 社会培训　D. 自主学习
E. 茶叶企业　F. 亲戚邻里帮助　G. 农资经销商　H. 无

21. 您参加农业保险的意愿：____。
A. 很弱　B. 比较弱　C. 一般　D. 比较强
E. 很强

22. 您家是否为茶园购买农业保险？____。
A. 是　B. 否

23. 您个人属于哪种风险偏好类型：____。
A. 不喜欢冒险　B. 一般　C. 喜欢冒险

二、茶农绿色生产认知与行为

1. 您家茶园常见的病害有哪些（多选）？____。

0＝没有；1＝茶饼病；2＝茶炭疽病；3＝茶煤病；4＝白星病；5＝云纹叶枯病；6＝茶轮斑病；7＝茶圆赤星病；8＝茶芽枯病；9＝茶赤叶斑病；10＝其他

2. 您家茶园常见的虫害有哪些（多选）？____。

0=没有；1=小绿叶蝉；2=茶尺蠖；3=茶毛虫；4=茶粉虱；5=茶蚕；6=茶黑刺粉虱；7=茶蚜虫；8=卷叶蛾；9=飞虱；10=其他

3. 茶农对农业绿色生产技术认知与采纳情况：

技术分类	农业绿色生产技术	您对该技术的了解程度	您家是否愿意采纳该技术		您家是否已经采纳了该技术	
			不愿意	愿意	未采纳	采纳
茶园病虫害防治	生物农药（微生物源农药、植物源农药等）					
	生态调控技术（保护茶园生物群落多样性等）					
	生物防治技术（释放天敌、种植驱虫植物等）					
	理化诱控技术（杀虫灯、色板、诱捕器等）					
	科学用药技术（农药科学配比、农药使用安全间隔期）					
茶园施肥管理	绿肥间作技术					
	测土配方施肥技术					
	有机肥料技术（商品有机肥或农家肥）					

注：您对该技术的了解程度：1=不知道；2=知道一点；3=一般；4=比较了解；5=非常了解。

4. 您认为以上农业绿色生产技术的采用效果有哪些：

序号	技术属性	非常不认同	不太认同	一般	比较认同	非常认同
1	减少化肥、农药施用量					
2	改善茶园生物多样性					
3	提高茶叶产量					
4	提高茶叶安全质量					
5	降低茶叶生产成本					
6	增加茶叶收入					

5. 您家茶园施用了以下哪些肥料（可多选）？____。

A. 商品有机肥　B. 农家肥　C. 氮肥　D. 钾肥

E. 磷肥　F. 复合肥　G. 绿肥

6. 您家茶园使用了以下哪些类型农药（可多选）？____。

A. 低毒化学农药　B. 高毒高效农药　C. 生物农药　D. 不施用农药

7. 您平时关注茶叶质量安全吗？____。

A. 从不关注　B. 不太关注　C. 一般　D. 比较关注

E. 十分关注

8. 在您的认知里，过量施用化肥、农药对茶叶质量安全或茶园生态环境造成的危害程度如何？____。

A. 几乎无影响　B. 影响较小　C. 一般　D. 较严重

E. 非常严重

9. 您家是否在农药安全间隔期采茶？____。

A. 是　B. 否

10. 您知道政府禁止在茶园中施用的具体农药品种和名称吗？____。

A. 不知道　B. 知道一点　C. 一般　D. 比较了解

E. 非常了解

11. 您知道政府制定的关于茶叶质量安全的种植标准吗？____。

A. 不知道　B. 知道一点　C. 一般　D. 比较了解

E. 非常了解

12. 您是否了解政府公布的农药在茶叶中的最大残留限量标准？____。

A. 是　B. 否

13. 当地政府有关部门是否对茶叶进行农药残留检测？____。

A. 是　B. 否

14. 您知道政府对保证茶叶质量安全的有关监管政策吗？____。

A. 不知道　B. 知道一点　C. 一般　D. 比较了解

E. 非常了解

15. 当地政府有关部门是否对茶农施用农药、化肥行为进行监管？____。

A. 是　B. 否

16. 您知道政府对损害茶叶质量安全的有关处罚措施吗？____。

A. 不知道　B. 知道一点　C. 一般　D. 比较了解

E. 非常了解

17. 政府对茶农规定并执行严格的非绿色生产惩罚措施，您对此的看法是：____。

A. 非常不认同　B. 不太认同　C. 一般　D. 比较认同

E. 非常认同

18. 茶叶市场或收购商收购茶叶时是否会对茶叶进行质量安全检测？____。

A. 是　　　　B. 否

19. 茶叶市场或收购商制定了严格的茶叶质量收购标准，您对此的看法是：____。

A. 非常不认同　B. 不太认同　C. 一般　D. 比较认同

E. 非常认同

20. 周围茶农自觉遵守与茶叶市场或收购商约定的茶叶质量要求，您对此的看法是：____。

A. 非常不认同　B. 不太认同　C. 一般　D. 比较认同

E. 非常认同

21. 您家生产的茶叶是否加入茶叶质量追溯体系？____。

A. 是　　　　B. 否

22. 您家获得以上农业绿色生产技术信息的难易程度：____。

A. 很难　B. 比较难　C. 一般　D. 比较容易

E. 很容易

23. 以下哪些原因使您家采用了农业绿色生产技术（若有采用，回答此题，可多选）：____。

A. 看到别人实行效果好　B. 受到农技推广人员宣传的影响

C. 合作社或茶叶企业统一实施　D. 自发需求

E. 政府支持，有补贴　F. 茶叶能卖出更高价格

G. 农资经销商推荐

24. 以下哪些原因使您家不采用农业绿色生产技术（若没有采用，回答此题，可多选）：____。

A. 成本高，资金不足

B. 风险大，容易失败

C. 政府支持力度小、补贴少

D. 周期长、见效慢

E. 茶叶未能卖出更高价格

F. 技术实施难度较大，不能自主实施新技术

25. 您家学习农业绿色生产技术的主要方式是（可多选）：____。

A. 没有主动了解过相关技术

B. 农资经销商或零售店的技术人员上门指导

C. 政府有关部门组织培训

D. 自行前往茶叶企业或科研单位学习

E. 与周围茶叶种植大户交流学习

F. 合作社组织培训或与合作社成员交流经验

G. 村委会组织相关技术培训

H. 从网络、电视广播、报刊上了解相关知识

26. 您家经常通过什么方式获得农业绿色生产技术信息（可多选）？____。

A. 村委会　B. 政府有关部门　C. 网络、电视广播、报刊

D. 茶叶企业　E. 合作社　F. 农资经销商

G. 亲戚朋友　H. 其他茶农

27. 您接受政府农技推广站或有关部门农业绿色生产技术培训的次数约为每年____次，参加农资公司或茶叶企业技术培训的次数为每年____次，接受茶叶合作社组织农业绿色生产技术培训的次数约为每年____次。

28. 在茶叶种植过程中，您家以什么为依据来确定施肥、施药种类（可多选）？____。

A. 自己种植经验　B. 参照其他茶农做法

C. 合作社建议　D. 政府农技推广人员建议

E. 农资经销商推荐　F. 茶叶企业建议

29. 您家在对茶园施用肥料和农药时，施用量与说明书的规定量相比：____。

A. 按照说明书的规定量

B. 超过说明书的规定量

C、少于说明书的规定量

D. 比较随意，不按照说明书的规定量

30. 周围茶农在茶叶生产过程中普遍采用绿色生产行为，您对此的看法是：____。

A. 非常不认同　B. 不太认同　C. 一般　D. 比较认同

E. 非常认同

31. 周围茶农在茶叶生产中采用绿色生产行为会对您形成监督作用，您对此的看法是：____。

A. 非常不认同　B. 不太认同　C. 一般　D. 比较认同

E. 非常认同

32. 村委会对茶叶绿色生产监管力度大，您对此的看法是：____。

A. 非常不认同　B. 不太认同　C. 一般　D. 比较认同

E. 非常认同

33. 与前几年相比，2021年您家在茶叶种植过程中使用化学农药、化学肥料的数量：____。

A. 完全未减少使用　B. 几乎没变化

C. 减少得很少　D. 减少了一些

E. 完全不使用

34. 2021 年您家购买肥料的总费用约为____元，其中化肥____元，有机肥____元；购买农药的总费用约为____元，其中化学农药____元，生物农药或使用绿色防控技术的费用____元。

35. 2021 年您家茶园施用肥料____次，每次每亩茶园施用化肥____千克、____元，每次每亩茶园施用有机肥____千克、____元；2021 年施用农药____次，每次每亩茶园施用化学农药____元，每次每亩茶园施用生物农药____元，最后一次打药距离茶叶采摘的时间约为____天。

36. 您家在没有采用以上农业绿色生产技术之前，毛茶每千克销售价格为____元；采用以上农业绿色生产技术之后，毛茶每千克销售价格为____元（若没有采用，此处填 0）。

37. 您觉得您家采用了农业绿色生产技术之后，对改善茶园生态环境的效果：____。

A. 效果不好　B. 效果不太好　C. 效果一般　D. 效果比较好
E. 效果特别好

38. 政府对茶农采用农业绿色生产技术是否有补贴？____。

A. 是　B. 否

39. 您觉得政府对茶农采用农业绿色生产技术的补贴力度：____。

A. 非常小　B. 比较小　C. 一般　D. 比较大
E. 非常大

40. 您认为政府补贴对您家采用农业绿色生产技术的影响程度为：____。

A. 无影响　B. 影响较小　C. 一般　D. 影响较大
E. 影响很大

41. 您认为政府在农业绿色生产技术的推广和使用中的主要作用应该是（可多选）：____。

A. 政策引导　B. 宣传教育　C. 技术培训指导　D. 资金补贴
E. 法律规范　F. 信息提供

三、茶产业链组织对茶农绿色生产行为的影响

1. 您家是否加入茶叶经济合作组织？____。

A. 是　B. 否

2. 您家加入茶产业链组织模式是（若无加入，则选择 F. 无）：____。

A. 合作社＋农户　B. 公司＋基地＋农户
C. 公司＋合作社＋农户　D. 公司＋农户
E. 电商平台＋农户　F. 无

G. 其他（若有，请填写）____

3. 茶产业链组织对茶农绿色生产行为的影响：

序号	茶产业链组织对茶农绿色生产行为的影响	否	是
1	是否向您家供应低毒高效农药、有机肥料等生产物资		
2	是否向您家提供农业绿色生产技术培训和指导		
3	是否收购或者代销您家生产的茶叶		
4	是否向您家提供有关农业绿色生产技术信息		
5	是否要求您家填写茶园田间管理档案		
6	是否有对茶叶进行绿色食品或有机产品认证等		
7	是否有对茶叶进行统一贴牌包装		
8	是否规定化肥、农药等使用清单		
9	是否制定严格的茶叶生产标准		
10	是否对农户的茶叶生产过程进行严格质量安全检查和监督		
11	是否对收购的茶叶进行农药残留检测		
12	是否进行茶叶可追溯管理		

再次感谢您对本次问卷调查的支持！

参 考 文 献

庇古 A C，2006. 福利经济学 [M]. 朱泱，张胜纪，吴良健，译．北京：商务印书馆．

蔡荣，汪紫钰，钱龙，等，2019. 加入合作社促进了家庭农场选择环境友好型生产方式吗?：以化肥、农药减量施用为例 [J]. 中国农村观察 (1)：51-65.

蔡颖萍，杜志雄，2016. 家庭农场生产行为的生态自觉性及其影响因素分析：基于全国家庭农场监测数据的实证检验 [J]. 中国农村经济 (12)：33-45.

曹慧，2019. 粮食主产区农户粮食生产中亲环境行为研究 [D]. 咸阳：西北农林科技大学．

曹慧，赵凯，2018. 农户化肥减量施用意向影响因素及其效应分解：基于 VBN-TPB 的实证分析 [J]. 华中农业大学学报 (社会科学版) (6)：29-38，152.

曹慧，赵凯，2019. 耕地经营规模对农户亲环境行为的影响 [J]. 资源科学，41 (4)：740-752.

陈欢，周宏，吕新业，2018. 农户病虫害统防统治服务采纳行为的影响因素：以江苏省水稻种植为例 [J]. 西北农林科技大学学报 (社会科学版)，18 (5)：104-111.

陈吉平，2020. 农业绿色生产行为的内涵与外延 [J]. 新疆农垦经济 (3)：24-30.

陈梅英，黄守先，张凡，等，2021. 农业绿色生产技术采纳对农户收入的影响效应研究 [J]. 生态与农村环境学报，37 (10)：1310-1317.

陈梅英，谢晓佳，郑桂榕，2020. 政府规制、合作组织治理与农户有机肥施用行为：以茶叶种植户为例 [J]. 福建农林大学学报 (哲学社会科学版)，23 (6)：61-69.

陈美球，袁东波，邝佛缘，等，2019. 农户分化、代际差异对生态耕种采纳度的影响 [J]. 中国人口·资源与环境，29 (2)：79-86.

陈舜，逯非，王效科，2016. 中国主要农作物种植农药施用温室气体排放估算 [J]. 生态学报，36 (9)：2560-2569.

陈锡文，陈昱阳，张建军，2011. 中国农村人口老龄化对农业产出影响的量化研究 [J]. 中国人口科学 (2)：39-46，111.

陈晓红，汪朝霞，2007. 苏州农户兼业行为的因素分析 [J]. 中国农村经济 (4)：25-31.

陈雪婷，黄炜虹，齐振宏，等，2020. 生态种养模式认知、采纳强度与收入效应：以长江中下游地区稻虾共作模式为例 [J]. 中国农村经济 (10)：71-90.

陈彦丽，曲振涛，2014. 食品安全治理协同机制的构成及效应分析 [J]. 学习与探索 (7)：125-128.

陈彦丽，赵慧，2021. 地理标志农产品质量安全协同治理机制研究 [M]. 北京：经济科学出版社．

陈玉玲，路丽，赵建玲，2021. 区域创新要素协同发展水平测度及协同机制构建：以京津冀地区为例［J］. 工业技术经济，40（4）：129－133.
程杰贤，郑少锋，2018. 政府规制对农户生产行为的影响：基于区域品牌农产品质量安全视角［J］. 西北农林科技大学学报（社会科学版），18（2）：115－122.
程杰贤，郑少锋，郑嘉琳，2020. 农产品区域公用品牌地区农户生物防治技术采纳行为影响因素分析：基于 TPB 和 Bi－Probit 的实证分析［J］. 江汉大学学报（社会科学版），37（1）：55－68，126－127.
储成兵，2015. 农户 IPM 技术采用行为及其激励机制研究［D］. 北京：中国农业大学.
褚彩虹，冯淑怡，张蔚文，2012. 农户采用环境友好型农业技术行为的实证分析：以有机肥与测土配方施肥技术为例［J］. 中国农村经济（3）：68－77.
崔新蕾，蔡银莺，张安录，2011. 农户减少化肥农药施用量的生产意愿及影响因素［J］. 农村经济（11）：97－100.
代云云，2013. 我国蔬菜质量安全管理现状与调控对策分析［J］. 中国人口·资源与环境，23（S2）：66－69.
代云云，徐翔，2012. 农户蔬菜质量安全控制行为及其影响因素实证研究：基于农户对政府、市场及组织质量安全监管影响认知的视角［J］. 南京农业大学学报（社会科学版），12（3）：48－53，59.
邓新明，2012. 中国情景下消费者的伦理购买意向研究：基于 TPB 视角［J］. 南开管理评论，15（3）：22－32.
邓旭峰，2011. 公共危机多主体参与治理的结构与制度保障研究［J］. 社会主义研究（3）：51－55.
邓正华，2013. 环境友好型农业技术扩散中农户行为研究［D］. 武汉：华中农业大学.
董莹，穆月英，2019. 农户环境友好型技术采纳的路径选择与增效机制实证［J］. 中国农村观察（2）：34－48.
段文婷，江光荣，2008. 计划行为理论述评［J］. 心理科学进展（2）：315－320.
樊翔，张军，王红，等，2017. 农户禀赋对农户低碳农业生产行为的影响：基于山东省大盛镇农户调查［J］. 水土保持研究，24（1）：265－271.
范逢春，李晓梅，2014. 农村公共服务多元主体动态协同治理模型研究［J］. 管理世界（9）：176－177.
方伟，梁俊芬，林伟君，等，2013. 食品企业质量控制动机及“优质优价”实现状态分析：基于 300 家国家级农业龙头企业调研［J］. 农业技术经济（2）：112－120.
冯锋，汪良兵，2012. 技术创新链视角下我国区域科技创新系统协调发展度研究［J］. 中国科技论坛（3）：36－42.
冯晓龙，刘明月，霍学喜，等，2017. 农户气候变化适应性决策对农业产出的影响效应：以陕西苹果种植户为例［J］. 中国农村经济（3）：31－45.
冯燕，吴金芳，2018. 合作社组织、种植规模与农户测土配方施肥技术采纳行为：基于太湖、巢湖流域水稻种植户的调查［J］. 南京工业大学学报（社会科学版），17（6）：28－37.
耿飙，罗良国，2018. 农户减少化肥用量和采用有机肥的意愿研究：基于洱海流域上游面源污染防控的视角［J］. 中国农业资源与区划，39（4）：74－82.

耿宇宁，郑少锋，刘婧，2018. 农户绿色防控技术采纳的经济效应与环境效应评价：基于陕西省猕猴桃主产区的调查 [J]. 科技管理研究，38（2）：245 - 251.

耿宇宁，郑少锋，陆迁，2017. 经济激励、社会网络对农户绿色防控技术采纳行为的影响：来自陕西猕猴桃主产区的证据 [J]. 华中农业大学学报（社会科学版）（6）：59 - 69，150.

耿宇宁，郑少锋，王建华，2017. 政府推广与供应链组织对农户生物防治技术采纳行为的影响 [J]. 西北农林科技大学学报（社会科学版），17（1）：116 - 122.

龚继红，何存毅，曾凡益，2019. 农民绿色生产行为的实现机制：基于农民绿色生产意识与行为差异的视角 [J]. 华中农业大学学报（社会科学版）（1）：68 - 76，165 - 166.

巩前文，穆向丽，田志宏，2010. 农户过量施肥风险认知及规避能力的影响因素分析：基于江汉平原284个农户的问卷调查 [J]. 中国农村经济（10）：66 - 76.

桂华，欧阳静，2012. 论熟人社会面子：基于村庄性质的区域差异比较研究 [J]. 中央民族大学学报（哲学社会科学版），39（1）：72 - 81.

郭灿，林开勤，吕洁杰，等，2020. 贵州茶农使用农药行为及其影响因素分析 [J]. 茶叶通讯，47（2）：334 - 338.

郭豪杰，张薇，郑兆峰，等，2021. 农户亲环境行为动机拥挤效应检验：来自云南省1050份农户调研证据 [J]. 干旱区资源与环境，35（4）：38 - 45.

郭利京，林云志，周正圆，2020. 村规民约何以规范农户亲环境行为？[J]. 干旱区资源与环境，34（7）：68 - 74.

郭利京，王少飞，2016. 基于调节聚焦理论的生物农药推广有效性研究 [J]. 中国人口·资源与环境，26（4）：126 - 134.

郭利京，赵瑾，2014. 农户亲环境行为的影响机制及政策干预：以秸秆处理行为为例 [J]. 农业经济问题，35（12）：78 - 84，112.

郭清卉，2020. 基于社会规范和个人规范的农户亲环境行为研究 [D]. 咸阳：西北农林科技大学.

郭清卉，李昊，李世平，2019. 社会规范对农户化肥减量化措施采纳行为的影响 [J]. 西北农林科技大学学报（社会科学版），19（3）：112 - 120.

郭清卉，李昊，李世平，等，2021. 基于行为与意愿悖离视角的农户亲环境行为研究：以有机肥施用为例 [J]. 长江流域资源与环境，30（1）：212 - 224.

郭悦楠，李世平，张娇，2018. 从意愿到行为：信息获取对农户亲环境行为的影响 [J]. 生态经济，34（12）：191 - 196，214.

韩洪云，喻永红，2014. 退耕还林生态补偿研究：成本基础、接受意愿抑或生态价值标准 [J]. 农业经济问题，35（4）：64 - 72，112.

何丽娟，王永强，2019. 补贴政策、有机肥使用效果认知与果农有机肥使用行为：基于陕西省部分有机肥补贴试点县和非试点县的调查 [J]. 干旱区资源与环境，33（8）：85 - 91.

何玲玲，梁影，2020. 乡村振兴中的协同治理困境及破解路径选择：基于SFIC模型分析的广西例证 [J]. 中国西部（2）：56 - 66.

何凌云，黄季焜，2001. 土地使用权的稳定性与肥料使用：广东省实证研究 [J]. 中国农村观察（5）：42－48，81.
何水，2008. 协同治理及其在中国的实现：基于社会资本理论的分析［J］. 西南大学学报（社会科学版）（3）：102－106.
何悦，2019. 农户绿色生产行为形成机理与实现路径研究［D］. 成都：四川农业大学.
何悦，漆雁斌，2021. 农户绿色生产行为形成机理的实证研究：基于川渝地区860户柑橘种植户施肥行为的调查［J］. 长江流域资源与环境，30（2）：493－506.
贺梅英，庄丽娟，2014. 市场需求对农户技术采用行为的诱导：来自荔枝主产区的证据［J］. 中国农村经济（2）：33－41.
侯博，2012. 茶农的农药施用行为及其主要影响因素研究［J］. 云南农业大学学报（社会科学版），6（4）：16－21.
侯博，应瑞瑶，2015. 分散农户低碳生产行为决策研究：基于TPB和SEM的实证分析［J］. 农业技术经济（2）：4－13.
侯建昀，刘军弟，霍学喜，2014. 区域异质性视角下农户农药施用行为研究：基于非线性面板数据的实证分析［J］. 华中农业大学学报（社会科学版）（4）：1－9.
侯晓康，刘天军，黄腾，等，2019. 农户绿色农业技术采纳行为及收入效应［J］. 西北农林科技大学学报（社会科学版），19（3）：121－131.
胡海，庄天慧，2020. 绿色防控技术采纳对农户福利的影响效应研究：基于四川省茶叶主产区茶农的调查数据［J］. 农村经济（6）：106－113.
胡浩，杨泳冰，2015. 要素替代视角下农户化肥施用研究：基于全国农村固定观察点农户数据［J］. 农业技术经济（3）：84－91.
胡林英，杜佩，陈富桥，等，2017. 茶农绿色防控技术采用行为影响因素实证研究［J］. 茶叶科学，37（3）：308－314.
华春林，陆迁，姜雅莉，等，2013. 农业教育培训项目对减少农业面源污染的影响效果研究：基于倾向评分匹配方法［J］. 农业技术经济（4）：83－92.
黄季焜，ROZELLE S，1993. 技术进步和农业生产发展的原动力：水稻生产力增长的分析［J］. 农业技术经济（6）：21－29.
黄季焜，齐亮，陈瑞剑，2008. 技术信息知识、风险偏好与农民施用农药［J］. 管理世界（5）：71－76.
黄静，张雪，2014. 多元协同治理框架下的生态文明建设［J］. 宏观经济管理（11）：62－64.
黄腾，赵佳佳，魏娟，等，2018. 节水灌溉技术认知、采用强度与收入效应：基于甘肃省微观农户数据的实证分析［J］. 资源科学，40（2）：347－358.
黄炜虹，齐振宏，邬兰娅，等，2017. 农户从事生态循环农业意愿与行为的决定：市场收益还是政策激励？［J］. 中国人口·资源与环境，27（8）：69－77.
黄晓慧，2019. 资本禀赋、政府支持对农户水土保持技术采用行为的影响研究［D］. 咸阳：西北农林科技大学.
黄亚林，2014. 农业保险各主体利益的协同度评价［J］. 系统工程，32（8）：52－55.
黄炎忠，罗小锋，2018. 既吃又卖：稻农的生物农药施用行为差异分析［J］. 中国农村经济（7）：63－78.
黄炎忠，罗小锋，李容容，等，2018. 农户认知、外部环境与绿色农业生产意愿：基于湖北省632个农户调研数据［J］. 长江流域资源与环境，27（3）：680－687.
黄祖辉，2018. 准确把握中国乡村振兴战略［J］. 中国农村经济（4）：2－12.
黄祖辉，钟颖琦，王晓莉，2016. 不同政策对农户农药施用行为的影响［J］. 中国人口·资源与环境，26（8）：148－155.
贾雪莉，董海荣，戚丽丽，等，2011. 蔬菜种植户农药使用行为研究：以河北省为例［J］. 林业经济问题，31（3）：266－270.
姜健，王绪龙，周静，2016. 信息能力对菜农施药行为转变的影响研究［J］. 农业技术经济（12）：43－53.
姜太碧，2015. 农村生态环境建设中农户施肥行为影响因素分析［J］. 西南民族大学学报（人文社科版），36（12）：157－161.
蒋琳莉，陈楠，熊娜，等，2021. 制度因素、环境素养对农户绿色生产行为的影响：基于入户调查的微观证据［J］. 江苏农业科学，49（22）：12－20.
蒋琳莉，张露，张俊飚，等，2018. 稻农低碳生产行为的影响机理研究：基于湖北省102户稻农的深度访谈［J］. 中国农村观察（4）：86－101.
邝佛缘，金建君，邱欣，2022. 农户绿色生产技术采纳行为及其效应：以测土配方施肥技术为例［J］. 中国农业大学学报，27（10）：226－235.
兰婷，2019. 乡村振兴背景下农业面源污染多主体合作治理模式研究［J］. 农村经济（1）：8－14.
雷家乐，吴雪莲，李万红，等，2021. 长江经济带农户绿色生产行为及其影响因素研究：基于改进的TPB框架［J］. 湖北农业科学，60（13）：200－207.
李成龙，周宏，2021. 组织嵌入与农户农药减量化：基于江苏省水稻种植户的分析［J］. 农业现代化研究，42（4）：694－702.
李翠霞，许佳彬，王洋，2021. 农业绿色生产社会化服务能提高农业绿色生产率吗［J］. 农业技术经济（9）：36－49.
李芬妮，张俊飚，何可，2019a. 非正式制度、环境规制对农户绿色生产行为的影响：基于湖北1105份农户调查数据［J］. 资源科学，41（7）：1227－1239.
李芬妮，张俊飚，何可，2019b. 替代与互补：农民绿色生产中的非正式制度与正式制度［J］. 华中科技大学学报（社会科学版），33（6）：51－60，94.
李功奎，应瑞瑶，2004. “柠檬市场”与制度安排：一个关于农产品质量安全保障的分析框架［J］. 农业技术经济（3）：15－20.
李海超，盛亦隆，2018. 区域科技创新复合系统的协同度研究［J］. 科技管理研究，38（21）：29－34.
李昊，曹辰，李林哲，2022. 绿色认知能促进农户绿色生产行为吗?：基于社会规范锁定效应的分析［J］. 干旱区资源与环境，36（9）：18－25.
李昊，李世平，南灵，等，2018. 农户农药施用行为及其影响因素：来自鲁、晋、陕、甘四省693份经济作物种植户的经验证据［J］. 干旱区资源与环境，32（2）：161－168.

参 考 文 献

李昊，李世平，南灵，等，2018. 中国农户环境友好型农药施用行为影响因素的 Meta 分析［J］. 资源科学，40（1）：74－88.

李辉，任晓春，2010. 善治视野下的协同治理研究［J］. 科学与管理，30（6）：55－58.

李洁，修长百，2020. 农牧交错带农户风险厌恶与生产经验对低碳生产行为影响研究［J］. 干旱区资源与环境，34（11）：51－57.

李静，2016. 中国食品安全“多元协同”治理模式研究［M］. 北京：北京大学出版社.

李静，陈永杰，2013. 匿名食品市场交易的政府监管机制：现代食品市场的信息披露制度设计［J］. 中山大学学报（社会科学版），53（3）：171－178.

李礼，孙翊锋，2016. 生态环境协同治理的应然逻辑、政治博弈与实现机制［J］. 湘潭大学学报（哲学社会科学版），40（3）：24－29.

李明洪，2014. 协同治理：环境群体性事件治理模式的探析［J］. 知识经济（20）：56－57.

李明月，陈凯，2020. 农户绿色农业生产意愿与行为的实证分析［J］. 华中农业大学学报（社会科学版）（4）：10－19，173－174.

李明月，罗小锋，余威震，等，2020. 代际效应与邻里效应对农户采纳绿色生产技术的影响分析［J］. 中国农业大学学报，25（1）：206－215.

李秋生，郑建杰，贺亚琴，2023. 政策激励、组织约束与化肥减量增效：基于粤赣柑橘种植户的实证［J］. 农林经济管理学报，22（1）：85－93.

李世杰，朱雪兰，洪潇伟，等，2013. 农户认知、农药补贴与农户安全农产品生产用药意愿：基于对海南省冬季瓜菜种植农户的问卷调查［J］. 中国农村观察（5）：55－69，97.

李太平，聂文静，蔡怡静，2014.《食品中农药最大残留限量》新国标的安全风险分析［J］. 管理现代化，34（5）：91－93.

李特尔，2014. 福利经济学评述［M］. 陈彪如，译. 北京：商务印书馆.

李豫新，尹丽，2021. 基于复合系统协同度模型的西部省区城乡高质量融合发展研究［J］. 新疆大学学报（哲学社会科学版），49（6）：10－20.

李兆亮，罗小锋，丘雯文，2019. 经营规模、地权稳定与农户有机肥施用行为：基于调节效应和中介效应模型的研究［J］. 长江流域资源与环境，28（8）：1918－1928.

李子琳，韩逸，郭熙，等，2019. 基于 SEM 的农户测土配方施肥技术采纳意愿及其影响因素研究［J］. 长江流域资源与环境，28（9）：2119－2129.

梁流涛，2018. 农户环境保护行为机制及政策调控［M］. 北京：科学出版社.

梁流涛，曲福田，冯淑怡，2013. 经济发展与农业面源污染：分解模型与实证研究［J］. 长江流域资源与环境，22（10）：1369－1374.

梁流涛，翟彬，樊鹏飞，2016. 基于 MA 框架的农户生产行为环境影响机制研究：以河南省传统农区为例［J］. 南京农业大学学报（社会科学版），16（5）：145－153，158.

林黎，李敬，肖波，2021. 农户绿色生产技术采纳意愿决定：市场驱动还是政府推动?［J］. 经济问题（12）：67－74.

刘波，方奕华，彭瑾，2019.“多元共治”社区治理中的网络结构、关系质量与治理效果：以深圳市龙岗区为例［J］. 管理评论，31（9）：278－290.

刘畅，张馨予，张巍，2021. 家庭农场测土配方施肥技术采纳行为及收入效应研究［J］.

农业现代化研究，42（1）：123-131.
刘承毅，王建明，2014. 声誉激励、社会监督与质量规制：城市垃圾处理行业中的博弈分析［J］. 产经评论，5（2）：93-106.
刘迪，孙剑，黄梦思，等，2019. 市场与政府对农户绿色防控技术采纳的协同作用分析［J］. 长江流域资源与环境，28（5）：1154-1163.
刘芬，李献军，王小英，等，2016. 陕西省主要农作物测土施肥效益分析［J］. 干旱地区农业研究，34（2）：136-140，217.
刘华安，2017. 绿色发展中的多元主体协同治理研究［J］. 湖南行政学院学报（4）：60-65.
刘建生，陈鑫，2016. 协同治理：中国空心村治理的一种理论模型：以江西省安福县广丘村为例［J］. 中国土地科学，30（1）：53-60.
刘杰，李聪，王刚毅，2022. 农户组织化促进了绿色技术采纳?［J］. 农村经济（1）：69-78.
刘可，齐振宏，黄炜虹，等，2019. 资本禀赋异质性对农户生态生产行为的影响研究：基于水平和结构的双重视角分析［J］. 中国人口·资源与环境，29（2）：87-96.
刘帅，沈兴兴，朱守银，2020. 农业产业化经营组织制度演进下的农户绿色生产行为研究［J］. 农村经济（11）：37-44.
刘伟忠，2012. 我国协同治理理论研究的现状与趋向［J］. 城市问题（5）：81-85.
刘志娟，2018. 内蒙古绿色农产品生产行为、农户收入效应及消费驱动研究［D］. 呼和浩特：内蒙古农业大学.
龙冬平，李同昇，芮旸，等，2015. 特色种植农户对不同技术供给模式的行为响应：以陕西省周至县猕猴桃种植示范村为例［J］. 经济地理，35（5）：135-142.
娄博杰，2015. 基于农产品质量安全的农户生产行为研究［D］. 北京：中国农业科学院.
卢敏，李玉，张俊彪，2010. 农民视角的食用菌生产信息获取与相关决策行为分析［J］. 农业技术经济（4）：107-113.
陆世宏，2006. 协同治理与和谐社会的构建［J］. 广西民族大学学报（哲学社会科学版）（6）：109-113.
鹿斌，周定财，2014. 国内协同治理问题研究述评与展望［J］. 行政论坛，21（1）：84-89.
罗岚，刘杨诚，马松，等，2021. 政府规制、市场收益激励与果农采纳绿色生产技术［J］. 科技管理研究，41（15）：178-183.
罗磊，唐露菲，乔大宽，等，2022. 农民合作社培训、社员认知与绿色生产意愿［J］. 中国农业资源与区划，43（9）：79-89.
罗小锋，杜三峡，黄炎忠，等，2020. 种植规模、市场规制与稻农生物农药施用行为［J］. 农业技术经济（6）：71-80.
罗小娟，2013. 太湖流域环境友好型技术影响评价与政策模拟［D］. 南京：南京农业大学.
罗小娟，冯淑怡，石晓平，等，2013. 太湖流域农户环境友好型技术采纳行为及其环境和经济效应评价：以测土配方施肥技术为例［J］. 自然资源学报，28（11）：1891-1902.
吕美晔，王凯，2004. 山区农户绿色农产品生产的意愿研究：安徽皖南山区茶叶生产的实证分析［J］. 农业技术经济（5）：33-37.

麻丽平，霍学喜，2015. 农户农药认知与农药施用行为调查研究［J］. 西北农林科技大学学报（社会科学版），15（5）：65－71，76.
马兴栋，霍学喜，2019. 苹果标准化生产、规制效果及改进建议：基于山东、陕西、甘肃3省11县960个苹果种植户的调查分析［J］. 农业经济问题（3）：37－48.
毛飞，孔祥智，2011. 农户安全农药选配行为影响因素分析：基于陕西5个苹果主产县的调查［J］. 农业技术经济（5）：4－12.
聂法良，2015. 城市森林协同治理体系的协同度评价指标及应用：以青岛市为例［J］. 山东农业大学学报（自然科学版），46（2）：173－179.
宁德鹏，2017. 创业教育对创业行为的影响机理研究［D］. 长春：吉林大学.
欧黎明，朱秦，2009. 社会协同治理：信任关系与平台建设［J］. 中国行政管理（5）：118－121.
欧胜彬，2018. 农户分化视角下土地征收的福利效应研究［D］. 南京：南京农业大学.
潘丹，2014. 农业技术培训对农村居民收入的影响：基于倾向得分匹配法的研究［J］. 南京农业大学学报（社会科学版），14（5）：62－69.
潘世磊，严立冬，屈志光，等，2018. 绿色农业发展中的农户意愿及其行为影响因素研究：基于浙江丽水市农户调查数据的实证［J］. 江西财经大学学报（2）：79－89.
庞素琳，房秋文，蔡牧夫，2016. 多主体协同治理下城市密集建筑群火灾风险管理与应用［J］. 管理评论，28（8）：260－272.
彭斯，陈玉萍，2022. 农户绿色生产技术采用行为及其对收入的影响：以武陵山茶叶主产区为例［J］. 中国农业大学学报，27（2）：243－255.
平狄克 R S，鲁宾费尔德 D L，2006. 微观经济学［M］. 王世磊，朱海洋，贺振华，等译. 6版. 北京：中国人民大学出版社.
钱力，倪修凤，宋俊秀，2021. 乡村振兴多元主体协同治理效应研究［M］. 北京：经济科学出版社：25－26.
乔慧，普冀喆，郑风田，2017. 农户规模、政府抽检与农户施药行为：基于山东省蔬菜产区837个农户的调研数据［J］. 农林经济管理学报，16（4）：419－429.
秦诗乐，吕新业，2020. 农户绿色防控技术采纳行为及效应评价研究［J］. 中国农业大学学报（社会科学版），37（4）：50－60.
仇焕广，栾昊，李瑾，等，2014. 风险规避对农户化肥过量施用行为的影响［J］. 中国农村经济（3）：85－96.
渠鲲飞，左停，2019. 协同治理下的空间再造［J］. 中国农村观察（2）：134－144.
曲朦，赵凯，2020. 家庭社会经济地位对农户环境友好型生产行为的影响［J］. 西北农林科技大学学报（社会科学版），20（3）：135－143，153.
任重，薛兴利，2016. 粮农无公害农药使用意愿及其影响因素分析：基于609户种粮户的实证研究［J］. 干旱区资源与环境，30（7）：31－36.
尚杰，尹晓宇，2016. 中国化肥面源污染现状及其减量化研究［J］. 生态经济，32（5）：196－199.
尚燕，颜廷武，江鑫，等，2018. 绿色化生产技术采纳：家庭经济水平能唤醒农户生态自觉性吗？[J]. 生态与农村环境学报，34 (11)：988-996.
沈兴兴，2021. 小农户步入农业绿色发展轨道的路径初探 [J]. 中国农业资源与区划，42 (3)：103-109.
沈雪，张露，张俊飚，等，2018. 稻农低碳生产行为影响因素与引导策略：基于人际行为改进理论的多组比较分析 [J]. 长江流域资源与环境，27 (9)：2042-2052.
沈昱雯，罗小锋，余威震，2020. 激励与约束如何影响农户生物农药施用行为：兼论约束措施的调节作用 [J]. 长江流域资源与环境，29 (4)：1040-1050.
石志恒，崔民，张衡，2020. 基于扩展计划行为理论的农户绿色生产意愿研究 [J]. 干旱区资源与环境，34 (3)：40-48.
石志恒，符越，2022. 农业社会化服务组织、土地规模和农户绿色生产意愿与行为的悖离 [J]. 中国农业大学学报，27 (3)：240-254.
史常亮，李赟，朱俊峰，2016. 劳动力转移、化肥过度使用与面源污染 [J]. 中国农业大学学报，21 (5)：169-180.
宋浩楠，张士云，江惠，2023. 测土配方施肥技术采纳对规模农户化肥使用效率的影响：基于SFA和ESR模型的实证分析 [J]. 云南农业大学学报（社会科学），17 (1)：151-162.
苏昕，周升师，张辉，2018. 农民专业合作社“双网络”治理研究：基于案例的比较分析 [J]. 农业经济问题 (3)：67-77.
孙大鹏. 协同治理的理论框架及案例考察 [J]. 财经问题研究，2022 (8)：113-121.
孙萍，闫亭豫，2013. 我国协同治理理论研究述评 [J]. 理论月刊 (3)：107-112.
孙小燕，刘雍，2019. 土地托管能否带动农户绿色生产？[J]. 中国农村经济 (10)：60-80.
谈存峰，张莉，田万慧，2017. 农田循环生产技术农户采纳意愿影响因素分析：西北内陆河灌区样本农户数据 [J]. 干旱区资源与环境，31 (8)：33-37.
谭雅蓉，王一罡，于金莹，等，2020. 农产品质量安全保障与供应链治理机制研究：基于市场参与主体行为的分析 [J]. 价格理论与实践 (12)：14-18.
唐博文，罗小锋，秦军，2010. 农户采用不同属性技术的影响因素分析：基于9省（区）2110户农户的调查 [J]. 中国农村经济 (6)：49-57.
唐林，罗小锋，张俊飚，2019. 社会监督、群体认同与农户生活垃圾集中处理行为：基于面子观念的中介和调节作用 [J]. 中国农村观察 (2)：18-33.
田培杰，2013. 协同治理：理论研究框架与分析模型 [D]. 上海：上海交通大学.
田培杰，2014. 协同治理概念考辨 [J]. 上海大学学报（社会科学版），31 (1)：124-140.
田云，2019. 认知程度、未来预期与农户农业低碳生产意愿：基于武汉市农户的调查数据 [J]. 华中农业大学学报（社会科学版）(1)：77-84，166.
佟大建，黄武，应瑞瑶，2018. 基层公共农技推广对农户技术采纳的影响：以水稻科技示范为例 [J]. 中国农村观察 (4)：59-73.
童洪志，刘伟，2018. 政策组合对农户保护性耕作技术采纳行为的影响机制研究 [J]. 软科学，32 (5)：18-23.
涂晓芳，黄莉培，2011. 基于整体政府理论的环境治理研究 [J]. 北京航空航天大学学报（社会科学版），24 (4)：1-6.

汪烨，栾敬东，宋浩楠，等，2022. 劳动力老龄化、合作组织嵌入与农户绿色生产行为：以施用有机肥为例［J］. 河北农业大学学报（社会科学版），24（2）：53－63.

王常伟，顾海英，2012. 逆向选择、信号发送与我国绿色食品认证机制的效果分析［J］. 软科学，26（10）：54－58.

王常伟，顾海英，2013. 市场 VS 政府，什么力量影响了我国菜农农药用量的选择？［J］. 管理世界（11）：50－66，187－188.

王建华，葛佳烨，郭儒鹏，2018. 农产品安全风险治理中的政府职能及其行为边界［J］. 贵州社会科学（1）：161－168.

王建华，马玉婷，李俏，2015. 农业生产者农药施用行为选择与农产品安全［J］. 公共管理学报，12（1）：117－126，158.

王建华，马玉婷，刘茁，等，2015. 农业生产者农药施用行为选择逻辑及其影响因素［J］. 中国人口·资源与环境，25（8）：153－161.

王建华，马玉婷，王晓莉，2014. 农产品安全生产：农户农药施用知识与技能培训［J］. 中国人口·资源与环境，24（4）：54－63.

王凯伟，刘双燕，燕博，2016. 行政监督系统协同度测评模型构建研究［J］. 湘潭大学学报（哲学社会科学版），40（2）：14－21.

王全忠，彭长生，吕新业，2018. 农药购买追溯研究：基于农户实名制的态度与执行障碍［J］. 农业技术经济（9）：54－66.

王若男，韩旭东，崔梦怡，等，2021. 农户绿色生产技术采纳的增收效应：基于质量经济学视角［J］. 农业现代化研究，42（3）：462－473.

王珊珊，张广胜，2016. 农户低碳生产行为评价指标体系构建及应用［J］. 农业现代化研究，37（4）：641－648.

王晓飞，2020. 农户测土配方施肥技术采纳意愿的影响因素及路径［J］. 湖南农业大学学报（社会科学版），21（1）：1－7.

王欣，陈玉兰，赵达君，2022. 基于 SEM 的农户绿色农业生产行为研究：来自新疆 352 个样本农户的证据［J］. 中国农业资源与区划，43（4）：67－74.

王秀丽，王士海，2018. 农户农业清洁生产行为的影响因素和实施效果对比分析：以测土配方施肥和高效低毒农药技术为例［J］. 新疆农垦经济（5）：16－23.

王璇，张俊飚，何可，等，2020. 风险感知、公众形象诉求对农户绿色农业技术采纳度的影响［J］. 中国农业大学学报，25（7）：213－226.

王学婷，何可，张俊飚，等，2018. 农户对环境友好型技术的采纳意愿及异质性分析：以湖北省为例［J］. 中国农业大学学报，23（6）：197－209.

王学婷，张俊飚，何可，等，2019. 社会信任、群体规范对农户生态自觉性的影响［J］. 农业现代化研究，40（2）：215－225.

王洋，王泮蘅，2022. 基于计划行为理论的农户秸秆还田采纳意愿研究［J］. 河南农业大学学报，56（1）：133－142.

王友海，徐小云，仇方方，等，2017. 茶叶绿色生产现状与茶产业可持续发展建议［J］. 湖北农业科学，56（19）：3657－3660，3722.

王雨濛，于彬，李寒冬，等，2020. 产业链组织模式对农户农药使用行为的影响分析：以福建省茶农为例 [J]. 农林经济管理学报，19 (3)：271 - 279.

吴林海，吕煜昕，山丽杰，等，2016. 基于现实情境的村民委员会参与农村食品安全风险治理的行为研究 [J]. 中国人口·资源与环境，26 (9)：82 - 91.

吴明隆，2009. 结构方程模型：AMOS 的操作与应用 [M]. 重庆：重庆大学出版社：1 - 7.

吴绒，白世贞，吴雪艳，2016. 农产品绿色供应链协同演化机理研究 [J]. 科技管理研究，36 (3)：235 - 239.

吴雪莲，2016. 农户绿色农业技术采纳行为及政策激励研究 [D]. 武汉：华中农业大学.

吴雪莲，张俊飚，丰军辉，2017. 农户绿色农业技术认知影响因素及其层级结构分解：基于 Probit - ISM 模型 [J]. 华中农业大学学报（社会科学版）(5)：36 - 45，145.

肖锐，陈池波，2017. 财政支持能提升农业绿色生产率吗?：基于农业化学品投入的实证分析 [J]. 中南财经政法大学学报 (1)：18 - 24，158.

谢贤鑫，陈美球，2019. 农户生态耕种采纳意愿及其异质性分析：基于 TPB 框架的实证研究 [J]. 长江流域资源与环境，28 (5)：1185 - 1196.

谢贤鑫，刘洋洋，陈美球，等，2019. 生计资本对农户生态耕种采纳度的影响：以江西省为例 [J]. 水土保持研究，26 (3)：293 - 299，304.

谢志忠，黄初升，赵莹，2012. 福建省社会、经济、人口与环境资源发展的协调度分析 [J]. 经济与管理评论，28 (1)：133 - 137.

徐乐，王海霞，邵帅，2023. 长三角环境协同治理的非对称效应：基于多主体与多区域的双重视角 [J]. 西安交通大学学报（社会科学版），43 (2)：128 - 142.

徐蕾，李桦，2022. 政府规制、社区行动与茶农绿色生产持续水平 [J]. 林业经济问题，42 (2)：151 - 159.

徐胜，齐振宏，黄炜虹，等，2021. 公共农技推广对农户施药行为的影响：基于 PSM 模型的实证研究 [J]. 江苏农业科学，49 (2)：229 - 236.

徐志刚，张炯，仇焕广，2016. 声誉诉求对农户亲环境行为的影响研究：以家禽养殖户污染物处理方式选择为例 [J]. 中国人口·资源与环境，26 (10)：44 - 52.

徐志刚，张骏逸，吕开宇，2018. 经营规模、地权期限与跨期农业技术采用：以秸秆直接还田为例 [J]. 中国农村经济 (3)：61 - 74.

许佳彬，王洋，李翠霞，2021. 环境规制政策情境下农户认知对农业绿色生产意愿的影响：来自黑龙江省 698 个种植户数据的验证 [J]. 中国农业大学学报，26 (2)：164 - 176.

许佳彬，王洋，李翠霞，2021. 农户有机肥施用意愿与行为悖离原因何在：基于对黑龙江省的调查 [J]. 农业现代化研究，42 (3)：474 - 485.

薛彩霞，姚顺波，2016. 地理标志使用对农户生产行为影响分析：来自黄果柑种植农户的调查 [J]. 中国农村经济 (7)：23 - 35.

杨程方，郑少锋，杨宁，2020. 信息素养、绿色防控技术采用行为对农户收入的影响 [J]. 中国生态农业学报（中英文），28 (11)：1823 - 1834.

杨福霞，郑欣，2021. 价值感知视角下生态补偿方式对农户绿色生产行为的影响 [J]. 中国人口·资源与环境，31（4）：164-171.
杨华锋，2014. 协同治理的行动者结构及其动力机制［J］. 学海（5）：35-39.
杨清华，2011. 协同治理：治道变革的一种战略选择［J］. 南京航空航天大学学报（社会科学版），13（1）：31-34，39.
杨庆懿，杨柳，2018. 食品安全监管中多元主体协同治理机制分析［J］. 食品安全刊（34）：58-59.
杨唯一，鞠晓峰，2014. 基于博弈模型的农户技术采纳行为分析［J］. 中国软科学（11）：42-49.
杨钰蓉，何玉成，闫桂权，2021. 不同激励方式对农户绿色生产行为的影响：以生物农药施用为例［J］. 世界农业（4）：53-64.
杨钰蓉，罗小锋，2018. 减量替代政策对农户有机肥替代技术模式采纳的影响：基于湖北省茶叶种植户调查数据的实证分析［J］. 农业技术经济（10）：77-85.
杨志海，2018. 老龄化、社会网络与农户绿色生产技术采纳行为：来自长江流域六省农户数据的验证［J］. 中国农村观察（4）：44-58.
杨志军，2010. 多中心协同治理模式的内涵阐析［J］. 四川行政学院学报（4）：29-32.
姚瑞卿，姜太碧，2015. 农户行为与“邻里效应”的影响机制［J］. 农村经济（4）：40-44.
叶初升，惠利，2016. 农业财政支出对中国农业绿色生产率的影响［J］. 武汉大学学报（哲学社会科学版），69（3）：48-55.
叶大凤，马云丽，2018. 农村环境污染协同治理机制探析：以广东M市为例［J］. 广西民族大学学报（哲学社会科学版），40（6）：30-36.
叶飞，2018. 多中心治理：学校组织的公共治理之道［J］. 南京社会科学（12）：138-144，161.
应瑞瑶，徐斌，2017. 农作物病虫害专业化防治服务对农药施用强度的影响［J］. 中国人口·资源与环境，27（8）：90-97.
于艳丽，2020. 地理标志保护下茶农绿色生产行为及其收入效应研究［D］. 咸阳：西北农林科技大学.
于艳丽，李桦，2020. 社区监督、风险认知与农户绿色生产行为：来自茶农施药环节的实证分析［J］. 农业技术经济（12）：109-121.
于艳丽，李桦，2021. 多主体协同治理下茶农绿色生产绩效［J］. 长江流域资源与环境，30（9）：2299-2310.
于艳丽，李桦，薛彩霞，2019a. 政府规制与社区治理对茶农减量施药行为的影响［J］. 资源科学，41（12）：2227-2236.
于艳丽，李桦，薛彩霞，等，2019b. 政府支持、农户分化与农户绿色生产知识素养［J］. 西北农林科技大学学报（社会科学版），19（6）：150-160.
余威震，罗小锋，2023. 农业社会化服务对农户福利的影响研究：基于农药减量增效服务的实证检验［J/OL］. 中国农业资源与区划（8）：123-133.
余威震，罗小锋，黄炎忠，等，2019. 内在感知、外部环境与农户有机肥替代技术持续使用行为［J］. 农业技术经济（5）：66-74.

余威震，罗小锋，李容容，2019. 孰轻孰重：市场经济下能力培育与环境建设?：基于农户绿色技术采纳行为的实证 [J]. 华中农业大学学报（社会科学版）(3)：71 - 78，161 - 162.
余威震，罗小锋，李容容，等，2017. 绿色认知视角下农户绿色技术采纳意愿与行为悖离研究 [J]. 资源科学，39 (8)：1573 - 1583.
余威震，罗小锋，唐林，等，2020. 农户绿色生产技术采纳行为决策：政策激励还是价值认同? [J]. 生态与农村环境学报，36 (3)：318 - 324.
袁雪霈，刘天军，侯晓康，2019. 交易模式对农户安全生产行为的影响：来自苹果主产区1001户种植户的实证分析 [J]. 农业技术经济 (10)：27 - 37.
曾伟，潘扬彬，李腊梅，2016. 农户采用环境友好型农药行为的影响因素研究：对山东蔬菜主产区的实证分析 [J]. 中国农学通报，32 (23)：199 - 204.
占辉斌，俞杰龙，2015. 农户生产地理标志产品经济效益分析：基于437户农户的调研 [J]. 农业技术经济 (2)：60 - 67.
张灿强，王莉，华春林，等，2016. 中国主要粮食生产的化肥削减潜力及其碳减排效应 [J]. 资源科学，38 (4)：790 - 797.
张成玉，肖海峰，2009. 我国测土配方施肥技术增收节支效果研究：基于江苏、吉林两省的实证分析 [J]. 农业技术经济 (3)：44 - 51.
张聪颖，冯晓龙，霍学喜，2017. 我国苹果主产区测土配方施肥技术实施效果评价：基于倾向得分匹配法的实证分析 [J]. 农林经济管理学报，16 (3)：343 - 350.
张聪颖，霍学喜，2018. 劳动力转移对农户测土配方施肥技术选择的影响 [J]. 华中农业大学学报（社会科学版）(3)：65 - 72，155.
张丰翼，颜廷武，张俊飚，2022. 社会互动对农户绿色技术采纳行为的影响：基于湖北省1004份农户调查数据的分析 [J]. 生态与农村环境学报，38 (1)：43 - 51.
张复宏，胡继连，2013. 基于计划行为理论的果农无公害种植行为的作用机理分析：来自山东省16个地市（区）苹果种植户的调查 [J]. 农业经济问题，34 (7)：48 - 55，111.
张复宏，宋晓丽，霍明，2017. 果农对过量施肥的认知与测土配方施肥技术采纳行为的影响因素分析：基于山东省9个县（区、市）苹果种植户的调查 [J]. 中国农村观察 (3)：117 - 130.
张红丽，李洁艳，史丹丹，2021. 环境规制、生态认知对农户有机肥采纳行为影响研究 [J]. 中国农业资源与区划，42 (11)：42 - 50.
张红丽，李洁艳，滕慧奇，2020. 小农户认知、外部环境与绿色农业技术采纳行为：以有机肥为例 [J]. 干旱区资源与环境，34 (6)：8 - 13.
张康洁，2021. 产业组织模式视角下稻农绿色生产行为研究 [D]. 北京：中国农业科学院.
张康洁，吴国胜，尹昌斌，等，2021. 绿色生产行为对稻农产业组织模式选择的影响：兼论收入效应 [J]. 中国农业大学学报，26 (4)：225 - 239.
张康洁，于法稳，尹昌斌，2021. 产业组织模式对稻农绿色生产行为的影响机制分析 [J]. 农村经济 (12)：72 - 80.
张利国，2011. 农户从事环境友好型农业生产行为研究：基于江西省278份农户问卷调查的实证分析 [J]. 农业技术经济 (6)：114 - 120.

张淑娴，陈美球，谢贤鑫，等，2019. 生态认知、信息传递与农户生态耕种采纳行为 [J]. 中国土地科学，33 (8)：89-96.

张树旺，李伟，王郅强，2016. 论中国情境下基层社会多元协同治理的实现路径：基于广东佛山市三水区白坭案例的研究 [J]. 公共管理学报，13 (2)：119-127，158-159.

张涛，罗旭，彭尚平，2012. 多中心治理视阈下创新农村公共产品供给模式研究 [J]. 理论与改革 (5)：60-62.

张学昌，2022. 乡村文化振兴的社会参与机制：基于协同治理的视角 [J]. 新疆社会科学 (4)：163-172.

张仲涛，周蓉，2016. 我国协同治理理论研究现状与展望 [J]. 社会治理 (3)：48-53.

赵连阁，蔡书凯，2013. 晚稻种植农户 IPM 技术采纳的农药成本节约和粮食增产效果分析 [J]. 中国农村经济 (5)：78-87.

赵连杰，南灵，李晓庆，等，2019. 环境公平感知、社会信任与农户低碳生产行为：以农膜、秸秆处理为例 [J]. 中国农业资源与区划，40 (12)：91-100.

赵佩佩，袁雪霈，刘天军，2021. 合作共治：组织嵌入视角下合作社农户生态生产行为研究 [J]. 世界农业 (9)：58-67.

赵晓颖，郑军，张明月，2020a. 茶农生物农药属性偏好及支付意愿研究：基于选择实验的实证分析 [J]. 技术经济，39 (4)：103-111.

赵晓颖，郑军，张明月，等，2020b. "茶农＋种植合作社"模式下茶农绿色生产行为影响因素分析：基于委托-代理理论 [J]. 世界农业，(1)：72-80，130-131.

赵晓颖，郑军，张明月，等，2021. 基于改进 TPB 框架的新型农业经营主体绿色生产决策机制研究 [J]. 中国生态农业学报 (中英文)，29 (9)：1636-1648.

赵学刚，2009. 统一食品安全监管：国际比较与我国的选择 [J]. 中国行政管理 (3)：103-107.

郑龙章，张春霞，黄森慰，2009. 茶农使用农药行为影响因素实证研究：以福建省为例 [J]. 福建农林大学学报 (哲学社会科学版)，12 (2)：44-49.

郑蓉蓉，刘路星，马妍丽，等，2020. 基于 Logistic-ISM 模型的茶农采纳病虫生态调控技术的影响因素及层次结构分析 [J]. 茶叶科学，40 (5)：696-706.

郑鑫，2010. 丹江口库区农户氮肥施用强度的影响因素分析 [J]. 中国人口·资源与环境，20 (5)：75-79.

郑旭媛，王芳，应瑞瑶，2018. 农户禀赋约束、技术属性与农业技术选择偏向：基于不完全要素市场条件下的农户技术采用分析框架 [J]. 中国农村经济 (3)：105-122.

郑扬波，2010. 网络治理：公共治理的新形态 [J]. 社科纵横，25 (11)：72-74，84.

钟真，孔祥智，2012. 产业组织模式对农产品质量安全的影响：来自奶业的例证 [J]. 管理世界 (1)：79-92.

周定财，2021. 基层社会治理中的协同困境与对策研究 [M]. 北京：中国社会科学出版社.

周家明，刘祖云，2014. 村规民约的内在作用机制研究：基于要素—作用机制的分析框架 [J]. 农业经济问题，35 (4)：21-27，110.

周开国，杨海生，伍颖华，2016. 食品安全监督机制研究：媒体、资本市场与政府协同治理 [J]. 经济研究，51 (9)：58-72.

周力，曹晓蕾，应瑞瑶，2013. 产业组织演进与农业清洁生产 [J]. 中国人口·资源与环境，23 (11)：164-170.

周力，冯建铭，曹光乔，2020. 绿色农业技术农户采纳行为研究：以湖南、江西和江苏的农户调查为例 [J]. 农村经济 (3)：93-101.

周琼，刘德娟，黄颖，等，2017. 稻农四种常用环境友好型技术采用行为研究：对福建省三明市 236 户稻农的实证调查 [J]. 生态经济，33 (12)：114-118.

周素芬，张晖，刘静，2019. 农地确权对种粮大户有机肥施用行为的影响因素研究 [J]. 中国集体经济 (20)：4-6.

周应恒，胡凌啸，2016. 中国农民专业合作社还能否实现“弱者的联合”?：基于中日实践的对比分析 [J]. 中国农村经济 (6)：30-38.

朱淀，张秀玲，牛亮云，2014. 蔬菜种植农户施用生物农药意愿研究 [J]. 中国人口·资源与环境，24 (4)：64-70.

朱锡平，2002. 论生态环境治理的特征 [J]. 生态经济 (9)：48-50，58.

朱哲毅，宁可，刘增金，2021. 契约安排与合作社绿色生产行为：市场监督 VS 组织约束 [J]. 世界农业 (2)：108-119.

诸培新，苏敏，颜杰，2017. 转入农地经营规模及稳定性对农户化肥投入的影响：以江苏四县 (市) 水稻生产为例 [J]. 南京农业大学学报 (社会科学版)，17 (4)：85-94，158.

祝国平，焦灵玉，刘星，2022. 产业链参与、技术选择与农户绿色生产行为 [J]. 经济纵横 (8)：88-97.

ABDOLLAHZADEH G, SHARIFZADEH M S, DAMALAS C A, 2015. Perceptions of the beneficial and harmful effects of pesticides among Iranian rice farmers influence the adoption of biological control [J]. Crop protection, 75: 124-131.

ABHILASH P C, SINGH N, 2009. Pesticide use and application: an Indian scenario [J]. Journal of hazardous materials, 165 (1): 1-12.

ABWBAW D, HAILE M G, 2013. The impact of cooperatives on agricultural technology adoption: Empirical evidence from Ethiopia [J]. Food policy (38): 82-91.

AJZEN I, 1991. The theory of planned behavior [J]. Organizational behavior & human decision processes, 50 (2): 179-211.

ANSELL C, GASH A, 2007. Collaborative governance in theory and practice [J]. Journal of public administration research and theory (18): 543-571.

ARMITAGE C J, CONNER M, 2001. Efficacy of the theory of planned behaviour: a meta-analytic review [J]. British journal of social psychology, 40 (4): 471-499.

ARROW K J, CROPPER M L, EADS G C, et al, 1996. Is there a role for benefit-cost analysis in environmental, health, and safety regulation? [J]. Science, 272 (5259): 221-222.

参考文献

ARSLAN A, MCCARTHYN, LIPPER L, et al, 2014. Adoption and intensity of adoption of conservation farming practices in Zambia. [J]. Agriculture, ecosystems & environment, 187: 72-86.

AVF N, MBISE T J, ASM I, et al, 2007. Smallholder vegetable farmers in Northern Tanzania: pesticides use practices, perceptions, cost and health effects [J]. Crop protection, 26 (11): 1617-1624.

BAILEY A P, GARFORTH C, 2014. An industry viewpoint on the role of farm assurance in delivering food safety to the consumer: the case of the dairy sector of England and Wales [J]. Food policy, 45 (2): 14-24.

BIRU W D, ZELLER M, LOOS T K, 2020. The impact of agricultural technologies on poverty and vulnerability of smallholders in Ethiopia: a panel data analysis [J]. Social indicators research, 147 (2): 517-544.

BRISBOIS M C, MORRIS M, DE LO R, 2019. Augmenting the IAD framework to reveal power in collaborative governance: an illustrative application to resource industry dominated processes [J]. World development, 120: 159-168.

CHATZIMICHASEL K, GENIUS M, TZOUVELEKAS V, 2014. Informational cascades and technology adoption: evidence from Greek and German organic growers [J]. Food policy (49): 186-195.

CHENG C H, MONROE M C, 2012. Connection to nature: children's affective attitude toward nature [J]. Environment and Behavior, 44 (1): 31-49.

CHRISTIAANS T, EICHNER T, PETHIG R, 2007. Optimal pest control in agriculture [J]. Journal of economic dynamics & control, 31 (12): 3965-3985.

CONLEY T G, UDRY C R, 2010. Learning about a new technology: pineapple in Ghana [J]. American economic review, 100 (1): 35-69.

CUNGUARA B, DARNHOFER I, 2011. Assessing the impact of improved agricultural technologies on household income in rural Mozambique [J]. Food policy, 36 (3): 378-390.

DENKYIRAH E K, OKOFFO E D, ADU D T, et al, 2016. Modeling Ghanaian cocoa farmers' decision to use pesticide and frequency of application: the case of Brong Ahafo Region [J]. Springerplus, 5 (1): 1113.

DONAHUE J, 2004. On collaborative governance [M]. Cambridge: Harvard University.

EMERSON K, NABATCHI T, BALOGH S, 2011. An integrative framework for collaborative governance [J]. Journal of public administration research & theory (1): 1.

FALCO DI S, VERONESI M, YESUF M, 2011. Does adaptation provide food security?: A micro perspective from Ethiopia [J] American journal of agricultural economics, 93 (3): 829-846.

FISHBEIN M, AJZEN I, 1975. Belief, attitude, intention and behavior: an introduction to theory and research [J]. Philosophy & rhetoric, 41 (4): 842-844.

FORSYTH T，2006. Cooperative environmental governance and waste to energy technologies in Asia [J]. International journal of technology management & sustainable development，5 (3)：209 - 220.

GASH A，2008. Collaborative governance in theory and practice [J]. Journal of public administration research and theory，18 (4)：543 - 571.

GOODHUE R E，KLONSKY K，MOHAPATRA S，2010. Can an education program be a substitute for a regulatory program that bans pesticides?：Evidence from a panel selection model [J]. American journal of agricultural economics，92 (4)：956 - 971.

GUNNINGHAM N，2009. The New collaborative environmental governance：the localization of regulation [J]. Journal of law & society，36 (1)：145 - 166.

HECKMAN J，1979. Sample selection bias as a specification error [J]. Econometrica，47 (1)：153 - 162.

HERBERT C L，2000. Contemporary strategies for rural community development in Australia：a governmentality perspective [J]. Journal of rural studies，16 (2)：203 - 215.

HUANG J K，HU R F，ROZELLE S，et al，2002. Smallholders，transgenic varieties，and production efficiency：the case of cotton farmers in China [M] // Evenson，Santaniello，Zilberman. Economic and social issues in agricultural biotechnology. London：CABI publishing：393 - 407.

JACQUET F，BUTAULT J P，GUICHARD L，2011. An economic analysis of the possibility of reducing pesticides in French field crops [J]. Ecological economics，70 (9)：1638 - 1648.

JALLOW M F，AWADH D G，ALBAHO M S，et al，2017. Pesticide risk behaviors and factors influencing pesticide use among farmers in Kuwait [J]. Science of the total environment，574：490 - 498.

JAMAL B，MOSTAFA E，JAMAL O，et al，2021. Farmer's behaviors toward pesticides use：insight from a field study in Oriental Morocco [J]. Environmental analysis，health and toxicology，36 (1)：e2021002.

KHAN M，MAHMOOD H Z，DAMALAS C A，2015. Pesticide use and risk perceptions among farmers in the cotton belt of Punjab，Pakistan [J]. Crop protection，67 (1)：184 - 190.

KIDWELL B，JEWELL R D，2010. The motivational impact of perceived control on behavioral intentions [J]. Journal of applied social psychology，40 (9)：2407 - 2433.

LAL. R，2004. Carbon emission from farm operations [J]. Environment international，30 (7)：981 - 990.

LAPPLE D，KELLEY H，2013. Understanding the uptake of organic farming：accounting for heterogeneities among Irish farmers [J]. Ecological economics，88 (4)：11 - 19.

LEI D，KOJI Y，XIN L，et al，2015. Food safety regulation and its implication on Chinese vegetable exports [J]. Food policy，57：128 - 134.

LEPREVOST C E, STORM J F, ASUAJE C R, et al, 2014. Assessing the effectiveness of the Pesticides and Farmworker Health Toolkit: a curriculum for enhancing farmworkers' understanding of pesticide safety concepts [J]. Journal of agromedicine, 19 (2): 222-223.

LICHTENBERG E, 2013. Economics of pesticide use and regulation [J]. Encyclopedia of energy, natural resource, and environmental economics (3): 86-97.

LIM H, DUBINSKY A J, 2010. The theory of planned behavior in e-commerce: Making a case for interdependencies between salient beliefs [J]. Psychology & marketing, 22 (10): 833-855.

LITHOURGIDIS C S, STAMATELATOU K, DAMALAS C A, 2016. Farmers' attitudes towards common farming practices in northern Greece: implications for environmental pollution [J]. Nutrient cycling in agroecosystems, 105 (2): 103-116.

LIU E M, HUANG J K, 2013. Risk preferences and pesticide use by cotton farmers in China [J]. Journal of Development economics, 103 (1): 202-215.

LU C, FENSKE R A, SIMCOX N J, et al, 2000. Pesticide exposure of children in an agricultural community: evidence of household proximity to farmland and take home exposure pathways [J]. Environmental research, 84 (3): 290-302.

MARTEY E, ETWIRE P M, ABDOULAYE T, 2020. Welfare impacts of climate smart agriculture in Ghana: does row planting and drought tolerant maize varieties matter? [J]. Land use policy, 95: 104622.

MARTINEZ M G, VERBRUGGEN P, FEARNE A, 2013. Risk-based approaches to food safety regulation: what role for co-regulation? [J]. Journal of risk research, 16 (9): 1101-1121.

Maryam H, Hossein Z, 2018. Green product development and environmental performance: Investigating the role of government regulations [J]. International journal of production economics, 204 (1): 395-410.

MIEWALD C, OSTRY A, HODGSON S, 2013. Food safety at the small scale: The case of meat inspection regulations in British Columbia's rural and remote communities [J]. Journal of rural studies, 32: 93-102.

Montalvo C, 2008. General wisdom concerning the factors affecting the adoption of cleaner technologies: a survey 1990-2007 [J]. Journal of cleaner production, 16 (1): S7-S13.

MUTSHEWA A, 2010. The use of information by environmental planners: a qualitative study using Grounded Theory methodology [J]. Information processing and management, 46 (2): 212-232.

NEWIG J, FEITSCH O, 2009. Environmental governance: participatory, multi-level and effective? [J]. Environmental policy and governance, 19 (3): 197-214.

NORTH D C, 1994. Economic performance through time [J]. American economic review, 84 (3): 359-368.

PIETOLA K S, LANSINK A O, 2001. Farmer response to policies promoting organic farming technologies in Finland [J]. European review of agricultural economics (28): 1-15.

PLIGHT J V D, RICHARD R, VRIES N K D, 1996. Anticipated emotions and behavioral choice [J]. Basic & applied social psychology (34): 9-21.

SAIFUL ISLAM A H M, BARMAN B K, MURSHED-E-JAHAN K, 2015. Adoption and impact of integrated rice-fish farming system in Bangladesh [J]. Aquaculture, 447: 76-58.

SCHIPMANN C, QAIM M, 2011. Supply chain differentiation, contract agriculture, and farmers' marketing preferences: the case of sweet pepper in Thailand [J]. Food policy, 36 (5): 666-676.

SHEPPARD B H, HARTWICK J, WARSHAW P R, 1988. The theory of reasoned action: a meta-analysis of past research with recommendations for modifications and future research [J]. Journal of consumer research, 15 (3): 325-343.

SKEVAS T, STEFANOU S E, LANSINK A O, 2012. Can economic incentives encourage actual reductions in pesticide use and environmental spillovers? [J]. Agricultural economics, 43 (3): 267-276.

STADLINGER N, DOBO S, GYLLBÄCK E, et al, 2011. Pesticide use among smallholder rice farmers in Tanzania [J]. Environment development & sustainability, 13 (3): 641-656.

STARBIRD S A, 2000. Designing food safety regulations: the effect of inspection policy and penalties for non-compliance on food processor behavior [J]. Journal of agriculture and resource economics, 25 (2): 615-635.

SULE ISIN, ISMET YILDIRIM, 2007. Fruit-growers' perceptions on the harmful effects of pesticides and their reflection on practices: the case of Kemalpasa, Turkey [J]. Crop protection, 26 (7): 917-922.

TAMBO J A, MOCKSHELL J, 2018. Differential impacts of conservation agriculture technology options on household income in Sub-Saharan Africa [J]. Ecological economics, 151: 95-105.

TAYLOR S, TODD P, 1995. An integrated model of waste management behavior: a test of household recycling and composting intentions [J]. Environment and behavior, 52 (2): 603-630.

UNEP, 2011. Towards a green economy: pathways to sustainable development and poverty eradication [M]. Nairobi: United Nations Environment Programme.

WANG M Y, LIN S M, 2020. Intervention strategies on the wastewater treatment behavior of Swine farmers: an extended model of the theory of planned behavior [J]. Sustainability, 12 (17): 6906.

WANG W, JIN J, HE R, et al, 2017. Gender differences in pesticide use knowledge, risk awareness and practices in Chinese farmers [J]. Science of the total environment, 590-

591：22-28.

WARD P S，BELL A R，DROPPELMANN K，et al，2018. Early adoption of conservation agriculture practices：understanding partial compliance in programs with multiple adoption decisions [J]. Land use policy，70：27-37.

WILLOCK J，DEARY I J，MCGREGOR M M，et al，1999. Farmers' attitudes，objectives，behaviors，and personality traits：the Edinburgh study of decision making on farms [J]. Journal of vocational behavior，54 (1)：5-36.

ZADEK S，2006. The logic of collaborative governance：corporate responsibility，accountability，and the social contract [M]. Cambridge：Harvard University.

ZHANG L，LI D，CAO C，et al，2018. The influence of greenwashing perception on green purchasing intentions：the mediating role of green word-of-mouth and moderating role of green concern [J]. Journal of cleaner production，187：740-750.

ZHAO L，WANG C，GU H，et al，2018. Market incentive，government regulation and the behavior of pesticide application of vegetable farmers in China [J]. Food control，85：308-317.

ZHENG C Y，JIANG Y，CHEN C Q，et al，2014. The impacts of conservation agriculture on crop yield in China depend on specific practices，crops and cropping regions [J]. The crop journal，2 (5)：289-296.